光明社科文库
GUANGMING DAILY PRESS:
A SOCIAL SCIENCE SERIES

·经济与管理书系·

标准化理论研究
——基于认知科学

赵胜才 | 著

光明日报出版社

图书在版编目（CIP）数据

标准化理论研究：基于认知科学 / 赵胜才著. --北京：光明日报出版社，2022.3
ISBN 978－7－5194－6480－6

Ⅰ.①标… Ⅱ.①赵… Ⅲ.①标准化—研究 Ⅳ.①G307

中国版本图书馆 CIP 数据核字（2022）第 037669 号

标准化理论研究：基于认知科学
BIAOZHUNHUA LILUN YANJIU：JIYU RENZHI KEXUE

著　　者：赵胜才	
责任编辑：宋　悦	责任校对：王思渝
封面设计：中联华文	责任印制：曹　净

出版发行：光明日报出版社
地　　址：北京市西城区永安路 106 号，100050
电　　话：010－63169890（咨询），010－63131930（邮购）
传　　真：010－63131930
网　　址：http：//book. gmw. cn
E － mail：gmrbcbs@ gmw. cn
法律顾问：北京市兰台律师事务所龚柳方律师

印　　刷：三河市华东印刷有限公司
装　　订：三河市华东印刷有限公司
本书如有破损、缺页、装订错误，请与本社联系调换，电话：010－63131930

开　　本：170mm×240mm			
字　　数：269 千字		印　　张：16.5	
版　　次：2022 年 3 月第 1 版		印　　次：2022 年 3 月第 1 次印刷	
书　　号：ISBN 978－7－5194－6480－6			
定　　价：95.00 元			

版权所有　　翻印必究

目 录
CONTENTS

绪　论 ·· 1
　第一节　何为标准理论 ·· 1
　第二节　标准理论研究的苦闷 ·· 6

第一章　标准历史导论 ·· 19
　第一节　标准的起源与发展 ·· 19
　第二节　标准历史的断代或阶段划分 ······································· 24
　第三节　标准历史研究的理论 ··· 28

第二章　知觉标准时期 ·· 35
　第一节　知觉标准时期概述 ·· 35
　第二节　捡拾认知标准时期 ·· 44
　第三节　简单器具标准时期 ·· 48
　第四节　火标准 ·· 65

第三章　符号标准时代 ·· 72
　第一节　符号标准时期的开启 ··· 72
　第二节　语言符号标准时期 ·· 84
　第三节　国家、语言符号标准时期 ··· 92
　本章小结及结论 ·· 103

第四章　科学标准时代 …… 104

- 第一节　科学标准时期概述 …… 104
- 第二节　科学标准时代的特征 …… 108
- 第三节　前科学标准时代 …… 118
- 第四节　科学标准时代 …… 121
- 第五节　工业革命 …… 127
- 第六节　技术标准史 …… 132
- 本章小结及结论 …… 137

第五章　数字标准时期 …… 138

- 第一节　数字标准时代概述 …… 138
- 第二节　数字认知及其数字标准 …… 145
- 第三节　数字认知及标准的发展 …… 149
- 第四节　近代数字标准时代 …… 154
- 第五节　数字标准时代 …… 159
- 第六节　纳米技术与标准 …… 163
- 本章小结及结论 …… 167

第六章　标准学与认知科学 …… 168

- 第一节　标准学与认知科学概述 …… 168
- 第二节　发生认识论与标准 …… 177
- 第三节　其他心理学与标准 …… 187

第七章　认知心理学与标准科学 …… 190

- 第一节　认知心理学简述 …… 190
- 第二节　注意力与标准 …… 195
- 第三节　学习与标准 …… 198
- 第四节　记忆与标准 …… 200
- 第五节　运动认知与标准 …… 202
- 第六节　标准与创新 …… 207

第七节　社会学与认知科学 …………………………………………… 209
第八节　标准与社会认知 ……………………………………………… 212

第八章　社会认知与标准 …………………………………………… **215**
第一节　社会认知概述 ………………………………………………… 215
第二节　社会认知的基本形式分析 …………………………………… 221
第三节　标准如何能进行工作 ………………………………………… 228

第九章　环境标准 …………………………………………………… **233**
第一节　环境认知与环境标准概述 …………………………………… 233
第二节　环境认知 ……………………………………………………… 236
第三节　环境认知的变迁 ……………………………………………… 238
第四节　环境标准 ……………………………………………………… 241
本章小结 ………………………………………………………………… 249

本书的结论 …………………………………………………………… **250**

绪 论

对于标准学，写一个序言不是一件容易的事情。实际上，序言、绪言、导言被我写了很多遍，有时候我希望序言成为我的写作提纲，现在我只希望这样的名称只是完成一个简单的开始功能，即便如此，达到这个目的却很是困难，看看序言部分就会知道这个序言写的是如此糟糕，而且如此难写。很多人评价康德的《纯粹理性批判》写得艰深难懂，这样一种说法我觉得是自圆其说，思想、逻辑的不顺畅以及表达，往往会导致这样的结果，过去我对人们对康德的责难不明就里，现在多少我能理解一些。对于我，究其关键是对标准的认知和逻辑依然不是十分顺畅，对标准的本质掌握还在进步之中。

第一节 何为标准理论

一、为什么研究标准理论？

这是一个必须回答的问题，对于标准，人们将其视为想当然的一种东西，有的认为标准从属于科学，有的认为标准从属于技术，也有人将其视为管理的手段，还有的将其作为计量方法，更多的人将其视为理所当然的东西。现代标准最早开始于生产领域或企业管理领域，最早泰罗制将标准化引入企业管理，使得生产各个环节标准化，极大推动企业管理效率。标准是什么？什么是标准？这样最简单的问题，我们无法从现存的标准概念中得出，我们也很难从现存的科学体系中理解和认知标准的本来，以下论述是中肯的，标准科学还处在萌芽之中，标准有着比科学、技术和文字等更加漫长的历史。一定意义上，标准是一切科学、文明的摇篮，但是标准学理论确实还处在说明书阶段："标准化是一门新兴学科。它的历史虽然可以追溯到久远的年代，但是理论体系却一直未能形成。把标准化作为一项技术工作并有组织地开展，是近百年来才有的事情；把标准化作为一门学科进行理论研究，虽然各国都有一些个别的、零星的成果，甚至国际标准化组织还曾设立专门机构'标准化原理常设研究委员会（ISO/STACO）'，但最终也未能形成较系统的标准化理论。标准化学科始终处于孕育之中。"① 由此来看，标准理论的研究不仅仅是我们国家所面临的问题，也是世界标准学共同的课题。

标准，我们几乎片刻不能离开的东西。现实中，标准管理部门要比标准的理论还要多，但是，很少有人以研究标准尤其是标准理论为业。标准几乎没有理论、没有历史，现在标准的理论还处在直觉时代，还处在说明书阶段。

标准没有历史。标准的历史要比科学、技术、文字、符号更为悠长，标准远比语言古老。标准却没有历史，也没有心理学等学科那样幸运走出哲学环抱。心理学之于哲学的唏嘘之言，著名心理学家艾宾浩斯之于心理学的长长的过去、短短的感叹，而对于标准则可能是忘却的苦涩。历史学如此发达，历史学科几乎覆盖了人类以及自然的所有领域，而标准不在此列。

什么原因使得标准被理论无视得如此彻底？或许美国语言学家托马塞洛这样的说辞很有启发意义："这些年来，我们确实读到了很多精彩的论点，有纯语言学的，有由哲学转为认知科学的，有生理和神经科学的，当然也有考古人类学（如人类发音器官的位置变化）和基因演化观点（如 FOXP2）。这些都有值得再进一步探讨的必要性。我和王元化院士也曾从脑神经处理事件的时间解析度去探讨语言起始和基本动作的共同机制，其主要观点是，要找语言起始的缘由，就需要忘掉目前语言的复杂体系，因为这些层次分明的规律，及其无穷无尽的可能变化，都已经是数十万年来适应环境变迁的结果了，绝对不可能让我们达到追本溯源的目标。唯有找到让演化变得有可能的根源才是正途。"② 事实

---

① 中国科学技术协会：《标准化科学技术学科发展报告》，北京：中国科学技术出版社，2010年，第3页。
② [美]迈克尔·托马塞洛：《人类沟通的起源》，蔡雅菁译，北京：商务印书馆，2016年，译序。

上当我们想当然地认为其使用标准一词时，我们可能已经将标准的很多特性埋没在人类自己的意识之中。我们需要将标准从历史的尘封和认知的迷宫中重见天日。

今天，互联网、大数据、人工智能、纳米技术、精确医学、区块链、第四次工业革命等科学日新月异，似乎任意一门科学都可以代表整个世界的科学与发展的面貌，研究标准的意义何在？在这样的时代，提起标准一词似乎有点不合时宜，更不用说要在理论上开始构建标准理论。或许叔本华的这段话能够有几分说辞：我们的任务不在于更多地观察人们尚未见到的东西，而是去思索人人可见却无人深思过的东西。历史上，标准有着同人类文明一样久远的经历，以百万年为单位的人类进化史中，标准可以说是人类文明最早的认知表征，这个标准是人类智力和体力的付出尺度，就是这些外部认知支撑起人类文明进化的车轮。标准是唯一可以称得上旧石器时代的言语、科学、技术等全部认知成就的代名词，标准是认知的尺度、行为的尺度、感觉的尺度。

从语言上说，标准被誉为是世界贸易的通用语言，当今世界存在着6000多种语言，有的语言已经有8000年之久的历史，有的语言横跨五大洲，有的几乎存在于世界的各个角落，其中还有一种语言名字就叫世界语，却从来没有一种语言获得通用语言的称谓，而标准和语言没有什么联系的学科却获得如此殊荣，原因何在？这也许是标准的生命力和秘密所在！但是，要展示标准的这种特性并非易事。

标准是什么？对于不止上万次的问号，当然人们会自然而然地想起那为人熟悉的标准概念，这种概念在我国《标准化法》和世贸组织条约中都有详细的规定，在这个含义中，重复使用是标准的基本内涵，而且在这里标准被严格地界定为一种规则和程序。这与标准的最高荣誉所映射的内容有着很大的差距，甚至是南辕北辙的，不知道标准的什么品质将这二者联系在一起，简单地，一个重复使用的规则如何变成通用语言？

标准是超越巴别塔的范式。标准对于人类是真正地通向人类建构和超越巴别塔的天梯，人类氏族的传承、工具的制造、火的使用、言语的出现、技术和科学的横空出世，社会分工、复杂的工程、高超的工艺、庞大的社会组织及其活动，都离不开标准这个基石，标准与这些成就形成天然的关系而被完全无视和消解在其他学科之中，而展现在表面的都是标准最肤浅的特点，标准的秘诀仍然隐藏在科学和历史的暗夜之中。

标准如果仅仅作为一种简单的计量范式，在科学、数学、计量等科学都已经达到相当高的水准的现代社会，标准应该功成名就地退出历史舞台。事实却相反，在科学盛行的时候没有，在符号完善的时候没有，在感觉时代也没有，即便到了数字化时代，一切都精确化，一切都数字化，标准没有消亡反而成为世界贸易中必备的语言，到底是什么让标准有这样不朽的魅力？或许这就是标准的生命力，然而标准的生命力到底在哪？

有人已经将人工智能时代、大数据作为第四次产业革命的根本，很多人开始唱衰标准，或许也就预示着标准又一次销声匿迹时刻的到来？没有！标准越来越成为国家，以及企业高度竞争的另一个领域。在中美贸易战过程中，曾经有人这样建议，放弃中国制造2025，取而代之的是中国版的标准2030。标准的地位作用和功能，没有丝毫的减弱，反之，标准成为另一个高地。

理论上的标准是苍白的。虽然标准有着和人类文明差不多同样悠久的历史。在考古学、人类学、史前史光芒中，标准有着比现代文明的诸如言语、技术、科学漫长得多的历程，这样的确凿证据可以追溯到320万年以前，就本书观点应该追溯到人类文明的初始。然而，标准却没有历史，技术史、科学史、部门史、宏观历史、微观历史等异常发达，历史的触角延伸至人类生活的各个角落时段，似乎人们想不起来历史还有什么被遗漏的角落，标准就是。标准却在此列，标准仿佛不在任何一个历史的角落。标准没有历史只存在于历史之中，心理学家回顾心理学历史时，往往这样自嘲：心理学有着长长的过去，却只有短短的历史，以说明心理学长期一直被遮挡在哲学的伟大光环中的事实。而标准连这样尴尬的状况都没有，宏大的历史记录中没有标准，专门史中没有标准的影子，大部分科学史中也没有标准，标准的内容一般被列入物理学、计量史、管理史等中，在技术史中，标准已经被分割为度量衡、物理、制造等各个门类中，标准的本质属性也被各个学科、部门等消解、掩盖或悬搁。

理论上的标准是贫乏的。可以说标准是人类文明的始祖和源泉。在历史上尤其是史前史研究中，标准代表着人类文明的出现，标准是确凿的人类理性的证据，标准在人类学家和考古学家的思维中一般是扮演着证据角色，当发现远古的旧石器后，尤其是那些形状、大小近似的石器被发现后，它带来的惊喜绝不亚于一副远古人类身体组织的化石，标准立即被作为证明理性出现的铁证，文明等自然而然也就是结果了。标准及其理论早就被兴奋之情掩盖得无影无踪，甚至将标准认为人们已经可以重复性地生产一件件工具，足以证明人们理性活动的存在。如果我们质问考古学家：为什么标准的石器会使他们得出人类已经出现理性？回答一定是这样的，人们已经可以开始重复性生产或加工一样的产品和工具，仅此而已，标准的原理对他们没有什么意义。

标准的理论研究水平基本上处于说明书阶段。无论国外国内，被有些人说得天花乱坠的标准，在几千年的文明史中竟然无人问津，原因何在？我记得在学习西方哲学史时有这样一个情节，一位出名的哲学家、科学家在技术方面马上要取得重大突破时，他却毅然决然将研究的方向转向哲学，在他看来，哲学是通向真理的唯一学科，而像技术、标准这类琐碎卑贱的工作只有奴隶从事。在西方文化中，可以和标准扯上关系的大概只有这样的名句，古希腊的普罗泰戈拉说过：人是万物的尺度，是存在的事物存在的尺度，也是不存在事物不存在的尺度。有人将其归结为唯心主义，也有实证主义一说。还有一个原因就是在早期文明中各种文化科学知识浑然一体，没有现代精细的学科划分，就如同很多学科隐藏在哲学中数千年，最后还是脱颖而出，如心理学、逻辑学、符号学，等等。遗憾是的，标准的一半已经被其他学科瓜分，另一半则继续隐匿着。

从历史上看，标准不是科学、技术以及文明的产物。从认知科学的角度看，标准从原始工具、文字、分工、计量、企业管理一直到人工智能、大数据、网络、地球村、信息时代、世界贸易盛行的今天；苛求于历史铁证，标准从奥杜威工业、阿舍利技术开始，标准已经有320万年以上的历史，今天计算机编码标准使得信息时代成为可能，而且如果没有这样的标准，人类将会永远无休止在搭建巴别塔中。原初的标准是科学和技术以及文明的发源地而不是相反，反之，很多标准人或学者为了给标准找一个光辉的出身，将标准视为一种科学或是科学的产物，这实际上是一种矮化标准的做法，标准在人类社会文明中持续了几百万年的生命力和秘密远不止我们理所当然的认知，这些让标准畅行到今天的关键是什么？从这个意义上讲，标准在理论上是苍白的、贫乏的结论并不过分。

第二节 标准理论研究的苦闷

一、长时段的标准认识困惑开始

对于标准理论的认识、理解和研究经历了长时间的困惑。文德尔班有这样的话语：知识的金果只有在不被寻求的地方才能成熟。从我第一次知道标准这个词已经30多年了，那时我们一堂技术课是一位油田工程师讲授，内容就是抽油泵（也叫深井泵），有些技术规范等内容涉及技术标准，课程讲到一多半的时候，一位爱提问的同学问道：什么是标准？这位工程师从技术的角度解释标准，这是我第一次知道标准，现在想来我应该感谢这位喜欢提问的同学（当时我们好像很反感他的少见多怪，其实我们也是不懂装懂），从此我知道了标准一词，知道除了命令、规程、行为、法律、技术、科学等之外还有一个标准。以后的工作中，一个问题经常被人们提及：公英制。这些人包括工程师、技术员和管理者，还有一般工人，这些人都在不厌其烦地向我们说明公制、英制的关系，以防我们犯低级的错误，当时工厂的制式比较杂乱，主要有公制、英制以及少数的俄制，分不清制式而导致南辕北辙的错误经常发生，好在我在之后的工作中大概由于这些不懈的教诲没有犯过类似的错误。我记得新闻报道美国一项大型航天工程的失败，原因就在于设计人员将制式混淆，很遗憾这样的例子不是最后一个，在欧洲空中客车工程项目的最后阶段，仅仅是由于设计软件差异使得即将完工的空中客车的电路短了几厘米，将空中客车上市的时间推迟了近两年时间，有的人将其归结为文化差异，我则归结为标准认知的错误。

从管理角度认识标准也有30年以上的时间。20世纪80年代，学习日本企业管理是当时很多行业人员的必修课，日本经济腾飞的奇迹和文化上相近性，中国人学习日本经济管理成为必然，日本企业管理就是日本文化、成功的源泉。标准是企业管理的重要内容之一，全面质量管理、全员质量管理、产品质量管理等，标准成为管理的核心，同时困惑也出现了，为什么标准在企业管理中有着如此重要的地位，三十年后的今天，管理就是制定标准的理念依然盛行不衰。标准在企业管理方面的成就是非凡的，泰罗制从理论上利用标准重新构建企业管理的基本框架和要素，而且将管理过程中关键要素标准化，为企业管理现代化提供坚实的科学基础，如果把企业管理比喻为一艘大型舰只，标准就是构成这艘舰只的标准件，不仅如此，标准的范围已延伸到管理行为上，从这意义上，没有标准就没有企业管理的逻辑是成立的，标准包括最初的标准就包含着标准根本的东西。

标准是构建强大国家机器和经济能力的聚合。标准能将科学的、人文的、行为的、认知和创造聚合在一体并程序化、尺度化。这种现象在皮亚杰的视野中被视为运演，实际上就是标准中的各个要素之间可以相互运算。这是标准的基本特点之一。中国历史上强大的秦军如果没有标准为基石，很难取得统一六国的文治武功，没有标准就没有闻名于世的万里长城。近代美国T型车的标准化制造使得企业管理产生革命性的影响，美国每人拥有一辆车的梦想成为现实；同样，标准化生产彻底突破传统生产的桎梏，南北战争时期，商人利用标准原理大规模生产来福步枪，满足联邦政府军的武器需要；二战时，标准化生产使得美国的巨大生产能力乘数般地展现出来，战争初期，美国只有三艘航母在太平洋，而战争结束前，也就是短短的三年多时间，已经有57艘航母航行在太平洋上。有资料介绍，美国在二战时期每20分钟就可以制造出一辆谢尔曼坦克，一年能生产多少？一算便知，标准化生产起着决定性的作用。今天我国高铁的标准化，标志着我国高铁真正走上社会化的高铁时代。在瞬息万变的知识及时代，标准却作为密码设计的核心，美国的相关部门与标准化组织在设计密码时，将标准作为设计的基准，极大推动密码设计的进步。标准将人们的认知重新排列组合衔接起来。爱因斯坦这样说：从事物中发现形式结构之前，人类似乎能在思维中首先构建这样的形式……知识并不能从经验本身中迸发出来，而是从智力创造和观测事实的比较中获得。标准源于经验、超越经验与科学技术，标准典型地展示这种品质。至此，对于标准的认识还是不甚清楚，标准到底是什么？

二、标准理论研究的彷徨

十几年的标准理论研究。十几年的标准理论研究经历可以用苦闷、徘徊和倦怠来形容，当然还有很多的兴奋和惊喜使我支撑到今天。标准的特殊性很难用现代科学领域来对仗，标准按照传统的学科划分，很难完全地归纳到一个传统学科门类中去，钱学森先生的观点很有启发意义："1979年2月，中国著名科学家钱学森指出：标准化是一门系统工程，它促进了社会生产力的持续发展。但标准化系统工程这项技术似乎还没有牢固的理论基础，还缺乏一门标准学。……标准学作为社会的一项活动……它不光是自然科学问题，还有政治问题、经济问题，它介于自然科学和社会科学之间，社会科学的成分更大一些。"① 钱学森先生的观点至少道出标准本质特点的一部分，标准不能用现代的人文科学、社会科学、自然科学来规制，就像认知科学一样，同样因为此，这就成为标准研究的最大屏障之一。现在标准作为一门学科被列在科学技术之下的二级学科，标准人为此而欢呼，庆贺标准总算有了一个名分。在我的研究中，标准不是法律、不是道德，也不是科学和技术，不是哲学，也不应该被完全视为行为规范。标准是人类认知、行为的一种基本范式，标准可以是法律、可以是科学技术、可以是行为规范，似乎标准没有什么本身的特点。实际上，其主要或根本所在就是现在的理论无力解决标准这个长久的独有的现象，一句话，现有的理论不适用作为研究标准的范式，然而要突破这些桎梏，需要最新理论的支撑，最首要的工作就是需要研究者重新审视现代各种理论。

我不知道什么时候开始对标准有了兴趣，在硕士学习阶段，对于很久才重返校园的我，总是认为标准有很多东西还被习以为常地掩盖着。我觉得这是一次难得的机会来研究标准，于是乎，收集资料、参加标准的培训班等。特别要说明的是，此时我还没有看到一本有关标准的教科书，我以为标准本身也不配有一本像样的教科书，随着考博和学位论文的压力，标准研究的激情火焰开始慢慢地冷却，有点不甘心又无可奈何地结束标准的研究，真有点"食之无味弃之可惜"。博士生学习阶段，不知道标准又是如何进入我的视野，这一次也是信心满满：首先，我在理论上的水平应该比以前较高一点；第二，我的毕业论文中正好有一部分就是研究环境标准；第三，标准资料积累有一定的规模，尤其是环境标准方面；这时我第一次看到李春田教授编写的《标准化概论》（第四版），这些加在一起，对于标准的研究应该可以有一个很好的结果，后来确实时间不允许我花很多时间研究标准，和上一次不一样的是，我打算工作以后的第一个研究课题就是标准。

---

① 中国科学技术协会：《标准化科学技术学科发展报告》，北京：中国科学技术出版社，2010年，第4页。

如我所愿，学校给每一个博士三万元的研究经费，课题由自己选择，我决定这一次一定要实现自己多年的夙愿。我设计了研究标准的路径，以哲学、科学为突破口，找出研究标准的方法。经过大概两年多时间的努力，结果是：这样的研究路径不能满足研究标准的需求，除了普罗泰戈拉的那段让人产生歧义的句子：人是万物的尺度，是存在的事物存在的尺度，也是不存在的事物不存在的尺度。对于标准的研究思路没有获得任何收获，除了茫然还是茫然，那种无计可施、无路可走、山穷水尽的失败感令我难以释怀。

我一直认为我的标准理论研究不过是个人的一种爱好，困难、难点都是个人的，2019年我看到中国科学技术学会的《2010年标准科学研究报告》，我这时才发现，长时段的标准研究困惑也是共同的，以下这一段话我引用了两遍，也许是意犹未尽，正如中国科学技术学会指出的："标准化是一门新兴学科。它的历史虽然可以追溯到久远的年代，但是理论体系却一直未能形成。把标准化作为一项技术工作并有组织地开展，是近百年来才有的事情；把标准化作为一门学科进行理论研究，虽然各国都有一些个别的、零星的成果，甚至国际标准化组织还曾设立专门机构'标准化原理常设研究委员会（ISO/STACO）'，但最终也未能形成较系统的标准化理论。标准化学科始终处于孕育之中。"[①] 我很想知道标准化原理常设研究委员会所遇到的问题是什么？是什么原因使得西方标准学者们放弃了标准理论的研究？他们的主要困难或瓶颈是什么？他们在理论上的困难是什么？我很想知道他们工作的细节是什么？看来我长时间的研究失败不是偶然。

算是锲而不舍吧，更多的是郁郁寡欢和闷闷不乐，开始重新调整研究路径。将研究聚焦从哲学领域转移到其他学科，从历史科学开始，综合历史、部门史、微观史、考古学等向人类学转移（努尔人、西太平洋上的人们、地方知识等等）；我有一种信念，总会让我碰到一个学者或学科较为全面地诠释标准、至少为我提供一种线索？没有！我感觉到了绝望和无能，结果是连最简单的研究报告都没有按时交报。

长久以来，在我看来科学技术标准似乎是一体的，而且标准就是科学技术的产物而已，这也是我当时所能想到的最后一个领域，科学技术应该是我找到

[①] 中国科学技术协会：《标准化科学技术学科发展报告》，北京：中国科学技术出版社，2010年，第37页。

线索或答案的领域，尤其是科学史、技术史中一定会有标准的印记，科学的光芒一定会让标准大白于天下，墨顿、沃尔夫的科学史，牛津技术科学史、李约瑟的中国科学技术史，甚至我在专门史中寻找标准的存在，如梁思成的中国建筑史、兵器史、货币史、烹饪史等。遗憾的是，标准，人们宁愿发明各种东西来代替标准，而不是用标准。中国科学史（包括各种专门史学家）几乎没有标准的理念，而在外国学者则将标准作为科学、技术来对待，李约瑟的《中国科学技术史》对于中国古代标准的讨论，相对于巨大的篇幅而言内容也是极少的，标准好像就是科学技术的拾遗补阙、甚至是画蛇添足。通过科学来研究标准理论，我的直觉是此路不通。

最令我吃惊的一次标准事件。在标准的研究过程中，历史、理论、哲学、科学理论体系的浓雾时不时将标准的微弱存在化为无形，我在扪心自问：我是不是在为标准无病呻吟！还是我自己的心血来潮？这件事情的发生使我彻底打消这种念头，并坚信我的理论直觉没有错误。"9·11"事件后，美国国会为了彻底调查世贸大厦倒塌的原因，做了一个令我惊愕而又兴奋的决定，他们委托美国标准化组织来调查此事，而不是委托美国陆军工程师学会、建筑协会等看上去更胜任这项工作的专业组织来承担，经过一年多的调查研究，美国标准化组织向国会提交报告并获得通过。为什么？我在问自己，一段时间我一直处于兴奋和疑问状态，世贸大楼的建设不是哪一个部门或领域可以单独解决，需要地质、气象、工程、材料、航空、设计、环境等众多部门的联合，任何一个专业和部门及其知识都无法单独胜任这项工作，只有标准方可评判这个事件过程的前因后果；再者，美国作为泰罗制、T型车的发源地，作为标准发达并受益的国家，这样的决定并非荒唐。在这里，标准似乎获得高于科学、高于技术以及工程的地位，评判的维度不再是某一个学科、某一项技术，而是人类认知的聚合体标准。

三、变化中标准研究题目和本书内容

最初本书的写作范围是环境标准，题目拟定为：环境标准科学，其目的在于以小见大，通过对环境标准的深度研究展现出标准的本质，一段时间的研究经历和思考，我感觉到这样的研究思路实际上没有出路，皮之不存毛将焉附，标准都没有搞懂弄清楚，何来环境标准的突破？扩大研究的范围、深度、广度

势在必行，唯有如此才能达到认知标准的真正目的，题目定为：标准：历史、理论与环境，除了环境标准之外，标准历史和标准理论均是新的内容，而作为一门学科这些内容是不可或缺的，这个题目在我的计划中持续了很长时间，我设计这本书由三个部分组成：第一部分为标准历史；第二部分则是理论部分，这部分应该是本书的核心内容，以认知科学为核心、社会学为基础；第三部分就是最初的环境标准部分，这一部分我不想再现环境问题的老调重弹，而是想从认知科学的角度重新认知一次环境问题，当然主要的是环境标准，这样一来最早的环境标准变成一种实务、实践。

我写这本书的目的到底何在？这是我经常反问自己的问题。在我的意识中，渴望全面了解标准的本质，解开对于标准的固化、刻板、重复的荒唐认识，希冀让人们和我真正理解标准、了解标准在认知科学、历史科学、社会学等方面的意义，开始改变标准贫困理论的尴尬境地，建立初步的标准理论。对于标准科学或标准学题目的取舍，我开始纠结于这两个题目的选择，一个是科学一个是学，一字之差，科学无疑是现代词语中最具有权威的词汇，而学仅仅是一种研究、范式的概括，很难达到科学的峰值，我觉得对于我、对于标准，一门想要人们达到深一步理解标准、研究标准的目的，学看上去更加贴切。因此，题目定为：标准化理论研究——基于认知科学。

四、认知科学与标准

标准理论一直处于科学理论的低端，甚至很难说标准是一门科学。标准经常被遗弃在历史的故旧之中，抑或被淹没在历史的尘埃。根本原因就是没有一门通达的学科为其开道，作为理论支撑。于光远先生曾经希望在哲学中展开标准研究，其意义可能就在于此，现在，标准仅仅在管理学、技术等领域展开，没有一种通达的理论建构标准学说。很长一段时间，用什么样的理论来理解诠释标准是我一直苦苦的追求。在此之前我曾经怀疑是否存在这样的理论？而且我没有痴望会有什么全新的理论来解释标准，我只是希望能给我一个支点或亮点指引我研究的方法，这样的寻找可以说花费了我很多时间。终于认知科学出现在我的视野里。

认知科学给我带来了巨大冲击。认知科学是一门新的、形成于20世纪80年代，正如杜布赞斯基所言，没有进化理论，生物学就不能成为科学，认知科学对于标准亦是如此。认知科学给予标准以理论的灵魂,认知科学由心理学、哲学、计算机科学、语言学、人类学、神经科学等学科组成,是以研究人脑思维及其机制为内容的科学。有的学者指出:"人类的心智(mind)和行为也许是宇宙间最顶端、最复杂也是最奇特的现象了,但人类只有通过自身的心智和行为才能认识和理解自己。无怪乎美国著名的认知神经学家达马西奥(A. Damasion)在研究意识时发出这样的感叹:'还有什么比知道如何知道更困难的事情呢?正因为我们有意识,才使我们能够,甚至不可避免地要对意识提出疑问,还有什么比认识到这一点更让人惊异和迷乱的呢?''知道如何知道'这正是认知科学的根本任务,而且也是其从哲学认识论中萌芽并最终在当代的哲学——科学研究中枝繁叶茂的根本动力。"① 这就是认知科学,久违了,认知科学是我久久期盼的学科群。我不算一个特别保守、孤陋寡闻、自我封闭的人,但是,在此之前我对这门新型的学科群闻所未闻,我所学习的算是两个学科均不涉及认知科学及其构成的六大学科,还有也许是我离开学校太早了,这样一个学科却不为我知悉。正当我苦苦纠结于标准的指导理论时,这种纠结甚至有些可怕,我怕我永远找不到洞悉标准的一种理论,或许根本没有这样的理论科学,哲学的教训让我痛苦了很久,哲学被人们誉为科学之科学,人类的认知成就一个线索及一切都可以在哲学上找到源头,然而我错了。之后我寄希望于历史科学,我幻想着标准及其理论可能正静静地躺在历史的尘埃之中等待着我的惠顾,一定是,拟或标准及其理论肯定在历史学家的某个角落里等待我去寻找,或者在考古学家的故旧堆里,等着我去朝拜和发扬光大,再一次我还是两手空空而归。标准到底是个什么东西?我又一次陷入迷茫和苦闷中。这时我想起一位伦理学家十年写书的辛酸,我记得这位学者在苦叹《正义论》的罗尔斯・罗伊斯的幸运,现在我能理解这位学者当时的真实境遇。

　　如果说认知科学对很多人来讲,学习认知科学仅仅是由于课程表拟或专业本身(如哲学、语言、计算机、人类学、自动化控制等)的天然联系,而对于我则是被自己慢慢逼到、驱赶到认知科学的田野,很长一段时间漫无目的,我就像在戈壁荒野寻找食物水源而游荡的物种,只有在认知科学的田野才有我的食物和水源,哲学、科学、历史都没有找到,我能够想起只有心理学,尤其是

---

① [美] R. M. 哈尼什:《心智、大脑与计算机:认知科学创立史导论》,王淼等译,杭州:浙江大学出版社,2010年,序言。

皮亚杰的儿童心理学。当时我已经有这样的感觉，标准也是一种认识，尤其是人类最初的认知，通过儿童认知是否可以更好地理解呢？引领我进入认知科学的著作是瑞士儿童心理学家皮亚杰的《发生认识论原理》和《儿童心理学》。皮亚杰认为：认知是一种构建过程、一种双向构架过程，这样的理论对认识标准提供了很好的视角；皮亚杰对儿童认知发展的阶段对我有着启迪的作用，皮亚杰也被称为认知心理学家，皮亚杰的思想深刻影响了几代儿童心理学家，不仅如此，皮亚杰的理论还用来假设人类社会的起源、人类学中人类认知发展的过程，皮亚杰的理论深刻地改变着认知科学、人类学和人类起源等诸多理论。虽然皮亚杰的著作中没有一个标准的字眼，我还是看到了理论中标准的华丽盛装。严格地说，皮亚杰的理论留给标准的很多。

另一位将我引入认知科学的学者是哈耶克。哈耶克以自由主义思想家闻名于世，我所惊讶的是他的另一个头衔——认知科学家，而且为什么他敢于公然蔑视数学这门现代科学王冠上的明珠，这样的理直气壮，如果这种蔑视具有理论依据，它应该有比本身更加深刻的理论支撑，他的理论基础是什么？就是认知科学，其著作《感觉的秩序》是其经济、政治、法律等社会学思想的基础，哈耶克也因此被描述为在认知科学上有一定建树的思想家。释然是我当时思想情感的真实写照，我终于找到理解标准的科学理论——认知科学。但是要将表征和计算与标准结合在一起并不是一件轻而易举的事情，虽然很多的标准问题在认知科学都可以得到合理地解释，在计算机科学、语言学、认知神经学、人类学、哲学和认知心理学等科学的研究中，一些长期困扰人们的哲学之谜或难题得到解决，对于标准研究，认知科学就是研究标准的当下最佳理论出发点。

同时，我深感认知科学博大又难以驾驭深深痛苦。认知科学是由计算机科学、认知心理学、语言学、认知神经科学、人类学和哲学组成，其中任何一个科学都独立成为体系、甚至比我学习的专业更具备雄厚的历史积淀和科学构建。当时我的心情就如同"痛苦并快乐着"一样，一方面庆幸自己终于踏进认知科学的殿堂，可以利用认知理论研究标准的知识；另一方面，认知科学中的认知神经科学、认知心理学、人工智能、计算机等都将我隔绝于陌生之地。还有这些学科有着令人称道的方法论，当阅读达尔文的《人类的由来》《物种起源》以及《人类和动物的表情》书籍，达尔文以娴熟的动物学知识解剖并求证进化论的理论时，为自己所学习的专业而内疚又无可奈何，当看到美国语言学家沃尔夫以化学专业的背景，将语言当作化学实验室，游刃有余地阐释语言学的理论，成就其一家之言，我不能不说这些学科的方法论是富有生命力的。

五、哲学、社会学与认知科学

"剪不断理还乱"可以用来形容哲学与认知科学的关系。哲学作为科学之科学在人类认知历史上长期扮演着不可动摇的霸主地位，而认知又是哲学的主要内容，直到认知科学出现以后，哲学才开始结束在认知领域"天马行空独往独来"的局面。在认知科学领域对于哲学有两种观点，一个是认为哲学不是科学，哲学都是天才思想的火花，很难得到证实，有些人戏谑到哲学家纠结了两千年的东西，在认知科学家的实验室只需要很短时间就可以证实；另一种观点则认为，认知科学离开哲学，将哲学排除在认知科学之外是错误的，有一个事实必须意识到：近代、现代哲学越来越聚焦于认知领域，康德、笛卡尔、休谟、洛克等都在其认知科学基础上建立起终极的逻辑基础，包括上面的哈耶克亦是如此，以此，将哲学排除到认知科学之外、指责为非科学似乎不是很公允，但是任由哲学的信马由缰，就像康德所指出的，人们只能学习哲思而不能学习哲学。

本书将采取这样的方法局限这一问题，一切讨论都在认知科学领域或逻辑中，哲学仅仅作为假设和推测而不作为实证，在标准研究过程中，只有符合认知科学原理上才是结论性的东西，而哲学上只能是假设或其他，讨论的范式是认知科学的而非哲学的。我们在为认知科学欢呼的同时，也不应该忘记认知科学并不是一门十全十美的科学，哲学在一些情况下仍然可以展现出睿智的光辉，比如现象学中的具身概念对于认知科学至少是一个绝对必要关注的问题。

社会学——被认知科学遗忘的科学。在认知科学的六大科学领域中，社会学不在心理学、人类学、计算机科学、语言学、哲学、神经科学等认知科学之列，我以为，将社会科学排斥在认知科学之外不能不说是认知科学的最大悲哀，从人类认知发展历史看，人类的认知一直存在着社会认知，社会认知是人类认知发展的不可或缺的形式，没有社会认知可能就没有认知，在人类发展进化过程中，认知既是个人的也是社会的，不从社会学角度研究认知科学肯定是残缺的；其二，人类学和社会学就是一个棵树上的两个枝条，没有泾渭分明的区别，借助人类学研究认知科学也是可取的选项，最让人担心的是社会学中的很多理论不能以社会学的视野照耀标准的研究，其三，一些认知科学家意识到这个缺陷，认知社会学慢慢在兴起以弥补认知科学的失误，这样的教科书或著作逐渐多了起来，既有中国学者也有外国学者，他们把社会学视野的认知科学称为社会认知。补充一个细节，分工一般被用在宏观层面，分为人类第一次分工、第二次分工等，经济学则从效率方面来阐述分工的好处，在达尔文看来，分工不仅发生在现代、古代，还应该发生在人类社会初期。达尔文看到人类社会原始社会中的社会分工，因此，社会性是人类认知的一个特点。我相信在不久的将来社会学会堂而皇之地踏入认知科学的殿堂。

六、标准的文献研究综述

对于标准的研究资料综述在这里只能从宏观层面展开，而且限于几个常见的问题，第一，现代意义上看，人们使用标准概念的范畴大于教科书中的概念。我们现在使用的标准概念来源标准化组织或《标准化法》中的概念，必须指出这个概念范围很窄，即"为在一定范围内获得最佳秩序，对活动或其结果规定共同的和重复使用的规则、导则或特性的文件。该文件经协商一致制定并经一个公认机构的批准。它以科学、技术和实践经验的综合成果为基础，以促进最佳社会效益为目的"。我们目前接触到的标准概念主要有两个：一个是我国国家标准中的标准概念；另一个则世贸组织的标准概念："由公认机构批准的、非强制的、为了通用或反复使用的目的，为产品或相关加工和生产方法提供规则、指南或特性的文件。标准也可以包括或专门规定用于产品、加工或生产方法的术语、符号、包装、标志或标签要求"。两者有着细微的差距。两个概念从理论上讲都是极端简陋的，尤其在理论上对于标准的理论研究还处于说明书阶段，这也是本书渴望填补的。看来这也是标准理论研究的一个空白区，上文提到世界标准化委员会成立专门机构试图研究标准的基本原理，这个设想看来是无疾而终了。

而且我们还可以武断一回，这样的概念是对标准错误理解的开始。按照这样的概念标准只有短短的历史。标准是以科学技术为基础，而我们现在所称的科学技术都是文艺复兴以来实证主义科学的代名词，正如一些学者的论述科学的认知范式："施米茨认为，自然科学的世界图景有三个核心要素：还原主义的抽象基础、数学建模和实验方法。"[1] 这样的方式也可以形容为以物理学为代表

---

[1] 徐献军：《现象学对于认知科学的意义》，杭州：浙江大学出版社，2016年，第122页。

的科学体系。这样算来标准的历史不过数百年历史而已，那些上溯数以百万年计的阿舍利石斧工具等将无法纳入标准历史的行列，彻底割裂了标准自然的历史过程和逻辑基础。

标准有着辉煌的成就和漫长的过去。在人类最早的认知活动中，标准是认知的唯一尺度；科学、技术、文字、言语、行为可能都是在标准基础上发展演化的，当然实证这个过程是困难的。我一直有一个感觉，标准是一切文字、工具、技术的摇篮，我们为远古的人类创造却赋予现代意义的名称，如奥杜威技术也称为奥杜威工业、阿舍利技术等，将古代人类的认知水平完全的现代化，从实证角度看，那时没有科学、没有技术、没有文字、没有语言，从人类学角度，标准成为推动人类文明唯一。这样的结论在英国心理学家 A. 卡米洛夫—史密斯研究结论中证实："卡米洛夫—史密斯特别强调个体内在的变化在心理发展中的作用。她在书中反复论述了表征的发展变化问题，提出了表征重述（RR）模型。这是全书的重点。她认为相同的知识可以多重水平和形式加以表征和储存。人类对知识的表征有四个不同的水平。第一个水平，她称之为水平Ⅰ。在这一水平上表征是对外在环境中的刺激材料进行分析和反应的独立。这种标准能产生正确的行为，达到行为的成功，即行为掌握。第二个水平是 E1。这时的表征已是外显的，它的组成成分可用材料进行操作，且变得灵活，但它还没有通达到意识，还不能用言语报告。第三和第四个水平是 E2 和 E3，这时表征已通达到意识，并能用言语加以报告，同时，和其他方面有跨领域的关系。她认为表征的变化，就是通过表征重述逐渐把程序中的内隐信息转变为外显知识，逐渐变得能为认知系统其他部分利用的过程。这个过程在各个不同的领域内、在整个一生中一再发生。在表征重述问题上，她强调人类知识表征的多重性。人类以不同表征形式重复表征信息。其中行为掌握是表征重述的必要条件，作为行为掌握之基础的表征达到稳定状态，表征才得以重述。但发展不仅仅停留在行为掌握，人类要超越行为的掌握，发展出不同外显水平的表征，最终达到元认知、元语言的反思，在此基础上建立理论。这是人类认知的特点，人类认知的灵活性和创造性也由此而来。"[1] 标准应属于人类社会或人类认知特有的范式。

---

[1] ［英］史密斯：《超越模块性：认知科学的发展观》，缪小春译，上海：华东师范大学出版社，2001年，序。

标准研究的现状。对于标准的理论研究基本上还处在说明书阶段，这是我一再强调的，也是本书研究的目的所在。标准研究的书籍少之又少，专业性较强的极少（包括国外书籍），大多数标准书籍都是讲座或说明书式的，缺乏新意，而且这些书籍的数量比一个二级学科的书籍还要少很多，标准的教科书内容比较全面的，大概只有李春田教授的《标准化概论》一本书。标准研究的杂志也是寥寥无几，我国的各种标准杂志报纸也是屈指可数，只有《标准研究》《中国标准科学》等几种；随着我国标准化研究院的成立，一些规范性学术活动不断展开，如《标准化研究报告》还是很有意义的。标准网站国外的多于国内的，其中最有影响力当属国际标准化组织网站（ISO），定期电子版的标准化杂志，介绍世界标准化的发展和最新成就；对于标准在社会、科学技术等方面的特殊作用，前文说过，我国著名经济学家于光远希望大家从哲学角度研究标准，我深信于光远先生一定认为标准理论的历程才刚刚开始，有着很多尚未揭示出来的东西等待我们挖掘，从哲学角度研究标准一直是一些学者的研究路径，《标准科学》杂志中有时会有一些哲学性的标准论文；俞可平教授将标准化研究引入政治学领域；法国一位学者曾经预测20世纪末到21世纪初将会是标准研究的黄金期，时间已经快要过去，标准研究依然是"寂寞开无主"。标准的研究基本上像上文所述：说明书式的解释，将一个标准从技术上或科学上给予说明，没有出现《计算机不能做什么》这样以哲学家方式对一个社会现象哲学式的思考的书籍。

　　造成标准理论研究长期贫乏的原因是什么？一个很复杂的问题，简单地说，主要障碍归因为哲学主义、科学主义和行为主义。从历史上看，人类分工也将标准置于社会的最底层。哲学在很长时期一直扮演着科学之科学，而且以探索真理为己任，任何不是以真理、理念为己任的内容都入不了哲学的法眼，古希腊要求纯粹的精神活动，任何将理性和技术相结合的做法都是一种亵渎，标准很难得到哲学的青睐，哲学历史的几千年成就充分证明了这一点，标准在哲学领域是一个完全没有人注意或被遗忘的领域。科学主义，可以定义为文艺复兴时期以来兴起的科学时代的科学，也可狭义地定义为实证主义科学，也许是标准理论上的过于孱弱，标准自己将标准毫无保留地归为科学技术的附属品，似乎科学才是标准的灵魂，标准化的概念明确说明标准是以科学为基础这样的结论。但是从标准的历史来看，以最苛刻的历史考古奥杜威文明论证，距今200

万年前就出现标准,那时候没有语言,更没有科学、技术,只有标准,这个时候的标准以什么为基础？按照本书的研究,那个时候的认知手段只有感觉或自觉,以这样的逻辑,科学不应该是标准的灵魂,甚至相反。其三,行为主义,在行为主义的视野中,只有看得见能被实证的行为才能作为科学、心理学研究对象,华生这样的行为主义大师公然要求将意识等驱逐出心理学的领域,行为主义理论完全割裂了标准体系,标准不得不要么归属于科学技术、要么归属于产品本身。从现代心理学产生到认知科学的出现,行为主义的巨大影响持续了约100年左右的时间,对标准的科学研究几乎无从谈起。最后专业化学科分工。专业知识本来是成就各类学科成熟的标志,也是画地为牢的认知界限,各种知识的专业化分工严重阻碍了标准理论的研究,度量衡、文字语言、行为规范的专业体系将标准排除,标准在各个学科不断成熟独立的过程中,标准的领域和理论都慢慢被吞噬,标准就是各种专业余下的副产品。

七、余下的遗憾

约10年多的标准理论研究历程,最大的遗憾是什么？最大的遗憾也是致命的缺点——缺乏实证。无论是标准还是认知科学都是以实证为基本。我很多时候在想假如有机会将这些思想意识在认知科学的实证领域展开,那将会多么有意义,即便是一个标准的细节、一个认知的过程、一个神经学课程,让我能够将理论再现于实证,在阅读认知神经科学的时候,有几次在梦里我看到我穿着白大褂和很多人一起不知道在忙些什么,我好像是医生,我要是有这样的机会该有多幸运,而我对标准理论的研究基本上是"自省式"。这也许是我永远挥之不去的隐痛。

另外一个遗憾,准确地说心虚,每当让我对语言或符号、科学、数字、技术等学科做一种学术的判断,将标准和文字的作用等定义下来的时候,进而论述这些学科与标准的关系时,这对于标准学至关重要,而我总是感到心有余而力不足,这不是我的学习这些学科的目的和初衷,我是想用这些知识理解和认知标准理论的,而不是让我对这些学科品头论足的,让我对语言等这样宏大的学科下结论、做分析,显然超出我的理论水平范围,每至于此,总是莫名其妙的不踏实。

第一章 标准历史导论

第一节 标准的起源与发展

一、标准历史的起源

黑格尔曾经有哲学就是哲学史的定论,歌德也有科学的一部分就是历史的论述。标准的历史对于标准就像一门科学的出生证一样,也是一门科学的合法证明,是标准学的履历表。从标准的现状来看,无视标准历史的结果是悲惨的,标准可以说就是一个最好的范例,因为没有标准历史,现代标准在理论上一直处于流浪状态,流浪在哲学、科学、技术和文明的世界之外。按照我国《标准化法》或世贸组织关于标准的概念,标准的概念是科学技术和经济技术的产物,标准的历史不过几百年而已,按照《标准化法》或一般的科学逻辑,标准是以科学、技术、经济等为基准,这样一来,起源于近代科学或者说文艺复兴时期的实证科学,以科学实验为代表的现代物理科学作为标准基础或诞生逻辑,最直接后果就是,无视标准真正的起源,标准的一切都要从现代科学中寻找,标准的历史也就名副其实成为"断代史",标准作为最早人类元认知的存在的历史被完全无视了,标准作为人类最早认知方式完全被抹杀了,标准的理论及其构建在历史上的逻辑顺序完全颠倒了,这是导致标准学及其理论的研究严重滞后的基本原因之一。

标准的历史到底如何?答案有一个,德国伟大诗人歌德有这样的话语,一门科学的历史就是这门科学本身！这对于标准特别有意义，尤其是标准作为一个没有历史的学科。不仅如此，标准学也应该有一个光辉的未来，标准的历史能做到这一点。如数学家和物理学家彭加勒所言：若想遇见数学的未来，正确的方法是研究它的历史和现状。

标准历史的价值是什么？伟大的心理学家皮亚杰在其著作《发生认知论原理》这样指出："我们之所以关心这个问题是怀有双重意图的：（1）建立一个可以提供经验验证的方法；（2）追溯认识本身的起源；传统的认识论只顾到高级水平的认识，换言之，即只顾到认识的某些最后结果。因此，发生认识论的目的就在于研究各种认识的起源，从最低级形式的认识开始，并追踪这种认识向以后各个水平的发展情况，一直追踪到科学思维并包括科学思维。"[①] 在这里，我们可以顺着皮亚杰开辟的道路，开拓标准的历史过程，皮亚杰在追溯认知的源泉，实际上，这也是标准的起源。第二，传统的认知大多数仅仅顾及语言认知阶段的认知成就，在这里，皮亚杰对于很多以文字等作为人类文明开端的做法提出批评，在人类演化的过程中，文字符号等不过是短暂的一个过渡时期，就人类认知而言，很多人痴迷的符号文明既非人类文明的开始，也非人类文明的高级形式。就如同标准的历史一样，我们将标准起源归结到文字语言时期，甚至更近的科学技术时期，这样一来，标准也就失去了它的源泉。特别要强调的是，我们就是在认知世界里找寻标准的身影。远古的文明并非就是落后的代名词，亚斯贝斯的话语很有意义的，史前是此后一切的基础。我们研究标准的历史绝不仅仅是为标准找寻标准在历史科学中的地位，或是为了求证标准作为社会认知的存在，更为重要的是标准的价值和本质。对于过去的历史，美国著名人类学家摩尔根的观点值得借鉴。摩尔根认为："这些文明（工业文明）是在此以前的野蛮阶段的各种发明、发现和制度的基础上建立起来的，而且也大量地吸收了野蛮阶段这方面的成就。文明人的成就虽然卓越伟大，却远远不能使人类在野蛮阶段所完成的事业失色。野蛮阶段的人已经自己创造并享有了一切的文明要素，仅字母文字一项为例外。对于野蛮人的成就，我们应当就其与人类整个进步过程的关系来衡量；可能我们不得不承认，从相对重要性而言，

---

① ［瑞士］皮亚杰：《发生认识论原理》，王宪钿等译，北京：商务印书馆，1981年，第17页。

他们的成就超过了后人的一切事业。"① 这里摩尔根的文明时空主要局限在语言阶段，实际上摩尔根有意无意地忽视了人类漫长的知觉时代，感觉或知觉是人类认识世界的生物学基础和开始，也是标准或认知尺度的基础，如果我们以这样的眼界看到远古的成就，标准的历史就不再是一文钱不值的东西，知觉的尺度就是现代意义上的标准，是文明的开始和基础。

如果按照旧石器时代的时空来研究标准，标准的起始时间大幅度向更早期的历史推进，但是应该记住的是，旧石器时代或新石器时代都是行为主义的逻辑产物，无论打制或磨制都不是标准的根本所在，都不能说明标准在历史在人类进化过程中的基本作用，这种划分并不能说明人类文明进化的成就，也反映不出人类进化的水平。标准是人类的一种创造性认知的尺度，标准是人类活动认知的尺度，没有历史也就无法理解标准的产生和发展，在漫长的进化过程中演化出来的、非实验室的、生存进化的、科学的认知尺度。我以为美国学者阿恩海姆分析得很是到位：标准也是一种人类认知的创造。

标准起源于人类认知的初期。这样我们就将标准的历史推进到史前史或人类的起源时代。这个被德国历史哲学家亚斯贝斯形容为理性的光芒很难到达的地方，这样标准才能真正回到历史的原点，对于这段历史，在我的知觉中很多人是极力回避的，我们很多学者将历史与考古局限在地上地下的求证，在人类进化历史过程中绝大多数历史只有地下的化石能够说明，更糟糕的是，即便如此，很多很多关键点由于缺乏化石而被假设和推理弥补，实际上，对于一千万年以上的人类史，这样的求证方式显然是不可能的，很多天才的人类学家也会为此感到怅然，他们所希望的就是一片化石，古人类学家利基对于发现古人类化石的渴望就很好地展示了这一点。这是一段没有文字、没有语言、没有工具、更谈不上社会组织的时代，对于动物学，我们很难明辨那些种群到底是动物还是人类的始祖？对于考古学，我们很难分辨那些既像是自然分化或摔打的石块也可能是人类笨拙的杰作？这就是这个时代的特征，这个时代就是像撒哈拉大沙漠一样荒凉。换句话我们不知道石器时代开始之前的人类是什么样？只有人类体质学可以给我们一个当时人类的身体尤其是大脑的大概状况。

标准或认知的尺度是人类文明的开始。就像亚斯贝斯的说法，在知觉标准

---

① ［美］摩尔根：《古代社会》，杨东莼等译，北京：商务印书馆，1971年，第30页。

时期没有语言、文字，自然没有历史或史料记载，关于这段历史人们给了一个名字——史前史，这段黑暗的历史使我们和德国历史学家卡尔·亚斯贝斯有着同样的哀叹："人类历史从人类记忆中大量消失了。唯有通过调查研究，而且在很小的范围内，人类历史才变得可以理解。"① 下面接着的是亚斯贝斯的名言："我们能够向史前投射的那种暗淡光线，简直冲不破它的漫长黑暗。史前是此后一切的基础。"② 知觉标准时期就是处在这样一个遥远的时代，为什么要研究标准的这一时期？我们不是从语言或哲学或科学等开始标准的研究，除了皮亚杰的理论之外，还基于以下理由：第一，知觉正如它的概念是人类认知的基础和渊源，生命体都拥有知觉，这一点对于生命体包括人类在内都是如此，而人类正是从感觉或知觉开始文明之旅，并且人类就是从感觉或知觉开始走向文明。对于标准而言，知觉标准时期占据人类标准的绝大多数时间，也是标准本质的体现所在。第二，标准起源于知觉，作为知觉的尺度的标准是理性的基石，也是标准的根本属性，是标准存在、发扬到今天的根本所在，这里我们简单地说，知觉要比感觉更加主动，属于人类认知的比较特殊的感觉认知形式。第三，标准的社会学意义开始彰显，知觉标准成为一切语言、科学、技术文化的开端、一切智力发展的基石。

假如标准只是科学的产物，没有历史或只有短短数百年的历史，直接的结果就是今天标准的境遇，标准的历史以及理论就会被自然而然地归为其他学科的附庸或附属，比如，文化、言语、科学或技术等的产物，标准不过是科学、技术、文化、符号或者什么的细枝末叶。以及研究标准的这一段历史就是再现或展示这一历史，进而揭示人类在漫长的进化中如何构建人类自己认知的尺度，人类依靠知觉这个永恒的认知器官，人类从知觉认知慢慢走向更加深远的认知序列。就如阿恩海姆所言，标准是人类认知的创造，知觉标准时代如此，符号标准阶段亦如此，科学标准时代亦如是，数字标准时代更是如此。

研究标准历史的另一个价值，书写标准的历史就是为了将标准历史从过去暗夜的时空中再现。证实标准确实存在于人类社会、伴随着人类认知不断演化

---

① ［德］卡尔·亚斯贝斯：《历史的起源与目标》，魏楚雄等译，北京：华夏出版社，1989年版，序言。

② ［德］卡尔·亚斯贝斯：《历史的起源与目标》，魏楚雄等译，北京：华夏出版社，1989年版，序言。

发展、促进人类认知能力的不断飞跃。证明标准不仅仅是一种理论，还是人类文明中不可或缺的历史构成，从一定意义上讲，标准是人类认知的阶梯、尺度、行为认知的连接点，这样的结论可以从远古的历史演绎中得出。标准没有历史也就无所谓理论，皮之不存毛将焉附。在考古学中，标准化的制造工具被用来证明人类理性的存在，一旦发现人类的标准化产品，毫无疑问，古人类学家会宣布人类已经进入理性时代，人类已经开始用一样的方式来加工工具等，这就标志着人类理性的存在；而在人类学中尤其是古人的大脑容量、手和直立就成为人类进化的标志，对于标准历史而言，标准历史的研究是为了再现标准产生、演替、发展的全过程，这是标准历史研究的第一个意思；第二个更为重要的是，标准是工业文明、技术文明的开始，是文字、科学、技术的开始和基石。如果我们看看著名数学家 M. 克莱因的《数学与知识的探求》一书，我们就会坚信：今天的现代科学和技术包括数学都是人类认知进步的成就，而这个过程的开端在于远古的1000万年前的知觉标准时代。

即便已经确定了研究标准历史的必要性，这仅仅是逻辑上的开始，标准历史的研究依旧困难重重。有的困难甚至无法克服且无法回避，人类永远不会像法律中的不可抗力来原谅自己的无能。首先，是历史资料的极度贫乏，尤其是史前史的历史资料，诚如亚斯贝斯所言的史前历史研究的暗夜，人们只能从其他学科的成就中推演或证实历史的存在，标准也不例外，要想从黑暗的史前文明再现标准的存在，是一件很不容易的事情，不得不借助其他学科的成就折射出标准的身影，实际上在这里根本没有什么其他学科，有的只是我们后来意识到的、发明的各类学科而已；其次，历史是一个极度发达的学科，历史学家的视野几乎审视了全部人类活动的领域，如果阳光下有什么新鲜事的话，多数会得到历史学者的关注，既然在原有的理论下没有标准的存在，那只有在新的理论的照耀下才可能发现新的田野，用什么样的理论驱散史前史的黑暗就显得至关重要；爱因斯坦有这样的观点：提出新的问题、新的可能性，从新的角度去看待旧的问题，需要有创造性的想象力，而且标志着科学的真正进步。标准只有在认知科学的指引下，才能给我们一个全新的标准史。

最后，用什么样的断代史再现标准历史发展的内在逻辑，而不是人云亦云的随行就市，也是一个非常难以创新的问题。特别要强调的是，标准的最初阶段对于标准历史的研究极为重要，在本书的研究中，标准最初历史占有极为显要的位置，它应该包含着标准的"元"或胡塞尔"哲学"之含义，实际上史前史标准的研究占据本书大量时间和希望。作为导论，就标准的历史研究理论、标准的阶段划分等问题进行讨论。

一定意义上，标准是人类进化初期的元认知。从标准的特性来看，标准是规范的元认知，同时，标准意识规范也使得人类的认知如同人类的意识踏上高速公路一样飞奔。

第二节 标准历史的断代或阶段划分

一、标准历史时期划分的依据

如何对标准进行断代划分是研究标准历史的关键一步。这将标准发展演绎的过程逻辑地再现，这是研究了很多专业史以后得出的结论，本书的直觉是，没有标准阶段的划分或断代，标准的历史便无处展开，很可能标准历史的逻辑只能嫁接到别的学科上，只能以其他科学的理论作为自己的开始或起点，就如同皮亚杰所言，人们在研究人类文明时更多地采用现代的方式研究过去，如康德的"没有内容的思想是空洞的，没有概念的直观是盲目的"一说，只是针对或反映了现代人的思维方式，我们言及古代就好像是言及中国的春秋战国、言及古希腊就是言及西方文明的最初一样。概念、理性、文明、思想无疑在现代社会很有意义，而在遥远的远古，谈及思想和概念是很可笑的、奢侈的。这里一个共同的缺陷就在于，这里历史开端于语言符号的历史，开端于一种人们最惯常的信仰的形成时期，这样，历史就开始于一种文化、一种文明、一种信仰等等。而将人类漫长的演化史无情地忽视了。这是极不科学的一种做法，革命导师马克思和恩格斯《共产党宣言》一文中宣布，人类的历史都是阶级斗争史。之后，随着美国人类学家摩尔根的《古代社会》问世，恩格斯立刻将阶级斗争史限制在一定范围之内。革命导师的做法无疑是科学的、客观的。

一般地，学术上人们将标准划分为古代标准、工业标准、现代标准等，这样的标准划分实际上没有什么意义，标准的演绎很难说是按照这样的概念发展的，而且这样的划分根本没有办法揭示标准的发展线索。还有直接按照现存理论指导下的历史阶段进行分解，如旧石器时代标准、新石器时代标准，或者按照李春田教授的划分。李春田教授在其《标准科学概论》中，作为我国最权威的标准教科书中在第一章绪论中专门设立"标准化的发展简史"历史部分一节。并且将标准化的产生与发展划分为以下阶段："一、远古时代人类标准化思想的萌芽。二、建立在手工业生产基础上的古代标准化。三、以机器大工业为基础的近代标准化。四、系统理论为指导的现代标准化。"① 这意味着远古时期没有标准，标准还在萌芽状态；抑或按照农业文明、工业文明划分标准时代，这样划分的共同之处在于基本上是按照其他学科或历史阶段对标准进行划分，这样做最大的问题在于是否能反映出标准本身的特点，在我看来，这种划分很难说有什么对标准理论研究和认知的意义，标准不过是人类社会发展类型的拾遗补阙，最贴切的无非是将标准归为古代的技术或文明之列，标准的"元"和逻辑并没有推演出来，而是陷入其他学科或专业划分的桎梏之中。

对比之下，马克思的史学观可为这方面的典范。马克思用生产关系作为基准将人类社会分为原始社会、奴隶社会、封建社会、资本主义社会、社会主义社会，马克思的社会历史发展逻辑使得人们对于社会构成及其发展一目了然，进而人们可以从社会生产关系理解人类社会的发展规律。同样地，英国考古学家卢波克1865年提出旧石器时代和新石器时代，为人们科学了解人类文明演化提出一个很好的视角。历史发展需要逻辑或脉络而不是一种累计或堆放，这也正是标准历史研究所极度欠缺的。很长一段时间，我在想如何将标准历史逻辑地展现出来？这里值得借鉴的是法国著名哲学家孔多赛的《人类精神进步史纲要》一书，这本书几乎是认知科学的范式，他将人类社会按照精神尺度做了划分：第一个时代是人类结合成部落、第二个时代是游牧民族的形成、第三个时代是农业民族的进步、第四个时代是人类精神在希腊的进步、第五个时代是科学的进步、第六个时代是知识的衰落、第七个时代是科学在西方的复兴、第八个时代为印刷术的发明、第九个时代为从笛卡儿、最后一个时代即人类精神未来的进步。以人类精神划分不能不说是一种新视角和创新，也为人们从精神层面看待社会发展提供了一种范式。而在亚斯贝斯的历史观中，历史被划分。亚斯贝斯将人类历史划分为史前、古代文明、轴心时代和科技时代四个基本阶段。

---

① 李春田：《标准化概论》（第五版），北京：中国人民大学出版社，2010年，第5页。

如果要想将标准历史逻辑地展示出来，必须要有切合标准历史发展逻辑的分类或断代，我们才能将标准的历史很好地、科学地展示出来。

在一个严重缺乏历史资料的标准史中，如果要展现标准的发展演化，进而让我们了解和掌握标准进化的历史过程，如果没有较为确定科学的历史周期划分，这样的标准史无法体现出标准本身的特点，展现不了标准的特点，更无法揭示标准演化的基本规则。而且，看起来，延续传统历史或专业历史的逻辑划分或历史断代无助于对于标准历史的认知。

二、标准历史时期的划分

选择一个能够反映出标准本质与逻辑或发展规律的依据并非易事。实际上就是选择一种能够科学描述标准发展的具有逻辑潜质的尺度而已，马克思的生产关系作为历史发展的脉络，深刻揭示人类社会发展的一般规律，人们用各种金属的特性来隐喻历史的基本状态，如黄金时代、白银时代、铜器时代、铁器时代等等。如何划分？往本质上讲，就是一种理论的应用或一种理论的建构。在这里我们只谈理论的应用，我们又要回到标准最一般的问题，标准是一个没有理论的学科，原因很简单，没有哪一个理论能够将标准的本质科学地揭示出来，只有认知科学除外，这里我们也只局限于认知科学的认知方式方面。在认知科学以及人类学中，作为人类的认知方式，感觉与知觉、符号以及社会认知是人类的基本认知方式，虽然认知科学不是历史科学，认知科学研究的内容和范式却给我们以不可多得的启示。

本书严格地从学科角度来看，就像其书名的副标题一样——认知科学的视野。认知科学是一门新兴的学科群，从20世纪60年代开始，认知科学开始向各个学科渗透，历史、文化、数学、科学、哲学等，认知科学不仅给标准学科一个新的视野，也是其他科学成长发育的沃土。认知科学是一门新兴的科学，著名认知科学家加拿大学者萨伽德列出认知科学的四个核心："1. 当谈及（人类）认知活动时，就需要提到独立于生物学、神经科学和社会学的心理表征；2. 理解人类的关键是计算机；计算机是探索人类心智功能最为可行的模型；3. 认知科学并不强调情感、历史和文化等方面的因素；4. 认知科学是一种交叉科学。"[1] 以上概

---

[1] ［美］R. M. 哈尼什：《心智、大脑与计算机：认知科学创立史导论》，王淼等译，杭州：浙江大学出版社，2010年，第6页。

念主要指的是认知科学,而认知在不同的学科中内容也不尽相同,语言学、人类学、神经学等认知不太一样,我们无须特别深究认知概念,只需要了解人类认知的手段或媒介或方式,标准也是一种认知,一种行为认知,认知的认知、同时还是社会认知、社会行为和社会存在的认知。这里我们借鉴认知科学的认知手段或方式划分标准科学的历史阶段。

在任何一门认知科学中,知觉、符号、科学、数字是人类认知的基本方式,人类就是通过这些方式来认识世界、认知自然、认知社会并构建社会、规划人们的行为。对于标准而言,认知方式就是标准表现的基本范式。本书拟以认知科学、考古学以及社会学等为基础,结合认知科学的认知范式,将标准历史予以划分:知觉标准时期、符号标准时期、科学标准时期、数字标准时期。在这里必须指出的是,认知形式等不是一个否定一个的认知,而是某种形式为主要社会认知形式,这里的认知包括个人和社会或集体形式。无论是数字认知、符号认知还是科学认知、知觉认知都不是否定式的关系,这里本书想用一种乘数关系来形容,即由于认知的不断进化、由于有了文字我们的知觉认知随着文字伸向更加遥远的世界,如3D画面中的恐龙世界,完全是数字和影像将我们带入一个全新的世界。

三、标准历史时期的承接关系

知觉标准、符号标准、科学标准以及数字标准之间的承接关系,将是我们不得不面对的问题。否则,我们将会对标准的发展及其特点产生混乱,这也是我一直思考的问题,实际上问题的实质就是先进的认知范式是否包容前面的认知范式,首先我们要强调这里我们所说的认知是人(当然包括其他物种)的认知,在认知中,人处于中心位置,并且,人类认知的范式不断向前进步并保留人类认知的基本特征。即便是人类更加地进化,人类还是用眼睛看世界。那么这些认知媒介之间的关系是什么样? 在柯尔伯格、郭本禹的《道德发展心理学:道德阶段的本质与确证》找到了一部分答案: "作为理论基础的理论假设有:(1) 推理发展贯穿于各个阶段;(2) 每个阶段是一个连贯的推理模式;(3) 贯穿于各个阶段的发展史按照顺序从简单向较复杂的推理发展,不会倒退到以前的思维阶段;(4) 每个阶段的推理模式都被整合到下一个更高级的阶段。"[①] 这个

---

① [美] 科尔伯格:《道德阶段的本质与确证》,郭本禹等译,上海;华东师范大学出版社,2004年,译者前言。

话可以部分地用于理解认知科学的认知演化的过程，人类没有因为进入语言符号标准时期，就放弃或否定知觉标准，虽然不能说以上的描述与认知科学历史演化完全一致，从人类认识的进化历程来看，基本上还是和历史相符；记得生物学家朱利安·赫克斯丽宣告"词语概念的进化，打开了所有人类思维未来成就的大门"，语言开启了人类认知的新纪元。人类的认知向更加广阔的世界延伸，语言成为记忆、想象、学习的媒介，同时，语言也将知觉认知推向语言帝国的各个角落。将标准这个人类认知的尺度推向各个地方。同样地，科学认知时代，人们的认知已经由科学实验或科学范式开启了人类认知的新的世界。事实上，每一个认知时代都有一种认知范式开始这个时代，这个时代可能是由范式和进入的世界结合在一起。

需要补充的是，在现代认知时代，标准的各个阶段是相互包容的，当然这种包容并不否定标准的标志性阶段，即符号阶段并不否认感觉或知觉的存在，数字阶段也同样不否认知觉的标准的存在和用途，标准是各个阶段尤其是各阶段可以包含低级阶段的内容，实际上，认知科学中具身认知可以很好地说明这个问题，具身认知是认知的一种形式，换句话说，标准在媒介上是可以互逆的，就历史发展和社会认知和标准发展规律而言，标准存在着严格的阶段性：知觉标准时期、符号标准时期、科学标准时期和数字标准时期。在历史进化中这种阶段或媒介顺序是不能颠倒或互换的。

第三节　标准历史研究的理论

一、标准历史研究需要新的理论

标准研究的最大困难在于标准的漫长的开启时间，心理学家皮亚杰在研究认知发生论时也意识到这个问题："因此，很清楚认识论的分析迟早会获得一种历史的或历史批判的高度和广度；科学史是对科学作哲学理解的不可或缺的工具。问题是历史是否包含了一个史前史。但是关于史前人类概念形成的文献是完全缺乏的，因为我们对史前人类的技术水平虽然有一些知识，我们却没有关于史前人类认识功能的充分补充资料。所以摆在我们面前的唯一出路，是像生物学家学习……"①对于标准科学来说，我们要向其他学科学习，向认知科学学习，让认知科学的阳光照耀标准的历史、照亮标准的田野，让认知科学的光芒穿透史前史的漫长暗夜。

标准历史研究的困难，如果按照顺序罗列如下：第一，就是在漫长的史前史中，没有记录、没有传说、甚至没有化石，除了空旷的历史暗夜，什么都没有。此时，我们会感同身受地理解古人类学家理查德·利基对于一副古人类化石的渴望，因为一副古人类化石会让人类学家得到他们想要的几乎任何线索，即使残缺不全的古人类化石也会让古人类学家看到人类演化的踪迹。而对于标准而言，在于用什么样的理论指导来揭示标准的存在。而现存的标准理论完全囿于其他学科的束缚，使得标准的基本特点都不得不依附于其他科学，标准历史亦是如此，标准的历史和标准的理论完全被扭曲了，只有在新的理论的照耀下，标准本质的光辉才可能重见天日。著名人物学家杜布赞斯基曾有过这样广为传颂的名言："如果没有进化论之光，生物学的一切都将无法理解。"博物学在达尔文进化论思想的照耀下闪现出无限的活力，将亿万年的物种演化令人信服地展现出来。何也？进化论，达尔文也由此跨入最伟大的科学家行列；同样，3D加上史前史的生物科学的创造，恐龙，已经消失了六千万年的物种有缘活灵活现地生活在我们这一代人的视野中。

标准历史的研究需要一种理论、一种全新的理论来照亮标准历史的领域，或许这样的标题或理论会为史学诟病，史学的生命力还是在于"实"，这样的要求并无不妥，史前文明的标准几乎无"实"而言，只有理论，只有认知科学理论才是研究标准历史的唯一。而且传统科学已经无法对标准进行卓有成效的研究，无论是哲学、科学、技术等方面，标准不仅仅在这些领域中的理论研究处于极度贫乏的状态，这些理论也无法将标准在其范式中展开，这导致对于标准本质的理论研究陷入长久的停滞不前。梳理一下标准不甚清晰的历史可知，工具出现至今至少有300万年以上的时间，代表性的技术就是奥杜威技术，以及后来的阿舍利技术，在这一时期，作为人类认知的媒介——知觉标准。根据最新研究资料显示，这样的工具可以追溯到330万年前，《科技日报》北京2020年5月21日电（记者张梦然）发现于肯尼亚的一组古老石器，竟可追溯至330

---

① ［瑞士］皮亚杰：《发生认识论原理》，王宪钿译，北京：商务印书馆，1981年，第13页。

万年前，比现已知的最早人属（包括现代人类在内的属）出现得还要早。在21日英国《自然》杂志上的一篇考古学论文中，科学家详细描述了这些石器，表明人类制造工具的历史要比此前认为的更早，也就是说，人类祖先在智人出现之前的几十万年，已经能够制造工具了。不过，这些工具的"主人"是谁，目前仍难下定论。不过有一点需要再三强调：智慧和理性不是语言或语言的产物，早在人类没有语言的时候，人类开始制造工具，有人这样说，技术就是语言，而在标准看来，认知的尺度就是语言，就是人类最早的智慧。

言语的出现，根据人类学的人类体质学的脑容量、发音结构等方面的研究，言语的历史至少已经40万年以上，有的学者将这一时期推至100万年，本书还是选择最大的言语时期，即从100万年的直立人时期开始计算。从第一幅岩画算起，人类的符号文字至少有3万年以上的历史，如果将标准等同于工具的出现时期，如何划分这漫长的标准化时期，而且这一段历史占据人类文明时期的99%左右。如何描述这一时期标准的特点，就是一个难于逾越的问题和困难，而且在本书看来，这一段时期的标准具备作为标准本质的基本特点，对于理解认知标准有着极其重要的意义。

到此我们更加有感受地理解德国历史哲学家亚斯贝斯的至理名言："我们能够向史前投射的那种暗淡光线，简直冲不破它的漫长黑暗。史前是此后一切的基础。严格意义上的历史时期，我们拥有文字证据的时期的遗物是偶然留下来的，它漏洞百出。"① 亚斯贝斯这句话对于古代标准研究很有意思，这句话就是对古代标准研究目的的尚佳表述。这句话包含两个方面的意思：第一，标准在史前尤其是在南方古猿以降的1000万年里，标准历史被完全掩埋在远古的黑暗中很难再现，人类如何开始标准的认知和利用标准使用火、制造工具，最重要的是利用认知的标尺开始思维？或者可以这样说，人类是什么时候开始高阶思维的？即意识到制造工具的意识？这是标准最重要的特点，这时人的思维不再是闪电、不再是火花，也不是密涅瓦河上的猫头鹰，而是可感知的尺子，丈量着意识、知觉和思维的维度，指导人类开始生活、进化和工作的维度。如此多的思维及其各类词语，是在回避标准在古代的概念还是其他什么？标准是什么？能用度量衡来回答吗？不能，我们疑问的一切都被掩盖在历史的暗夜之中。只

---

① ［德］卡尔·亚斯贝斯：《历史的起源与目标》，魏楚雄等译，北京：华夏出版社，1989年，序言。

有一种理论或许可以将笼罩在标准上面的黑夜抹去。我以为阿恩海姆的认识解释标准的一般意义很有好处:"阿恩海姆通过大量事实证明,任何思维,尤其是创造性思维,都是通过意象进行的,只不过这种意象不是普通人所说的那样意象。这是通过知觉的选择作用生成的意象。"① 实际上,阿恩海姆还有一个论述,用认知科学的话语就是知觉(意象)和符号(抽象)认知同时进行,所谓抽象或符号在阿恩海姆看来:"如何才能得到某一类事物的抽象物? 大体上有下列两个途径:一、把握某类事物的最重要性质;二、构造出它的动态形式,以达到对其总体结构状态的把握。阿恩海姆认为,要想找到事物的本质特征,并不是那么容易。"② 从认知科学或标准学来看,标准的构建就是一种抽象、掌握本质的活动,或许这就是最早或知觉时代的标准,人类认知特征的表现。实际上阿恩海姆在这段文章之前用了很多笔墨区别人类知觉和计算机认知的差异。长时间来我也一直在思考和寻觅标准的本质性的东西,直到我看到阿恩海姆的分析,是的,标准是人类认知的一种创造,是人类知觉的尺度。

第二,史前是此后一切的基础。这段简短话语或许包含着丰富的内涵,这也是我们数次的引用的原因所在,假如我们今天能够理解标准的最初历史,我们会解释标准从古至今经久不衰的秘诀,我们或许也会了解标准这个最为古老的生存形式在现代化的今天,成为世界通用语言的内核是什么? 也许我们也能洞悉标准成为管理标尺的奥秘。还有一个格外值得注意的问题,人类发展很难用线性状态来形容,而是一种混合状态,标准就是在这样的混合状态中慢慢成长而出。美国人类学家摩尔根的描述很是精彩:"关于人类初期状态的最近的研究,有达到下述结论的倾向:即人类系由阶梯的底层开始其生活的进程,借实验知识的徐徐的累计,从野蛮状态而上达于文明之域。因为人类中有一部分尚生存于野蛮状态之中、有一部分生存于开化状态之中,还有一部分生存于文明状态之中是无可否认的事实,所以三种不同的状态都彼此互相关联着形成一种进步的、自然的、同时也是必要的连续顺序,这似乎也是同样无可否认的事实。更有进者,这种连续的顺序,在历史上对于全人类——一直到人类各支所

---

① [美]鲁道夫·阿恩海姆:《视觉思维》,滕守尧译,北京:光明日报出版社,1987年,第30页。
② [美]鲁道夫·阿恩海姆:《视觉思维》,滕守尧译,北京:光明日报出版社,1987年,第28页。

达到现今的地位为止都是真实的。"① 以上的描述过于宏观,在认知科学看来,标准的建设就是一步一个脚印的漫长的过程,人类从来都不是从一加一等于二的文明之路来的。瑞士心理学家皮亚杰的关于发生认识论的起源的辩答对我很有启发,"正如'发生认识论'这个名词本身所表明的那样,我们认为有必要研究认识的起源;但是在这里我们从一开始就必须消除一种可能的误解,这种误解如何导致把关于起源的研究跟认识的不断建构的其他阶段对立起来将是严重的。相反,从研究起源引出来的重要教训是:从来就没有什么绝对的开端。换言之,我们或者必须说,每一件事情,包括现代科学最新理论的建立在内,都有一个起源的问题,或者必须说这样一些起源是无限地往回延伸的,因为一些最原始的阶段本身也总是以多少属于机体发生的一些阶段为其先导的,如此等等。"② 这样的语言同样适用于标准历史的研究。标准一个没有历史的科学,长久以来被人们肆意地使用它的含义。目前来看,依靠考古学家的铲子、历史学家的古籍,或是人类学家的观察不可能穿透1000万年以上的时空和光阴。我们需要一种新的理论,这个理论就是认知科学,就像是我们大多数所知觉到、理解到的恐龙并不是化石,而是依靠3D技术或动画给我们展示的画面,因此必须依靠一种理论、一个科学范式消融人类初期的暗夜,现在我们再次重温杜布赞斯基的名言:没有演化论的照耀,生物学的一切都是黯淡的。感觉会大不相同,在我们研究标准的时候,认知科学就是一盏穿透历史暗夜的明灯。

认知科学是不同于其他科学的一门新兴的学科,文明可以通过认知心理学的先驱皮亚杰的理论区分出认知科学与哲学等领域的差别:"我们之所以关心这个问题是怀有双重意图的:(1)建立一个可以提供经验验证的方法;(2)追溯认识本身的起源;传统的认识论只顾及高级水平的认识,换言之,即只顾及认识的某些最后结果。"③ 可以说这里的意识加上了人类认知的手段或媒介,最早是知觉或神经系统,以后是符号、科学和数字,而本书的术语及其讨论总是希望在认知科学的范围而不是哲学范围。认知科学始于20世纪50年代,本书的认知科学不仅包括哲学、语言学、计算机、认知神经科学、认知心理学、人类

---

① [美] 路易斯·亨利·摩尔根:《古代社会》,杨东尊等译,北京:商务印书馆,1981年,第4页。
② [瑞士] 皮亚杰:《发生认识论原理》,王宪钿译,北京:商务印书馆,1981年,第17页。
③ [瑞士] 皮亚杰:《发生认识论原理》王宪钿,商务印书馆,1981年,第17页。

学六大学科,实际上认知科学还有另一个表述——脑科学,从而这里的认知科学也是脑科学的本义。在标准的认知科学中:"认知科学以人(和动物)的知觉、注意、记忆、动作、语言、思维、决策、意识、动机、情感过程和结构为主要研究对象,集合了心理学、语言学、人类学、计算机科学、神经科学以及其他基础科学中一大批的佼佼者,实现了科学史上一次大跨度、多学科的交叉和融合。认知科学的进一步发展就是探讨认知概念和过程的物质基础。"① 我们渴望认知科学(脑科学)能够照亮远古标准演化的轨迹,再现古代标准的辉煌历史,以下的语言可以用来形容标准漫长的历史,"谈到过去的时代本身……我们首先应该虔敬地称颂我们没有名字的(尚无文字的)祖先,他们已不可思议的坚韧精神和聪明才智成功地确立了人类。他们做出了极端重要的发明和发现,如工具、种子和家畜;他们对农业的促进和导致定居的'新石器时代革命',也许人类有史以来的最大进步。他们创造了奇异的语言工具,使人类能够看出人情并最终又将其掩饰起来。他们奠定了文明的基础:它的经济生活、政治生活和社会生活,以及它的艺术传统、民族传统和宗教传统。我们的'野蛮'祖先确实还是与我们非常接近的,还不单表现为我们也有野性。赫伯特·J.马勒:《往昔的价值》"②。认知科学是照亮标准史的理论明灯,而史前史则是表现人类认知的基础,这样就可以展示出标准对于人类真正的意义。考古学家理查德利基这样划分人类早期的社会时期:"第一个阶段是人的系统(人科)本身的起源,就是在大约700万年以前,类似猿的动物转变为两足直立行走的物种。第二阶段是这种两足行走的物种的繁衍,生物学家称这种过程为适应辐射。在距今700万年到200万年前之间,两足的猿演化成许多不同的物种,每一个物种适应于稍稍不同的生态环境。在这些繁衍的人科的物种之中,在距今300万年到200万年之间,发展出脑子明显较大的一个物种。脑子的扩大标志着第三阶段,是人属出现的信号,人类的这一支以后发展成直立人和最终到智人。第四阶段是现代人的起源,是像我们这样的人的进化,具有语言、意识、艺术想象力和自然界其他地方没有见过的技术革新。"③ 这个划分更多地依靠人体质学的考古

---

① 史忠植:《认知科学》,合肥:中国科技大学出版社,2008年,第9页。
② [英]达尔文:《人类的由来》,潘光旦译,北京:商务印书馆,1997年版,第84页。
③ [英]理查德·利基:《人类的起源》,吴汝康等译,上海:上海科学技术出版社,1995年,第5页。

成就，而本书根据认知科学的研究内容来研究标准历史，并没有按照利基的划分标准时期。但是有一点必须说明，对于人类发展的大致轮廓，本书比较倾向于利基的划分，标准的划分是依照人类认知的媒介或方式以及认知的世界等划分。特别要强调的是，虽然本书将标准时期划分为四个时期：知觉标准时期、符号标准时期、科学标准时期和数字标准时期。在标准学看来，每个时期标志着人类认知进入新的世界、新领域、新方法。比如纳米技术使得人类的认知进入微观世界，标准将使人类的认知科学化。每一个认知时代都有其不同于其他时代的特点，这些不同的标准时代分别为：知觉标准时期、符号标准时期、科学标准时期以及数字标准时期这样四个比较粗犷的时期，重申一遍它的核心就是认知媒介和认知的领域和方法。

通过以上论述，我们希望在研究标准的历史时，要特别注意以下几个问题：第一，标准是人类认知的尺度，是规范认知的尺度。第二，标准是人类文明的开始，标准使得我们的意识可以为我们本人和其他人能够知觉到、认知到，标准让我们将抽象的认知能够像知觉一样感知；第三，各个时期的标准认知范式或表征范式不相同，这种不同绝不是一种媒介替换另一种媒介，而是人类认知的一种突破、一种革命、一种更大的包容或相得益彰。

这里特别强调的是，知觉或感知认知与人的行为或行动依旧是人类认知的基础，因为知觉或感觉将人类的认知与行为结合为一体，因为感觉，将人类的神经系统或认知与外部世界联结在一起，构成人类认知的基础。换句话，认知在标准科学中、在人类的行为中，认知既是单纯的认知、也是行为的创造、行为的控制尺度，还是行为图式或行为复合的结合体，由此形成标准的另一个最有特色的特征、运演、计算。

这就是在认知科学理论指引下的标准，这就是在认知科学阳光下的标准历史将要告诉我们的标准本征。

第二章 知觉标准时期

第一节 知觉标准时期概述

一、知觉标准时代的开启

感觉或知觉是人类和一切生物生存的开始和基础，也是人类和其他生物认知的基础。很多认知科学家特别强调认知的生物学基础，本书以为这是一种科学的方法和态度，正如著名心理学家皮亚杰及其著作《生物学与认识》，将生物学作为认知的基础性定位。然而在传统的研究中，很多研究一开始将理性、概念、文字置于人类认知逻辑之上，或将这些作为人类进化的起点，似乎人类认知始于文字、宗教、信仰和哲学。皮亚杰在《发生认识论》曾经多次批判过这样研究人类认知的方法，即用高级的认知方法来开始人类认知的研究，早期和现代哲学家中这样的错误比比皆是。在认知科学上，一个惯常的错误就是以高级认知水平替代初级认知水平，在人类历史上，漫长的感觉认知时代是人类认知真正的开始。这个开始的标志就是人类开始用认知尺度认知世界、认知自己、认知行为。从认知的微观角度，知觉认知是人类认知永远不可或缺的、无法替代的认知部分，即便到了数字化所谓的大数据亦如此。而这一切的建立尺度功不可没，正是这些认知尺度的构建确定使得人类能够将认知进行下去。

知觉在人类历史中发挥着重要作用，以色列历史学者尤瓦尔·赫拉利在其著作《人类简史——从动物到上帝》将其书中的第一部分命名为认知革命，人类的形成实际上就是认知革命和生物进化共同的结果，知觉革命的成就仍然是非凡的，在知觉认知这一点上，人类和其他灵长类动物甚至其他动物并无差别，对于知觉的用语方面，有知觉、感觉、觉知等各种称谓，而在这里，本书一律归结为知觉。

人类的知觉就是人类初期的唯一认知方式，而且知觉认知时代占据人类历史的百分之八十以上的时间，人们习惯用感觉一词，而且我们使用感觉作为概念更为让人容易理解。但是从认知科学而言，认知的概念已经取代了感觉一词，"知觉是认知的门户。认知系统首要的基本任务是登录、传递和对知觉的传入发生反应。知觉作用的结果又反过来进一步连续调节许多认知功能。实质上，对认知过程的理解决定于对驱动它的知觉过程的理解。……"[1] 知觉以后的认知功能，如符号、科学和数字是认识集合交叉的产物，换言之，可以这样说是认知进化和进步的产物，即便是人类进入纳米世界，知觉认知依然是人类的认知范式，正在世界范围肆虐的冠状肺炎的名称本身，就是人类在视觉层面认知的表征或称谓，也可以说人类对微观病毒的一种心理表象。

知觉认知的基础方面，就是人类和动物相同、一样的起点和逻辑。这是一个事实，我们人类与动物有着同构的或共同的认知生物学基础。在皮亚杰的认知理论中，知觉就是人类认知的生物学基础，美国心理学家桑代克在研究学习方面揭示出，动物和我们人类尤其是知觉标准时代没有什么区别，很多动物（我喜欢以生命称之并敬畏）显示出无与伦比的才智和知觉系统，一些人倾向于在人类与其他生命划出一条认知泾渭分明的界限，我以为这样做并没有什么意义，尤其是在人类之初，在我看来，人类在知觉标准时期只是开拓出自己的道路，大量开发出利用知觉来认知世界的能力，而动物靠着一样复杂的进化系统和简单学习或遗传发展了自己适应生存的知觉认知能力。与之不同的是，人类的进化既有遗传的作用，也有理性的功能，就是这两种力量推动人类进化和文明的过程。这个过程国外著名学者爱德华·威尔逊用《基因、心灵与文化：协同进化的过程》描述，本书的另外一个作者在其《创造的本源》一书中这样形容："大约200万年前史前能人时期发生的大脑体积的迅速增长，是生命史有机体复杂程度的一次转变。这种转变，以进化过程中基因与文化共同进化的独特

---

[1] [美]葛詹尼加主编：《认知神经科学》，王甦等译，上海：上海教育出版社，1998年，第17页。

模式为驱动。在这个过程中，文化创新提高了偏好智慧与合作的基因的传播速度。在互惠的作用下，由此产生的遗传变化又进一步提高了文化创新发生的可能性。"① 标准就是这样的过程和作用的产物。最后必须强调的是，知觉认知、知觉标准是人类认知的开始、也是一切认知的基础。人类的文明开启于1000万年前的南方古猿。

二、开启认知标准时代的器官——手

人类是如何开始这个史诗般的时代，说法很多，就时间而言一些学者认为一千万年前，也有的学者根据现代科学研究成果，将人类与猿的分离时间定位于700万年左右。就人类身体器官而言，手是人类认知的开创性器官。"人身两件宝，双手和大脑"，是人类认知演化典型的写照。那张著名的大脑神经系统矮人图就能说明这一现象，一双不大的手却占据大脑皮层很大一部分，大脑皮层是人类进化最明显的标志，而在这张图上，作为感觉器官的手和与手在身体中的比例完全不同，可以这样说手就是知觉认知、知觉标准最明显的表现，可以这样武断地假设，由于手是人类的认知从感觉到知觉的范式的转变，当然手不是人类认知的一切，但确实是人类认知的极为重要的组成部分，并且由于手的认知形成了知觉认知的庞大神经认知系统，推动人脑的不断进化，由于手的认知的推进或逐步形成人类认知的特点，手是文化和基因联合进化的最佳说明。这种革命和神经系统以及人类心理发生的巨大变化，知觉认知尺度的构建是认知的根本标志。此时的标准可以说是认知的初步，标准可以称为尺度。标准是人类认知的起步。知觉标准是人类理解世界，尤其是知觉自己认知的尺度、理解自己行动最初的唯一。

这一切大约开始于1000万年前的人与猿之间出现的分离。一般而言，更多科学家倾向于将人与猿的分离定位于700万年前，澳大利亚著名科学家、诺贝尔奖获得者约翰·C.埃克尔斯坚持认为人与猿的分离时间为1000万年前，这个结论是根据人类蛋白质研究得出的，遗憾的是这个阶段没有可以佐证这段历史的化石。我国古人类学者吴汝康也有类似的看法，也就是说在考古学的历史上，这个阶段还是一片空白，本书还是支持这样的观点，标准的历史就是人类认知

---

① ［美］爱德华·威尔逊：《创造的本源》，魏薇译，杭州：浙江人民出版社，2018年，第97页。

开启的时期,而且,人类的进化开始于手脚四肢。约翰·C.埃克尔斯指出:"灵长类的进化明智地遵循了所谓的自然法则。这可以总结为一条进化格言:不为近利丧祖德(不应该因为看上去诱人的眼前得利而放弃祖传的本质要素)。比如灵巧自如的五指不会被蹄爪或者翅膀所取代。人猿进化以脊椎动物有指四肢为起点,最终转化为非常有用的手和足。尤其是手的进化奠定了人猿在进化中的卓越地位,而且通过相应的神经机制的演变,手的功能随着进化而不断完善。"① 这里的描述无非就是人类行为已经从本能向更高层次演化,手是人类发展演化不可或缺的器官。手以及四肢的演化的历史表征就是直立人的出现。虽然有否认直立人存在的观点,无论从逻辑和历史来看,直立人应该是存在的,而且是捡拾时代的直接产物。说得再直白一些,手已经从本能向主动的认知开始演化,手是人类认知区别于其他灵长类动物的标志之一。从这个意义上讲,手及其功能是人类适应生存的认知创造出的器官。

达尔文同样注意手对于人类的价值和功能。达尔文的论述揭示了手在人类进化中的基本脉络:"任何尝试学木匠的人都承认,即使要把锤子锤得准确,每一下都不能落空,也不是容易的事情。扔一块石子,要像火地人为了防卫自己或投杀野鸟时那样对准目标,百发百中,要求手、臂、肩膀的全部肌肉,再加上每一种精细的触觉等的通力合作,尽善尽美才行。在扔一块石子或投一支镖枪,以及从事其他许多动作的时候,一个人必须站稳脚跟,而这又要求许许多多肌肉的相互适应。把一块火石破碎成为哪怕是一件最粗糙的工具,把一根骨头制成一件带狼牙或倒刺的枪头或钩子,要求使用一双完整无缺的手。因为,正如判断力很强的斯古耳克拉弗特先生所说的那样,把石头的碎片轻敲细打,使成为小刀、矛头、或箭镞标志着'非常的才能和长期的练习'。这在很大程度上从这样一个事实得到了证明,就是,原始人也实行一些分工。从一些情况看来,并不是每一个人都是制造他自己的火石的用具或粗糙的陶器,而是某些个别的人专门致力于这种工作,而用他们的成品来换取别人猎获的东西。考古学家一直肯定,从这样一个时代,到我们的祖先想到把火石的碎片用磨或碾的方法制成光滑的工具,其间经过一个极为漫长的时期。如果已经有几分像人的动物,已经具有一双发展得相当完善的手和胳膊,能把石子扔得很准,又能用火

---

① [澳]约翰·C·埃克尔斯:《脑的进化—自我意识的创生》,潘泓译,北京:世纪出版集团,2005年,前言。

石做成粗糙的工具，那么，我们就很难怀疑，在有机会得到锻炼又足够熟练的情况下，此种熟练所要求的又只是一些机械的动作而不及其他，他就未尝不能制造出一个文明人所能制作出的几乎任何东西来。"① 在这里，达尔文没有将认知凸显出来，这不意味着认知在人类进化中毫无作用，尤其是认知标准在人类认识世界、改造世界、计划自己的作用，即有意识、有尺度地开展各种各样的认知活动。

手作为人类最大的知觉认知器官。或许这对于人们信息的80%来源于视力的眼睛不太公平，几乎每一个认识科学家或有关学者都对人类的手有过高度的评价。达尔文对于人类双手对于人类进化的贡献有着充分地论述："人所以能在世界上达成他今天的主宰一切的地位，主要是由于他能运用他的双手，没有这双手是不行的，它们能如此适应于人的意向，敏捷灵巧，动作自如。贝耳爵士支持这样一个说法，'手供应了一切的工具，而又因其与理智表里相应的缘故，给人带来了统理天下的地位。'"② 应该说，"理智表里相应"的个中道理在这里已经阐明，如果我们用认知科学理论看待这个问题，也许让我们不会费解这里的"理智表里相应"的描述，这是完全可以理解的，在达尔文时代还没有认知科学，用理智、理性代替认知都是可以的，但是，达尔文还是在用一个类似的概念陈述一种认知关系，尤其是用"理智表里相应"形容认知和行为之间的关系或联系，完全揭示了认知与人类的关系。

手是人类进化最富有代表性的成就。美国科学史学者布伦诺斯基这样描述手的进化："让我们首先看看手。人类的现代进化，肯定是源于手的高度完善应急对善于使用手的大脑的选择。我们在行动中感觉到大脑支配手的那样愉悦，所以，对于艺术家而言，手仍然保留着重要的象征意义，例如佛的手，它以一种沉静的手势给予人们以仁慈的祝福，使人不再感到害怕。但对于科学家来说，手还有一种特定的手势，即我们能把拇指与其他手指对起来。但猿也能做到这一点。但我们能把拇指与食指精确地对起来，这是人类才有的一种特殊手势。人类之所以能做到这一点，是因为人的大脑中有一个特定的区域，这一区域非常大，我用下列方式来精确地描述这一点：大脑操纵拇指区域所用的灰色物质，比操纵胸部和腹部区域的灰色物质的总和还要多。我记得刚做父亲时，我一边

---

① ［英］达尔文：《人类的由来》，潘光旦等译，北京：商务印书馆，1983年，第66页。
② ［英］达尔文：《人类的由来》，潘光旦等译，北京：商务印书馆，1983年，第69页。

用脚尖摇着我那刚出生的第一个女儿，一边想：'这些手指真是太奇特了，从上往下一直到指甲，每一处都衔接得如此完美，我无法在100万年里设计得这样仔细。'但我确实，或者说是人类确实花了100万年的时间去完善手的进化：手的使用通知大脑，大脑然后发出反馈，这种不断重复的过程使得手达到了今天这样高度完善的阶段。上述过程发生在大脑中一处相当特殊的地方。手的整个活动都在大脑的监视之下，那一区域可以标示出来，它就靠近大脑顶部的地方。"① 手是文明进化和生物进化的双重产物。这个过程人类花去约100万年的时间。

本能和创造就成为一个绕不过去的话题。很多时候我们无法将智力和人类的本能区别开了，本能意味着动物和生命的反应就像巴普诺夫的条件反射一样或遗传一样，而创造则是人类新的一种理性的认知形式，标准就是最有代表性的认知成就，让我们看看柏格森对于本能和智力的区别："因此，倘若我们仅仅考虑那些可以从中观察到完全成功的智力及本能的典型，我们就会找到两者的根本区别了：完善的本能是一种使用、甚至是制造出器官化工具的机能；完善的智力则是一种制造和使用非器官化工具的机能。这两种活动样式的利弊是显而易见的。本能找到了最便利的恰当工具：这种工具自行制造，自行修复，如同大自然的一切工作那样，它呈现出无限复杂的细节，同时又具有奇迹般简单的功能；一旦需要，它便立即去完成要它做的工作，毫无困难，其完美常常使人惊叹。同样，这样工具也保留着几乎不可改动的结构，因为结构一旦改变，物种便会改变。所以说，本能必须是特化的，它不是别的，仅仅是利用一种物种工具以达到物种的目的。与此相反，通过智力制造出来的工具就不那么完善了。只有做出努力才能制作这种工具。使用它的时候，通常会产生不少麻烦。"② 实际上，柏格森同时指出智力和本能是相互渗透的，这样，我们基本上可以借助柏格森的分析，理清本能和智力的界限，在认知科学和标准学看来，标准或认知的尺度是典型的智力表现。

同时，手的进化还引起人体及其结构的变化，当然，论述这些可能已经超出认知尺度的范围。达尔文认为："臂与手的自由运用，就人的直立姿势而言，

---

① ［美］雅·布伦诺斯基：《科学进化史》，李斯译，海口：海南出版社，2001年，第437页。
② ［法］柏格森：《创造进化论》，肖聿译，北京：华夏出版社，1999年，第121页。

它一半是因，一半也是果，而且就它结构的变化而言，看来它也发挥了间接的影响。人的早期的男祖先，上文说过，也许备有巨大的犬齿，后来由于慢慢取得了利用石干、木棒，或其他武器来和敌人或对手斗争的习性，牙床和牙的使用就越来越少了。"① 当然，认知标准与人类身体进化应该存在某种关系，只是作为一般性研究标准的内容和方法，是没有办法实证这样的关系，这是人类学娴熟的方法。

由于人的认知出现，由于标准的一种模糊的东西，人类开始用一种认知尺度来约束自己的感觉、开始知觉自己的感知，开始用尺度规制自己的感觉，知觉、行为、认知，这是其一；其二，在认知科学看来，人类开始用感觉的尺度丈量未来，丈量未感知的世界，并且在陌生的世界中规划自己的行为。这个意义是非凡的，在标准看来，这就是人类文明开始的起点。

三、初期标准时期的主要人种

知觉标准时期开始于1000万年前。这个时期的主要人种主要有腊玛古猿、南方古猿、萨赫勒乍得人、始祖地猿、湖畔南方古猿、南方古猿阿尔法种，纤细型南方古猿、强壮型南方古猿、和南方古猿惊奇种。

腊玛古猿：距今约1400万～800万年。世界上很多地方都有这样的发现，身高约1米，体重15～20千克，推定脑容量约300毫升，结论均是推论：可能可以两足行走，犬齿较小，借助天然石块和树枝劳动，可以说这是典型的捡拾时代的开始，从依靠人类自己"伶牙俐齿"转向依靠手、脑，而这一切都在捡拾时代中慢慢进化。

南方古猿。生存于距今600万～130万年之间，地点在南非的约翰内斯堡，人类体质学推测：头骨枕骨大孔的位置接近颅底中央，骨盆比现代猿类宽，已经开始直立行走，使用天然工具。如果按照历史和逻辑，人类在南方古猿人的石器上已经表现出当时南方古猿的认知功能十分发达，尤其是手的认知功能非常突出，直立使得人的器官不再仅仅是天然的或遗传的，准确说是认知的开始作为生存的主要方式。

萨赫勒乍得人，发现地为中非乍得朱拉卜沙漠的托罗—美奈拉地区，法国

---

① [英]达尔文：《人类的由来》，潘光旦等译，北京：商务印书馆，1983年，第71页。

科学家米歇尔·布吕内等发现，化石证据就是发现的黑猩猩大小的人类头盖骨，距今700万~600万年，化石显示该人种可以直立行走。

始祖地猿。这一古人类存在于距今450万年的埃塞俄比亚的阿瓦什地区，完全符合达尔文关于人类起源于东非高原的推测之地，根据发现的化石分析，始祖地猿体型较小、可以直立行走。

湖畔南方古猿。其化石标本出现在肯尼亚的图尔卡纳湖等地区，距今约420万年左右，其特征具有人和猿的双重特征，尤其是四肢接近于人类，直立行走，体重约50千克左右。

南方古猿阿尔法种，发现于埃塞俄比亚的哈达尔地区和坦桑尼亚的莱托里地区，其化石是震惊世界的"露西"，这是一具小型灵长类动物的完整骨骼，露西高1~1.2米，年龄19~21岁，露西生活的时间约318万年，工具附近考古发现的化石残片等分析，南方古猿阿尔法种也是一个混合体，可以直立行走，手很像人类的，没有证据表明这些人种会制造工具。从标准学科来看还是处在捡拾标准时代。这个时期的人不会制造和打制工具，但是，开始有限地使用树枝、石头、竹器等成为人类认知尺度的开始。

最新考古发现，人类或许发源于西班牙某地，同时也将人类与猿分离的时间推测到1000万年前。需要再次强调的是，人类有一个漫长的捡拾时代，可能可以从这个时代追溯到更加遥远的过去，而且这个时代持续的时间也要比预想的长得多。这个时代对于进化最早的人类来说，开始了建立认知标准的时代，虽然这个时代的人类人工成就显得那样粗糙不堪，以至于人们不得不努力将天然的石块和打制的石块明确区分开来。不管怎样，这就是人类认知的开始。

四、早期人类认知的特点

在知觉认知时代，知觉是人类认知自然界、环境、动物、自己行为的唯一路径。人类的认知完全是知觉的，这个时候的人与有些物种尤其是灵长类物种在认知上没有太大的区别，没有语言、没有数字、没有文字、没有科学，更没有所谓的概念，一切都在知觉认知的不断发展的趋势中，人类主动地用手、肢体去认知自己、认知世界、认知自己的感觉，而且认知尺度成为人类向前发展的基石。

可以这样说，这是典型的捡拾时期的古代猿人的生活状态。古猿人一方面利用已有的先天优势，开始尝试知觉认知的发展，用知觉认知各种物质的区别、性质等尤其是其尺度。从认知科学的角度，经过捡拾时代的历练，人类的知觉认知已经有了相当的发展，古猿人可以对他们捡拾的工具进行评价，可以通过知觉感知各种材料、尺度、重量、距离、时间、角度、速度等最为简单的东西有了尺度上的认知，先祖不仅仅开始了用标准尺度规制自己的认知，也开始了计划行为的认知。同时也使得远古人的认知能力开始慢慢超出动物本能的发展轨道，大脑的神经系统开始有一定程度的增长。

同时，他们和动物一样也可以对工具进行简单的加工，如大猩猩对树枝的修剪等。另一方面，人类开始超越这样的过程，将更多的劳动变成人类生存的必要手段和行为方式，这些行为使得古猿人的身体开始向现代人的身体过渡，手脚分离、直立、手的功能开始凸显。这里特别要强调的是，如果将手仅仅看作匠人灵巧的手，这样的观点肯定是不全面的，手的认知功能绝对不能忽视，人类的认知不仅仅是大脑的功能，也应该是手的，就像现象学所揭示的一样。

这个时期人类和黑猩猩等灵长类动物的很多行为不能完全区分出来。制造工具在一段时间一直被认为是人与动物的区别之一，但是，在很多科学实验和观察中，这些动物的表现明显和我们过去的认知不一样，这些动物有着高度的认知和行为能力。在考古发现中，人们发现："这次（西非科特迪瓦的泰国家公园）不寻常的发掘表明，黑猩猩会留下它们砸碎坚果的遗迹。它们会从远处将石料搬运到加工地点，并收集坚果，修整石锤。这类行为模式与早期人类很相似，但是肯定没有远古人类一样正式的工具制作。这次挖掘对古人类学有重要的意义，或许我们可以将此类早期非人类灵长类动物遗址的行为追溯到中新世。而且，或许有一天我们会发现这些坚果加工的石质副产品成为早期人类砍砸器和切割工具——奥杜威技术。但是现在，人类技术的起源仍旧是个谜。"[1] 将科学技术与远古时期的人类旧石器相比，甚至与更远的相比，一个基本的错误就是将人类认知等同于现代理性，理性在这些术语中应该是、至少是语言或言语的对等物，历史上的这个阶段，人类还处在感觉认知的时代。从人类认知的发展规律来看，得出科学、技术以及文字均可以来源于此的结论不奇怪。

---

[1] ［美］布莱恩·费根：《地球人——世界史前史导论》（第13版），方辉等译，济南：山东画报出版社，2014年，第61页。

第二节 捡拾认知标准时期

一、捡拾标准时期的开启

什么时候可以作为捡拾标准的起始时间？从人类发展进化来看，很难做出准确的时间点判断，这里有两个启示形成这样的假设：第一，在美国学者布莱恩·费根的《地球人——世界史前史导论》（第13版）的第二章"人类起源"中的一幅画，这幅画是艺术家再现南方古猿阿尔法种的生活场景，远处是一座还在喷发的火山，火山烟云直冲云霄，不远处是稀疏的灌木和成群的动物，近处一对古猿行走在松软的火山灰上，它们的后面是一连串的脚印。它们的手里没有工具等器物，就好像散步在原始的生活区一样。第二，由于人类对动物学研究领域和细节的不断深化，再现很多物种的"劳动"的场景，很多动物经过学习或观摩以后，长尾猴拿起石块砸开坚果，或利用树枝等工具进行简单的劳动，黑猩猩拿起树枝收集蚂蚁。但是这些简单的工作并没有使得黑猩猩走向与人类相同的道路。

再现捡拾标准时代实际上就是再现人类认知尤其是认知尺度的形成过程。捡拾时代并不是一种发明而是一种逻辑推演，我国著名考古学者贾兰坡先生在其著作《旧石器时代文化》一书中就谈到，准确地说推理出捡拾时代的存在，他认为："我们可以猜想得出，在从猿到人的过程中，一定经过捡拾自然石片或石块来使用的阶段，人类最初制造简单工具是由于长久的锻炼、实验而创造出来的。因此，有的学者认为：只是用碎的石子以其所成的自然形状作为工具，作为一般的使用的最初阶段，应归于'曙石器时代'。"[①] 贾兰坡先生将存在于阿舍利技术之前的诸如奥杜威等称作曙石器时代。也可以这样说捡拾时期在标准科学中想解释标准的产生的具体景观。即古代应该有这样一个时期，人类开始利用天然的材料如树木、石块等作为用具，就是这样的过程，先祖开始对各种材料、树木等有了认知的尺度，对物体的角度、硬度、重量、质量、长度、

[①] 贾兰坡：《旧石器时代文化》，北京：科学出版社，1957年，第3页。

等有了一定程度的掌握和认知。除此之外，还应该对自然世界有一个初步的尺度性认知，知觉了各种尺度与生存的关系，如锐利的角度对于砍砸的作用、效果。

我们不能指望这样的情景，有一天我们先祖经过一段时间的冥思苦想，毅然拿起一块石头开始打制或磨制石器，然后拿起武器迎接战斗，由于具有魔力般的武器的使用，我们的先祖大获全胜。

从历史来看，人类认知历史的发展应该有一个漫长的捡拾时代。在这个时代人类通过在自然界、其他物种、植物、具体的地理环境等开始锤炼自己的超越动物本能的认知能力，这个所谓的超越是一个渐进的、漫长的、细微的过程，而建立起认知的尺度标准，用现代的眼光，那时候的尺度和标准基本上不能算作任何东西，甚至被认为是大自然的造化，以至于很多考古学者都将鉴别自然痕迹和人工痕迹作为考古学者的基本能力。捡拾时期的代表性物种应该是猿和人过渡之间的物种，那就当属强壮型南方古猿。如同其名字一样，这类古猿最为突出的特征是他们的大脑出现较为明显的变化，强壮型南方古猿的大脑类似于泪珠状，拥有一个更为发达的脑区，这个脑区域是在决策制定、主动性、高级规划等方面发挥重要作用。按照布赖恩·费根的观点，这或许是南方古猿非洲种继续进化，而南方古猿粗壮种消失的原因。

也许有人会以为捡拾阶段对于人类进化的过程中多此一举。在认知科学和其边缘学科看来，本书以为捡拾标准时期是人类进化不可或缺的时期和环节。这是因为，第一，捡拾时代的人类有了用感觉认知世界的理性能力，我们或许永远不可能还原这个渺小的瞬间和情节，人类知觉或偶然或不知觉地利用认知的尺度计划和规制自己的行为，虽然这个尺度对于现代的我们显得如此的粗糙不堪，但是，这种尺度开始规制人类的行为，标准成为人类认知世界的工具，今天的坚硬、重量、形状、运动速度、长度等认知尺度是明天的加工制造以及收获的根据或规则。其二，捡拾标准时期促进社会分工进而促进社会认知，尤其是社会认知尺度或标准的形成。分工，一般而言我们习惯上从经济学角度论证分工，经济学研究充分证明了分工的效率，古人类学以及达尔文都论述了在远古的时代就已经存在分工，对于标准学而言，不否认在久远的过去就存在着各种各样的分工，在认知科学看来，分工很大程度上减轻了每个个体的认知量，而赋予个人和集体更大的认知能力，"集体知识的可能性改变了一切。麦克·迈克尔写道：'累计的文化的出现是自然界一桩空前的事件。它产生了类似于复利的效果，允许连续的几代人在文化和技术发展的道路上不断前进。在这条道路上，人类大体上离生态根源越来越远。知识、思想和技术的传播代代相传，这给予人类一种完全空前的能力，凭借这种能力，人类能够在完全陌生的环境中生存并创造出他们所需和所想的新的环境.'"[①] 在标准看来，集体认知尺度的形成和强化成为另一个意想不到的原动力，有关集体认知的问题将在以后继续讨论，让我们回归认知尺度的历史，这个时候和这个阶段认知不再局限于个人维度，而是延伸到集体认知尺度等东西组成，由于集体认知的出现，人类的活动范围超越单个的简单相加，认知尺度或标准扮演者是极为重要的角色，我们将这样的现象称为集体认知或集体认知标准。集体认知是标准得以存在的合理性前提之一。

捡拾时代在漫长的时间里重塑了人类种群的关系、深化了个人认知尺度、创造出集体认知及其认知尺度这一新颖的认知能力，而且集体认知可以让我们搭建出一个完全不同的认知体系，这就为人类走向更远的世界奠定基础。从这个意义上讲，搭建巴别塔不是语言而是标准。

捡拾标准时代结束于南方古猿惊奇种，这一成果是由多国科学家在埃塞俄比亚阿瓦什沙漠发现，发现仅仅是一些人种牙齿和头盖骨碎片，距今约 250 万年，其身高约 1.46 米，脑容量只有现代人的三分之一，下肢较长，在化石的附近发现羚羊和大型动物的骨头，上面还残留石器打击的印记，附近并没有发现石器工具。只是在附近 250 万年的地层中发现一些粗糙的石器以及残片。根据 2017 年最新考古学成就，人类工具制造的时间可以追溯到 320 万年前。同时最新的人类学发现，西班牙的某处森林和草原的接壤处可能是人类起源地之一，这一发现将人类起源追溯到 1000 万年以前。

这个时代在标准学看来，捡拾时代是人类初级标准形成时期。人类通过漫长的捡拾工具器具训练自己的大脑认知能力，人类的演化开始走向遗传基因和文化共同进化的进程。主要的成就可以这样预测：人类开始慢慢对自然物的重量、尺度、距离、力量的简单东西有了尺度知觉标准。经过这个漫长的知觉标准时代，人类开始理性或文明计划之路，知觉标准使得人类有可能将搏击或采集的现场与捡拾的工具结合起来，一个过程，一个标准。人类的认知不是简

---

① ［美］克里斯蒂安：《时间地图》，晏可佳译，上海：上海社会科学院出版社，2006 年，163 页。

单的遗传，而是可以转换、可以倒换、因果关系的构建，组成新的认知方法，皮亚杰用运演一词形容这样的认知过程。

二、捡拾标准时代及其特点

知觉标准时期开始于1000万年前的猿科和人科分离的时代，地质年代处于新生代晚期。按照达尔文的推测最早的人类出现在非洲。根据蛋白质年代研究揭示古猿人分离成两支猿人和类人猿。先祖开始一场以知觉为认知的通向理性的进化之路。这个时代在标准学看来，就是构建知觉标准的最初开始。

捡拾标准时代是一个混杂的时代，既有简单的维护和加工也有捡拾作为工具，这一假说在考古学或人类学是有依据的："在埃塞俄比亚的奥莫山谷里的收集化石，除了有时有300多万年前的南方古猿的残骸之外，还能发现大量打制的石块。问：这就是说南方古猿已经开始使用工具了？答：不错。人们还很难接受这种观点，但是它们很可能是最早制造工具的。这些小石块上经过复原的痕迹表明，它们是由已经被露西家族的南方古猿所使用。这意味着最早的工具是双手尚未完全自由的史前人制造的。"[①] 在考古学和人类学中，这个环节具有革命性的意义，人类已经处在生物和认知双重进化的过程中，如果我们看到今天的大猩猩——我们生物学的近亲，它们用树枝在树洞里掏食蚂蚁的情节时，假设的捡拾时代就不会难以理解，这些大猩猩简单地修剪树枝的长度、粗细以及树枝的柔韧性，简单地说，这个认知尺度直接影响到它的收成，决定了它能得到多少食物（蚂蚁）。什么决定了它要用树枝而不是用它的指甲、手指去获取食物，我以为这就是文明的起点所在。需要说明的是这样时期异常的漫长，如果将人类进化的时间从1000万年前起算，捡拾标准时代大约经历了约600万年以上的时间，一直到奥杜威文明的出现。

不管早期人类是否给我们留下令人信服的考古资源，捡拾时代使得猿、猿人、人类文明衔接起来。使得人类认知能力得以构建，捡拾时代留给我们最有价值的东西是什么？达尔文的观点非常透彻："理智的最早的一线曙光——尽管有如斯宾塞先生所说的那样，是通过反射活动的增繁和协调而发展出来的，尽管这些反射活动是从许多简单的本能逐步转变而成，并且彼此十分相像，很难

[①] ［法］于贝尔·雷弗等：《最动人的世界史：我们的起源之谜》，吴岳添译，上海：复旦大学出版社，2006年，第126页。

辨别，例如，正如哺乳中的一些小动物所表现的那样——一些比较复杂的本能的所由兴起，却似乎和理智是截然不同的两件事，各不相涉。但是，我一面虽远没有这种意思，相符一些本能活动有可能丢失它们的固定与不教而能的性格，并由依靠自由意志而进行的其他一些活动所代替；一面却认为，有些发乎理智的活动，在进行了若干世代之后，也未尝不可以转变为一些本能而成为遗传的一部分。例如，海洋中孤岛上的鸟类终于懂得躲开人，这一类的活动不妨说是从此在性质上降了级，因为他们的进行是可以不再通过理智，或不再根据经验了的。但更大一部分的比较复杂的本能之所取得，看来不是这样，而是通过一条完全不同的途径，就是通过一条完全不同的途径，就是通过自然选择对一些比较简单的本能活动所发生的变异所进行的取舍的作用。这些变异所由兴起的原因，看来不是别的，也就是平时在身体的前提部分诱发出种种轻微变异或个体差异，而至今还是属于未知数的那些原因，只是，在这里，它们是在大脑神经的组织上起了作用而已；而所有这一类的变异，由于我们的无知，往往被说成是自发的变异。"① 在认知科学来看，这是人类主动认知的表现，由于当时的脑神经科学并不发达，达尔文的论述还是惊人的，就是当今正在蓬勃而起认知科学所要揭示的。可以得出这样的结论，认知的尺度就是这第一束理性的阳光，而这个曙光是在无数次实践中形成的知觉标准。同时，捡拾时代还是灵长类动物认知链接人类认知的桥梁。

捡拾时代给我们的成就，认知尺度、集体认知尺度、人类认知未来的尺度，人类开始建立认知尺度与行为之间的联系。

第三节　简单器具标准时期

一、简单石器时代的起始

这里的器具包括工具、石器、木器、器皿以及建筑等。在考古学界有一种观点认为，人类应该有一个木器时代，由于化石等方面的资料的严重缺失，很

---

① ［英］达尔文：《人类的由来》，潘光旦等译，北京：商务印书馆，1983年，第101页。

难为人们接受,本书以为这样假设是成立的,考古学将人类文明或史前史时代称为石器时代,石器时代又可分为新旧石器时代,一般考古学将新旧石器时代作为区分人类进化的分水岭,以打制和磨制作为区分新旧时代的标准,从石器时代开始到结束几乎跨越了300万年;而本书的石器时代从开始到言语符号的出现,大约200万年,比传统的石器时代要少100万年;换句话,很长一段时期的旧石器时代在标准历史中都被划归符号标准时代。与传统的石器时代观点相比,石器时代这样的划分并不是很科学,在考古发现中,在旧石器晚期,人类书写符号被广泛地发掘出来,而新旧石器这个分水岭线的两边并没有明显的区别,似乎仅仅是一个工艺上差距,并不能反映出人类认知进化的实际,不能反映出人类进化的核心——认知及其尺度的形成与发展,不能反映出人类对自己知觉行为的控制能力。尤其是新石器时代晚期已经与国家、氏族、文字等现代社会混杂在一起,如果按照石器时代理论划分,尤其是新时期时代划分理论,似乎人类的进化就是在这样短短的几万年时间完成的,这样的推理显然站不住脚。

二、石器——漫长的认知进化过程的选择

谁是第一个、第一时间开始制造石器?惯常的问题,就像一位心理学家对此类问题不屑一顾的描述,非要问一根绳子有多长一样,抛开石器的易保持性等很多特点不谈,石器是人类认知及其尺度的选择的结果。就现代知识而言,石器仍然是最佳的选择,人类使用过各种材料的东西,树木、骨头、皮革、木器、竹子、土块等我们很难想象到的东西,最终石器成为主要的工具,而且这个现象和结论都是世界性的,简单地说,这样的选择就是认知尺度的选择的结果。当然石器最终作为考古学的挚爱还有以下原因:"我们对史前工具的制作痴迷不已,主要有两个原因:①不同人群制作的石器不同,对这种差异的了解可以帮助我们从时间和空间上区别不同的文化群;②研究石器制作为衡量人类认知发展的水平提供了标尺。这两个理由已经十分充分,足以解释为什么面对浩瀚的史前研究问题时,更多的考古学家唯独钟情于解读石器制作。"[①] 就认知与认知尺度而言,石器也是人类认知的一个合理的选择,是人类多种知觉的产物,

---

① [美]奥德尔:《破译史前人类的技术与行为:石制品分析》,关莹等译,北京:生活·读书·新知三联书店,2015年,第65页。

石器作为工具的很多得天独厚的特点为早期人类所掌握，这是最为重要的。

考古学者理查德·利基的观察是全面的，他这样说道："现在我要把话题从骨头上转到石头上来，这是我们祖先行为的最明确的证据。黑猩猩是熟练的工具使用者，它们用枝条去钓蚂蚁，用树叶作为勺子，用石头砸开硬壳果。但是迄今为止从来没有人在野外看见黑猩猩制造石器。人在 250 万年前开始用 2 块石头碰撞以制造边缘锋锐的工具，从而开始了一连串的人类史前时代突出的技术活动。最早的工具是用一块石头打击另一块石头（通常是熔岩卵石）做出来的小的石片。石片长约 2.5 厘米，而且令人惊异的锋利。这种石刀虽然看起来简单，但用途很多，伊利诺伊大学的劳伦斯·吉利和印第安纳大学的尼克拉斯·托思在显微镜下分析了一打从 150 万年前的特卡纳湖以东的营地发现这样的石片，寻找被使用的痕迹。它们发现石片上有各种不同的擦痕，这些擦痕有些是由于割肉，有些是砍树木，其余是由于切割譬如草类等较软的植物材料而形成。当我们在这样一个考古遗址发现散落在各地的石片时，我们必须创造性地想象复杂的生活曾经在那里进行，因为遗物本身是稀少的，肉、树木和草都不见了。"① 托思的辩解是成立的，由于不理解或对于认知的忽视，我们不知道这里到底发生了什么，由于我们不理解认知尺度在人类进化中的作用，我们习惯上用科学、技术、文字等来思考标准，无疑看不出标准有任何值得"科学"的地方，在它们的维度里，标准就是一种重复，标准是人类认知的尺度，即便是在远古的奥杜威时期："托思根据他的制造石器实验的结果，设想最早的工具制造者制造各种工具时，其心中并无这些石器的特殊形状（如果你愿意也可叫作心中的模板）。更有可能石器的各种不同的形态取决于原材料的原来形状。奥杜威工业是直到大约 140 万年前的唯一技术类型，他的性质基本上是打出什么样子就是什么样子，无规律可循的。这些石器的制造产生了一个有趣的认识能力的问题。最早的工具制造者的心智能力是否与猿相似，但是表现方式不同或者工具制造者要有较高的智慧？工具制造者的脑子大约比猿脑大 50%，这一结论从直觉上似乎是显而易见的。不过科罗拉多大学的考古学家托马斯·温和苏格兰斯特林大学的灵长类学家威廉·麦克格鲁却不同意这种观点。他们分析了猿类表现出来的某些操作技能，并在 1984 年发表的一篇叫作'奥杜威工业的一

---

① ［英］理查德·利基：《人类的起源》，吴汝康等译，上海：上海科学技术出版社，1995年，第 28—29 页。

种猿的观点'的文章中下结论：'我们可以发现奥杜威工具的所有空间观念存在于猿的心中。的确，所有大型猿类可能具备上面描述的空间能力，这使得奥杜威的工具制造者不是独一无二的。'……"① 首先，对于奥杜威工业的这样的名词，作为标准学是不以为然的，原因很简单，在没有科学技术文字的时代，用奥杜威标准或认知尺度更为准确一些；其次，用认知科学来解释这样的现象要比科学等更加容易理解，标准是人类认知的尺度、是行为的尺度、是认知的认知尺度，也就是所谓的元认知。

基思最终的结论是："那就是说，最早的工具是简单得打出什么样子就是什么样子的，这一点仍然是真实的。大约 140 万年前。在非洲发现的一种新型的石器组合，考古学家称之为阿舍利工业，它得名于发现该石器的法国北部的圣阿舍儿地点，这一种工具的晚期变体是首次在该处发现的。于是在人类的史前时代第一次有了证据表明石器制造者心中有了一个他们想要制造出来的石器的模板，他们是有意识地将一直形状施加于他们利用的原材料上。能证明这一点的这种工具被称之为手斧，这是一种需要非凡的技巧和耐心去制作的泪滴状工具。托思和其他做实验的人用了几个月时间才获得足够的技巧来制造与现在考古记录中所发现的同等质量的手斧。"② 似乎在这样的情况下，打制石器完全是随心所欲地撞大运的行为，何谈科学技术、尺度等，而在认知科学和标准来看，即便是这样粗糙地选择、打制，无不是认知标准的、认知尺度和行为尺度的表征，当然，这些认知和它产生出的工具一样粗糙。

从南方古猿惊奇种以降，人类开始了工具制造时代，它的认知前提就是对于各种物质、自然物的质与量、长度、材料上认知，用认知科学和标准学的说法就是认知的尺度化，还有就是工具的制造和人类对其劳动过程尤其是劳动果实的记忆联系图。人们常常将标准专业化，如制造标准等，用着一个环节理解标准无疑没有出路，这也是人们对于标准的误解，这种误解还导致我们对标准特征的错误认知。

历史学家指出："制造此类工具需要比黑猩猩制造简单工具更多的计划和经

---

① ［美］大卫·克里斯蒂安：《时间地图：大历史导论》，晏可佳等译，上海：上海社会科学院出版社，2007 年，第 30 页。

② ［美］大卫·克里斯蒂安：《时间地图：大历史导论》，晏可佳等译，上海：上海社会科学院出版社，2007 年，第 32 页。

验。现代敲碎石块实验表明，原始石块需要精心挑选，精确打制。事实上制造石器所需要的精确机能乃是额前部皮层所特有的，这一部分大脑在人类进化过程中最为显著的发展了，使用工具的进化很可能经过一个被称为鲍德温适应过程（Baldwinnian adaptation 以19世纪美国一位心理学家的名字命名，他首先系统地描述了这个过程）。这种进化似乎将达尔文学说和文化因素结合起来，因为行为变化导致一种动物生活方式的变化，由此产生一种新的选择性的压力，随着时间的流逝，便导致了遗传上的变化。"① 鲍德温的观点实际上与爱德华·威尔逊有相似之处，这两位作者都强调人类史生物（遗传基因）和文化共同进化的过程。

简单石器时期与能人时代、匠人、智人、直立人时代基本对称。它是建立在最为简单的人类认知基础上，知觉标准或认知尺度，人类在严酷的竞争中通过感性认知，建立起认知标准，正是这个简单的知觉标准使得人类的思维、行为突破知觉本身和经验的限制，先祖在漫长的捡拾时代，通过捡拾锤炼了自己认知尺度、行为尺度，理论上，为人类开始告别本能开辟新的路径，同时，逐渐发达的大脑开始起航，新的行为模式开始形成，人类的四肢开始向现代人形体完成。用现象学的说法，先祖开始了具身认知，手的知觉能力开始形成，视觉系统也开始智能化的过程。

法国学者于贝尔·雷弗等这样阐述直立人的特征："问：直立人的特征是什么呢？答：他具有比他的祖先更重的脑（900立方厘米），在行为举止、占据土地、制造工具方面的方式也更为讲究。他从简单的打制石块对石块转到了轻巧的撞击：用一块木头或角敲打石块，就可以更好地控制石块的碎裂，从而制造出更精巧的工具。问：敲燧石敲了100万年！要这么多时间才能把石块打出像样的棱边！答：是的。人类的进步是缓慢的。勒卢瓦·古尔汗认为，史前史可能就在对您所说的棱边的研究之中。他比较了每个主要时期打制的同样分量的燧石，指出刀口的长度增加多么慢：1公斤最早的卵石打制的锐利部分为10厘米（300万年前），最早的燧石则为40厘米；后来尼安德特人的工具可打制2米（5万年前），克罗马农人的工具则可以打制20米。随着时间的推移，打制技术也越来越完善。问：通过什么方式呢？答：例如某种被命名为'勒瓦卢瓦技术'

---

① [美] 大卫·克里斯蒂安：《时间地图：大历史导论》，晏可佳等译，上海：上海社会科学院出版社，2007年，第181页。

的打制，要求准确地敲打 12 下左右才能得到需要的碎片。一位史前史学家把这种技术比作一只纸折鸡：要把一张纸折一次，两次，14 次才能使鸡的尾巴动起来。这需要有真本事才行。"① 在标准学看来，这正是标准日趋进步的表现，没有相对准确的尺度如何打制越来越精确的工具？虽然这种尺度远非今天我们熟悉的尺度，而是知觉形成的一种尺度，从这个意义上，标准或认知是人类认知能力的体现。澳大利亚学者埃克尔斯将这种现象称之为伺服控制机制。他分析："每做一个动作前，对肌肉收缩所需的强度都有一个初始判断。任何误判都会激活包括 Ia 在内的肌梭感受器。比如，对手的动作的误判会引发校正 LLR，从而造成来自运动皮层的神经发放有所改变，在短于 50 毫秒的潜伏期后对手的动作做出校正响应。对脚踝展肌的校正 LLR 的潜伏期在 70 毫秒左右。这种校正时自动且无意识地完成的。正如琼斯（Jones，1983）指出的那样，如果大脑皮层的 Ia 神经通路是经由大脑皮层 2 区传到运动皮层的，看上去这是一个合理的设计。鲍威尔和芒卡斯尔已证实，所有来自关节和韧带的深层感觉输入都汇聚大脑皮层 2 区。一个合理的推断是，这些输入和 Ia 输入在 2 区整合，这样由 2 区到 4 区（运动皮层）的神经投射就携带了使运动皮层伺服回路能有效运转的关键信息。进一步可推断，到大脑皮层 3 区的 vplc 神经投射则被接力传递到 4 区，为伺服控制机制使用。……一般都假定，人猿首科动物对运动响应的长程回路控制已经相当进化发达了。我在这里要提出的是，原始人类身上这种长程回路控制机制的逐渐进化是原始人能灵巧用手的关键，这一点在石器文化的循序演进中体现得越来越明显。"② 在标准学看来，标准是一种能力，包括感觉知觉能力、技术能力、科学能力。但是在人类之初感知能力的演化都是至关重要的，这是人类认知的生物学基础，也是人类文化生物进化的结果。

三、简单石器工具时代的特点

人类学家研究历史，往往从旧石器时代开始来开启人类文明的征程，潜在的逻辑就是，有那么一天在东非的埃塞俄比亚高原，一个猿或人突然拿起一块

---

① ［法］于贝尔·雷弗等：《最动人的世界史：我们的起源之谜》，吴岳添译，上海：复旦大学出版社，2006 年，第 138 页。
② ［澳］埃克尔斯：《脑的进化》，潘泓译，上海：上海科技教育出版社，2007 年，第 76 页。

石头敲击成为最原始的工具，这一切都发生在不假思索的意识中，于是乎人类就开始了文明的进程，这样的设想无疑是荒唐的。可以这样设想，在人类开始加工工具之前，一定有某种知觉的尺度，而这种尺度必定有一个长期的形成过程，这个过程要求能够对物体的长度、重量、硬度，尤其是将这些尺度与打猎等活动行为的效果联系起来，如果说人类文明的开始应该是偶然地捡起一个物体，获得意想不到的效果，有关这个想象的推论来源于桑代克的动物心理学所揭示的规律，而在认知科学和人类进化理论来看，这样进化也是经过无数次牺牲、流血和认知（包括知觉认知和运动认知得来的）。

人类制造工具是个漫长的时间过程。它的决定性因素不在于工艺本身而在于人类对于自己的行为、自然界的认知，一些人类学家惊奇地发现，人类石器的形态与样式竟然在100万年内没有发生变化，只有将感觉或知觉作为人类认知的手段和媒介，我们的世界或许就是感知的世界，我们的先祖只有用感觉认知世界、感觉世界、知觉自己的行为，抑或镜像他人的知觉或表情。

从逻辑上说，我们最早的认知就是知觉标准构建。一般而言，在讨论最早的人类时，我们从人类体质学或人类制造的工具、遗迹等开始研究。从认知的角度来看，人类开始主动脱离动物界也应该有一个漫长的过程，开始就是一个偶然，任何认知是不断的认知、校正过程。如果说偶尔拿起石头、棍棒作为武器是一种偶然，而捡拾工具应该是人类认知世界的第一步。被拿起的工具在以后的搏击和竞争中的作用效果如何，有待于实践的检验。在这过程中，先祖们在捡拾的过程中，用知觉理解重量、体积、形状，这种理解就是知觉上非物理特性、化学特性等。换句话说，人们在拿起武器的时候可能已经开始最初的知觉形象思维，如将一件武器长度等与一场厮杀中的收获和胜利联系一起，也有可能与一场失败联系起来，在北京周口店遗址中存在大量的废弃物（包括加工、未加工）；在澳大利亚的一群土著人，直到现在还是处在旧石器时期，他们的一种石器工具的原料需要从400千米以外去捡拾，但是这些人知道或理解这些材料硬度、尺度等当然包括表象和某种成就与胜利息息相关。

人类的每一步进化都是一个漫长的过程，而且是幸运的。人类制造工具的有个漫长的时间，法国学者于贝尔·雷弗论证得好："问：敲燧石敲了100万年！要这么多时间才能把石块打出像样的棱边！答：是的。人类的进步是缓慢的。勒鲁瓦·古尔汗认为，史前史可能就在您所说的棱边的研究之中。他比较了每一个主要时期打制的同样分量的燧石,指出刀口的长度增加得多么慢:1千克最早的卵石打制的锐利部分为10厘米(300万年前),最早的燧石则为40厘米;后来尼安德特人的工具可以打制2米(5万年前),克罗马农人的工具则可以打制20米。随着时间的推移,打制技术也越来越完善。"① 或许很多人对这样缓慢的进化表示不耐烦,实际上无数次构建、定格、尺度是人类认知的必要过程,如同科学家的实验,无数次的实验,它的辛劳不亚于先祖的失败,所不同的是,科学实验在实验室里,而先祖的实验则在残酷的竞争中,以生命和整个种群为代价。

一般的人类古代史研究也表明。人类是从古猿演变而来的,吴新志教授认为:"越来越多的证据向我们证明:今天的人类是由古猿变成的。尽管到目前为止,我们还没有找到作为人类直接祖先的古猿,但随着年代越来越久远的人类化石的发现,我们对人类祖先的了解也在一点点地增多。根据已有的古猿化石和相关的资料,科学家们对古猿如何变成人进行了间接的推测。"② 如果这个推测成立,那么人类的认知也将会有一个从古猿到人的过程,其中,极为重要的一个逻辑前提就是,人类知觉认知标准的构建。还有,我们囿于考古学的成就,我们把过多的注意力集中于工具尤其是石器等,而忽视了我们原始先祖对于时间空间的尺度性建构。

可以这说,这是典型的捡拾时期的古代猿人的生活状态,古猿人一方面利用已有的先天的生理学优势,开始尝试知觉认知的发展,用知觉认知各种物质的区别、性质等尤其是其尺度。从认知科学的角度,经过捡拾时代历练,人类的知觉认知已经有了相当的发展,古猿人可以对他们捡拾的工具进行评价,可以通过知觉感知各种材料、尺度、重量、距离、时间等最为简单的东西有了度的认知,同时也使得远古人的认知能力开始超出了动物本能的发展水平,大脑的神经系统开始一定程度的增长,同时,它们和有些动物一样也可以对工具进行简单的加工,如大猩猩对树枝的修剪等,还有,这些行为使得古猿人的身体开始向现代人的身体过渡,手脚分离、直立、手的功能开始凸显的同时,这里特别要强调的是,如果将手仅仅看作匠人灵巧的手,这样的观点肯定是不全面

---

① [法]于贝尔·雷弗等:《最动人的世界史:我们的起源之谜》,吴岳添译,上海:复旦大学出版社,2006年,第137页。
② 吴新智:《人类进化足迹》,北京:北京教育出版社,2002年,第61页。

的，手的认知功能绝对不能忽视，人类的认知不仅仅是大脑的功能，也应该是具身的，就像现象学所揭示的一样，即便是到了近代，认知也是具身的，我们从地图史可以看出，不同的人们的世界观是多么的不同，每个人都认为自己是世界的中心，认知的具身因素在发挥作用。

总之，捡拾这个时代为古猿人从动物界分离出来、开始认知演化的历程。

四、模仿不是人类学习主要方式

在这个时期，学习尤其是朝向理性的学习在人类生存和进化中扮演着越来越重要的作用。这有一个需要特别阐述的问题，就是模仿，很多学者将模仿视为人类进化而学习的唯一途径，很多人类学家持这样的观点，美国学者迈克尔·托马塞洛就是一个典型，托马斯洛高度评价模仿在学习中的作用；而达尔文则有不同的观点，达尔文在100多年前就有这样的论述："不错，像阿·尔·沃勒斯先生所提出的论点，人所做的种种涉到智力的工作中，有很大的一部分是由于模仿，而不是由于推理。不过，在人的一些动作和低等动物所进行的许多动作之间，有着这样一个巨大的分别，就是，人在他的第一次尝试的时候，尝试的活动是绝对不可能通过模仿而做出的，例如，一具石斧的制造，或一只独木舟的制造等。他必须通过练习来袭来学到如何进行工作，或者，一只鸟第一次营造它的巢，可以和它们后来在老练的时候所营造或挖掘的一样的好，或者几乎一样的好，而一只蜘蛛尝试编织它的网，第一次的美好程度也和后来的不知多少次的完全一样。"① 达尔文的理论是科学的，如果模仿是人类进化的主要方式，第一次的模仿对象是什么？人类有无数的工具制造要求、认知的第一次，陌生的世界、新的环境，依靠什么？尤其是决定性的第一次是什么？达尔文的答案是合理的，而在标准学，就是标准一种认知的尺度（这个尺度不是现代意义上的），只有标准或认知的尺度可能让人类跨越未知、模仿、踏入第一次。用认知的尺度建构人类的认知王国。

这一段对于知觉时期的标准有着关键的理解，不然我们很容易将它们和动物混为一团，加拿大学者伽纳德有这样的观点："伽德纳指出，自古希腊时代以来，一直盛行不衰的传统是把人的思维看作数理原则的体现。因此，第一代认

---

① ［英］达尔文：《人类的由来》，潘光旦等译，北京：北商务印书馆，1997年，第103页。

知学家他们是在逻辑实证主义传统中成长起来的对人类思维高度'理性'的观点顶礼膜拜就不足为怪了。然而，认知科学早年的主要成果之一……伽德纳指出，计算机的模型曾经主宰了第一代认知科学家的思维。过分依赖计算机，把它作为思维的关键模型，这是另一个直至最近才被认识到的困难。"① 实际上第一个人类认知的时代就是知觉的认知时代，一个主动积极的知觉时代，而非很多哲学家告诉我们的是理性的时代。

考古学上有著名的旧石器时代和新石器时代理论，以后又有更细划分。而有的学者坚持认为在人类社会发展过程中一定要一个"木器时代"，本书深以为然，工具制造的认知绝非一朝一夕，正是这样的漫长的过程，人类的认知、以认知为导向的、异于一般生物遗传的进化过程不断深入、构建，在人类尚未能制造工具之前，捡拾工具是人类制造工具等的进化训练班。

同时，在这个人类伟大的进化时代，人类认知开始发挥越来越重要的作用，达尔文分析道："我们在上面两章里已经看到，人在身体结构方面保持着他从某种低级类型传代而来的一些清楚的痕迹，但也许有人会提出意见，认为人在心理能力方面既然和其他一切动物有偌大的差别，这样一个结论一定有他的错误的地方。不错，心理方面的差别是巨大的。一个最低等的野蛮人连高于四的数目的字眼都没有，又几乎没有任何抽象的名词来表达一些普通的事物或日常的情感，即便拿他来和有组织上最高级的猿类相比，这差别还是十分巨大的。"② 这样看来，进化不仅是认知，应该说认知包含心理在内的进化，猿和人之间有着巨大进化空间，这就是认知心理学的由来。达尔文指出："我的话是说得岔开了，但这段岔路是值得走的，因为，当我们把人与高等动物建立在对过去事物的记忆之上，建立在远见、推理与想象力之上的一些活动，和低等动物依据本能而进行的恰恰是同样的一些动作相比较的时候，我们有可能容易把人和高等动物的种种心理能力，特别是人的这些能力，看低看轻了；在低等动物方面，进行这些活动的能力是通过各个心理器官的变异性和自然选择的作用而一步一步地取得的，而在取得之际，有关的动物，在每一个连续的世代中，是无所用心于其中的，即不用任何自觉的理智方面的努力的。"③ 进化后的人的认知能力

---

① 熊哲宏：《认知哲学导论》，上海：华东师范大学出版社，2008年，第435页。
② [英] 达尔文：《人类的由来》，潘光旦等译，北京：北商务印书馆，1997年，第98页。
③ [英] 达尔文：《人类的由来》，潘光旦等译，北京：北商务印书馆，1997年，第103页。

也开始发生革命性的改变，各种认知能力得到充分的发展，达尔文特别注意到人的心理方面的成就，达尔文高度重视人类心理的进化，即便是非常落后的原始部族的人，他们的心理和我们现代人没有大的差距，并且很多在这些心理能中派生出很多心理功能，以想象力为例，达尔文进一步对人类心理进化解释道："想象力是人的最高的特权之一。通过这一个心理才能，他可以把过去的一切印象、一些意识联结在一起，而无需乎意识居间做主，即这种联结的过程是独立于意志之外的，而一经联结就可以产生种种绚丽新奇的结果。"[①] 达尔文又举例另外一种心理现象在人类认知中的地位或作用："在人的一切心理才能中，我敢说，谁都会承认，推理是居于顶峰地位的，动物也有几分推理的能力，对于这一点目前也只有少数几个人提出不同的意见。我们经常可以看到动物在行动中突然停止，然后仿佛有所沉思、然后做出决定。一件颇为有意义的事实是，对任何一种特定的动物的生活习性进行研究的一个自然学家，研究越深入，它所归因于推理的东西就越多，而归因于不学而能的本能地就越少。"[②] 本书将这两种心理现象都归因于认知尺度的建构，标准的构建使得人类有可能对其认知的尺度进行推理，而且这种推理可以跨越经验、知觉，成为人们思维、行为组合的积木。很多时候我在想为什么伟大的思想家达尔文没有用标准或认知的尺度来圆满人类心理进化理论？我有一个推测，没有尺度的认知（虽然这个认知不是米、毫米、秒、千克等）也就没有心理的进化，心理的进化如果没有尺度和无知没有什么区别。

五、奥杜威文明时期

奥杜威技术或文明是石器标准的典型时代。有的也称其为奥杜威技术或奥杜威工业。实际上，就认知和标准而言，将其称为奥杜威标准更为恰当。奥杜威技术发源于东非坦桑尼亚平原上的一处大裂谷，奥杜威最早的技术可以追溯到320万年左右。这个时代也是人类发生剧变的时代，这样的剧变为很多学界不太认同，为此布赖恩·费根这样描述："我们学界前辈将进化看作一个渐进

[①] ［英］达尔文：《人类的由来》，潘光旦等译，北京：北商务印书馆，1997年，第112页。

[②] ［英］达尔文：《人类的由来》，潘光旦等译，北京：北商务印书馆，1997年，第122页。

的、缓慢的过程。但东非地区的早期化石标本却表明事实并非如此,这与目前的间断平衡论相契合。间断平衡论认为,一段很长的相对稳定期之后,会出现由新的选择性压力引起的剧变,这种选择性压力是由条件的改变,比如环境或机体自身的变化带来的。这种剧变很可能发生在南方古猿惊奇种从能人中飞离出去的短暂的50万年间。不管是谁第一个学会了制造工具,石器制作技术的发展都使其发明者相对于其他人族掌握了巨大优势。"[1] 能够实现这种飞跃的人,一定是站在巴别塔顶端的人,这个人就是在捡拾时代掌握认知尺度、标准的人,成为第一个制造工具的人。奥杜威技术的出现,人类结束了捡拾工具的时代。根据已经积累起来的知觉标准,使得人类有可能开始自己制造属于自己的工具时代、建筑时代、行为时代,其核心在于对一些行为及自然事件的认知、对自己行为的认知尺度和对自己认知的认知。

奥杜威技术制造出工具大多数极其简陋。主要为砍砸器和刮削器等。美国学者布赖恩·费根:"(奥杜威)其工具形态和形状上的变化很小,石制器具显示出相同的技术特性。它们全部都由鹅卵石制成,通常是由大块原石上砸下来的,呈现双面剥痕。其中部分石核成为砍砸器,一些被加工为粗糙的刮削器,因为这些工具包括轻重两种类型。这看似十分简单,但是这些石制器具表明古人对制作技术和程序都了然于心,在动手前就已胸有成竹。"[2] 本书囿于标准学理论,认为这样的推理不是非常合理,如果我们用现代人的思维方式理解古人总是令人疑惑,我们不能用图纸和产品这样的现代简单式理解远古的先祖,持有这样观点的还有布赖恩·费根,他也认为古人对于打制什么样的工具已经了如指掌。

石器打制实验室化是美国等一些古人类学者的方法。美国的一些学者对于石器尤其是旧石器时代的石器的研究十分倾心,学者将打制石器不再停留在书桌、显微镜下,而是实验室化,亲自打制石器来理解古人的认知,我们是通过石器了解先祖,但是没有人提及标准,为什么我们不能通过认知推测标准呢?诚如布赖恩·费根的疑问,奥杜威技术的起源是什么?

---

[1] [美] 布赖恩·费根:《地球人:世界史前史导论》(第13版),方辉等译,山东画报出版社,2013年,第45页。
[2] [美] 布赖恩·费根:《地球人:世界史前史导论》(第13版),方辉等译,济南:山东画报出版社,2013年,第65页。

简单地回答，奥杜威时代的标准或认知尺度，没有文字、语言、言语，更无从谈起技术和科学，只有一样知觉标准或尺度。以下的大段引用可以大致说明这个问题："我们可以从石器的制造中寻找一些线索。黑猩猩会就近取一些树木残枝，然后用牙齿把它修剪成沾白蚁的小细枝；它们会扯掉树叶，好把这个'人工制品'伸进小洞里。石器的制造需要良好的手眼协调能力，找准适合敲击的角度，以及使用一件工具制造另一件所必需的思维过程。但是，奥杜威的石器制造者们所做的只是简单的工作，它们把石头敲击成可以一手抓握的现状，然后以之打击骨头，将那些刃部锋利的石片打掉。诸如砍砸器、刮削器、刀之类的适用于稍晚出现的石器的精确分类不适用于奥杜威人的人工制品。奥杜威石器中的石块和石片呈现出持续的多样性，这表明他们已经对基本的断裂力学有所了解，但还不具备采用标准化形式，或者挑选更容易加工的原材料的能力。黑猩猩能够制造出这样的工具吗？尼古拉斯·图斯试图训练一只名叫坎兹的矮猩猩制造奥杜威工具。经过不断的实验和失败，十年后，坎兹的学习能力大幅度提高，其制作的技能与奥杜威制造者十分接近。但是，坎兹的'作品'仍与奥杜威石器有着重大的差别。史蒂文·米森提出了两种可能：进化出了一种更普遍的智力，或者出现了基本石器制作的专门认知过程能人思维中的直觉物理学。"① 可以这样理解以上的论述：第一，奥杜威人在制造工具时具有很好的认知尺度能力，这个能力就是知觉标准，知觉是认知的表征，标准又是一种认知尺度，两者的结合使得人类行为和加工能力迸发出来。第二，这样的理论，将奥杜威人与现代科学联系起来很是可怕，一只大雁的飞行的能力所具备的科学技术简直就是一个空气动力学家的水平，这样的描述，从认知科学来讲总是让人感到耸人听闻，这种具身的认知能力最好不要用科学原理来替代，而是用认知水平比较符合实际。第三，很不容易在史前史书籍中看到标准化的字眼，而对于标准学却是一种苦涩，我们不加区别地用现代标准的概念加诸到先祖，笑话是难免的。第四，作为知觉物理学，在标准看来无非就是知觉标准的一个方面，必须指出，它不是全部，知觉标准还要包含自己的神经系统的活动。

---

① ［美］布赖恩·费根：《地球人：世界史前史导论》（第13版），方辉等译，济南：山东画报出版社，2013年，第62页。

六、奥杜威知觉标准的特点

奥杜威技术——有的也称工业，作为将标准作为研究对象的学科，我更想称之为奥杜威标准。在 320 万年前，这个时候没有文字和符号、没有科学、没有数字更没有什么技术，有的就是感觉认知及其尺度，必须说明的是认知尺度不仅仅包含像长度的尺子等一样东西，而应该是心理学、生理学、神经科学和社会学的尺度，从感觉上说感觉都可以构成尺度，视觉、嗅觉、触觉、听觉、味觉等都可以是认知的尺度。认知科学看来，认知就是表征和计算。考古学者理查德·利基在其著作《人类的起源》一书中指出："托思根据他的制造石器实验的结果，设想最早的工具制造者制造各种工具时，其心中并无这些石器的特殊形状（如果你愿意也可以叫心中的模板）。更有可能，石器的各种不同的形状取决于原材料的原来形状。奥杜威工业是直到大约 140 万年前的唯一技术类型，它的性质基本上是打出什么样子就是什么样子，无规律可循的。"[1] 以上语言似乎对于早期的人类认知的随心所欲以一种无可奈何的态度表现出来，好像人类的认知就是一种说不清道不明的状况，而在认知科学看来，这样的情况完全符合人类认知发展过程的结论，最早的认知尺度就是这样的，既有认知的理性也有本能的反映，更为重要的是，这就是人类初期认知的能力、控制行为的能力，认知行为的能力。

奥杜威时代也就是科学、技术、言语都开始于此。美国学者布莱恩·费根在讨论一处考古学成就时指出："这次不寻常的发掘表明，黑猩猩会留下它们砸碎坚果的遗迹。它们会从远处将石料搬运到加工地点，并收集坚果，修整石锤。这类行为与早期人类很相似，但是肯定没有古人类一样的正式的工具制作。这次挖掘对古人类学有重要意义，或许我们可以将此类早期非人类灵长类动物遗址中的特殊行为追溯到中新世。而且，或许有一天我们会发现这些坚果加工的石质副产品成了早期人类的砍砸器和切割工具——奥杜威技术。但是现在，人类技术的起源仍旧是个谜。"[2] 在标准或认知的尺度看来，如果我们用认知尺度

---

[1] ［美］布赖恩·费根：《地球人：世界史前史导论》（第 13 版），方辉等译，济南：山东画报出版社，2013 年，第 65 页。

[2] ［美］布赖恩·费根：《地球人：世界史前史导论》（第 13 版），方辉等译，济南：山东画报出版社，2013 年，第 61 页。

来思考这个问题，或许这个问题就会得到很好的理解，如果人类掌握、理解了感觉尺度或认知尺度，虽然很是粗糙，人类的认知不再是哲学家和伟大人物思维中的涅瓦河的猫头鹰，而是人类可以感知的尺度，去认知、去修正、去计划行为。或许没有愿意接受这样的假设：科学、文字、技术、数字的发源地是标准或认知的尺度。

七、阿舍利标准时期

只有本书这样称谓阿舍利技术为阿舍利标准。阿舍利文明是以最早发现于法国亚眠市郊的圣阿舍尔的工具而得名的，它的区域包括非洲和欧洲等广大的地区，其外部表现为呈泪滴状，左右对称，多类型组合，主要工具有：手斧、手镐、薄刃斧、砍砸器、大型石刀等。一般认为，阿舍利手斧比较先进，一段尖而薄，另一端略微厚，它的最大特点是两面打制、精细加工的标准化大型工具。阿舍利文明程度明显高于奥杜威文明，应该说阿舍利时期的这种技术的掌握者的认知能力、控制能力明显高于奥杜威文明："阿舍利文化期手斧，制造这种工具比奥杜威文化期的工具需要更多成熟的智力因素。打造出来的形状比奥杜威文化时期的砍砸器更精确、更优美。它们的每一个面都经过打造，形成一个梨形的'斧子'，通过至少有两个切割边缘。"[①] 阿舍利标准存在距今170万年—20万年。从时间顺序和工具的加工水平来看，阿舍利文化水平高于奥杜威。在认知科学或标准学看来，阿舍利标准已经具备较为完善的打制技术、控制行为、材料的认知以及工具的效用之间的关系，阿舍利标准属于匠人的时代："到了100万年前，在人类一次更壮观的辐射中，各种直立人/匠人取代了其他一切形式的人亚科原人。匠人个体比能人个体高大，并有着高大的脑量，范围在850立方厘米到1000立方厘米之间。这使他们接近于现代人类的脑容量的标准，还有其他一些标志说明他们明显接近于现代人类。从大概150万年前，他们开始制造一种新类型的石器，被称为阿舍利文化期手斧，制造这种工具比奥杜威文化期的工具需要更多成熟的智力因素。打造出来的形状比奥杜威文化时期的砍砸器更精确、更优美。它们的每一个面都经过打造，形成打造出精

[①] ［美］克里斯蒂安：《时间地图》，晏可佳译，上海：上海社会科学院出版社，2006年，第182页。

美的边缘。"① 由此可以看出，阿舍利标准时期的认知水平和控制能力已经到了相当高的水平。这个阶段的几乎没有化石资料证据，真正的古人类学的"缺环"，一切都是一种推理和假设，我们不妨再进一步推理，人类已经开始比较深刻地理解自然世界，开始用一种尺度丈量世界标准，有了个人、群落的标准，可以规制不同的行为达到不同的目的，更为革命性的东西在于，知觉标准能使我们丈量我们的思维和行为，虽然这个标准在今天可能算不上是标准，就是这样的知觉标准使我们的思维能够跨越不能感受到的世界，这也是本书一再强调的。布赖恩·费根的下一段话实际上是在佐证人类历史出现过一个漫长的捡拾工具、用具的时代："所有关于石器的研究都基于这样一种假设，即不断地打砸、磨削使碎片剥落，最终成为有特定用途的工具，不论这种工具简单或是复杂。世界最早的石器技术的诸多细节还处在争议，但可以肯定的是，这些石器都是个体劳动的成果，而且他们对石料的属性十分熟悉。他们很清楚如何选择合适的石料，并能够通过三维构想确知其将做何种用途及如何对其加工。他们还掌握了制造工具所需要的一般步骤，并能将此技术传给他人。"② 没有一个捡拾工具让人们建立一种简单的力量、重量、形状、长度、材料硬度等知觉标准的过程，人们对各种材料、重量、形状尤其是自己的力量都有比较模糊的知觉尺度，换句话说，知觉成为人们认知的表象，表象是人类知觉或神经系统的成果，这样，人类才有可能进入简单工具制造时代。但是将标准完全归为个人这是本书所不愿意接受的，和氏族种群存在一样，既有个人行为也有群体的行为，如果劳动或工具的制造都是个人的行为，氏族和种群将失去存在的意义，这样的推论无论是动物学还是人类学都是不能接受的，作为标准学特别反对这样的逻辑，这样的逻辑一旦成立，将意味着标准的衔接功能的丧失，标准存在合理性的将失色很多。

以下是达尔文关于石器制造的基本原因，虽然是偶然性的解释，还是很有进化论上的逻辑："阿尔吉耳公爵说，为了一种特殊的目的而造做出一件工具来是人所绝对独具的一个特点，而他认为这构成了人兽之间的一道宽阔得无法衡

---

① ［美］克里斯蒂安：《时间地图》，晏可佳译，上海：上海社会科学院出版社，2006年，第183页。
② ［美］布赖恩·费根：《地球人——世界史前史导论》（第13版），方辉等译，济南：山东画报出版社，2014年，第58页。

量的鸿沟。这无疑是人兽之间的一个重大的区别；但依我看来勒博克爵士所提到的这一点里包含着不少真理，就是，当原始人为了任何的目的而使用到火石的时候，他大概是偶然地把大块火石砸成碎片，然后把有尖锐的边角的几片用上了。从这一步开始，在进而有目的地砸碎火石，那一步就不大了，更进而有意识地制造成毛糙的那一步也许大些，但也不会太大。但后面较大的一步也许经历了很长的一些时代才终于达成。"① 这种鸿沟、这种差异的成因就是认知的差异。我不知道这到底是一种误解还是错误，我们在拼命找出人和动物之间的差异，在本书的知觉认知或感觉阶段，人和动物没有革命性的差距，他们的共同点都在于认知世界依靠的是感觉，所不同的就是动物还是在遗传之路，而人类则开始偏移遗传走向文明之路而已。

本书认为埃克尔斯的观点值得推崇："即使是制作一把粗制的手斧，也需要动手前在脑子里进行构思。我们可以猜测，能人在有限程度上已具备了这样的能力。随着从能人到直立人到尼安德特人到现代人的逐渐进化，石器工具的多样化和精致化程度也节节提高。可以推测这是创造性想象力和运动技能逐步提高的结果，而后者则源于大脑两半球，尤其是运动前皮层和运动皮层以及所有相关神经联结的进化发展，手的精巧化（能做精细的抓握拿捏动作）对有效地使用工具也至关重要。沃什伯恩曾经强调了工具在人猿进化中的作用。使用工具会导致对工具的改进，进而影响往后工具的制作。如此渐进，最终原始人成了制作工具的艺术大师，尼安德特人的石片文化和克罗马农人的石叶文化体现了这一点。人猿进化最终以现代人的创造性想象力而达到了顶峰，这在史前的窑洞壁画和雕塑里已经体现出来。"② 这里埃克尔斯和其他学者一样强调人类的认知能力，强调人类想象力和创造性的作用，而这里我们更想坚持和发展沃什伯恩的观点，正是工具的制造，正是工具制造中认知尺度的确定，才使得人类的认知有可能向更加文明推进，标准使得人们可以在标准的基础上认知新的世界、得到与其他物种不同的认知结果，这时的标准就像迈克尔·托马塞洛所形容的"文化棘轮"一样，这时的标准就成为人类进化的认知文化棘轮一样，向前！向前！向前！

---

① ［英］达尔文：《人类的由来》，潘光旦等译，北京：商务印书馆，1997年，第123页。
② ［澳］埃克尔斯：《脑的进化》，潘泓译，上海：上海科学教育出版社，2007年，第78页。

第四节　火标准

一、火的作用及其开始时期

火对于人类的意义不亚于文字和工具。火的使用是人类文明的三要素（工具、语言、火）之一。关于火的传说几乎在每一个原始文明中都能找得到，著名的西方神话中的普罗米修斯，就是将火带到人间而要解放人类的神灵，我国历史上也有专门的取火神，如后羿射日则是另一种说法。火给人类带来的是：温暖、光明、庇护、食物。火在人类进化和生存的贡献就其现实意义上，远远高于其他几种，或许这样的论调不为人们接受，因为火的利用好像不能显示出人类智力的发展，而且火的使用的遗留痕迹很难寻觅。关于火荷兰学者约翰·古德斯布洛姆在其著作《火与文明》中这样阐述火的重要性："从所有已知的人类社会来看，控制火是人类共有且特有的一种能力。而且，相比起使用语言和工具，用火更是为人类所独有。在除人类之外的灵长目动物及其动物身上，也发现过有使用语言和工具的雏形，但只有人类学会了控制火，使之成为人类文化的一部分。"[1] 人们在研究火的作用时，人们将更多的注意力放在对于饮食、防卫等方面的革命性的成就，很少有人注意到火的光明、加工等对于人类的影响，尤其是火对人类种群由小到大的发展、凝结和稳定的作用，火是人类最早社会的核心，一直到人类社会群体真正的建立。

美国学者布莱恩·费根研究的成果，考古学上最早的用火记录："来自160万年前南非的斯瓦特克朗斯地区和肯尼亚裂谷的切索望雅地区。这两处的化石材料都被认为是匠人所留下来的。在切索望雅，发现了石器、碎骨和烘干的土块等灶址一类的布局。遗憾的是，我们仍不能确切地证明居住者已经掌握了硬化土壤的用火技术。关于人类何时开始用火，这仍旧是一个存在争议的话题，它可能比我们认为的要晚得多。"[2] 虽然火对于人类是如此的重要，但是火的起

---

[1] ［荷］古德斯布洛姆：《火与文明》，乔修峰译，广州：花城出版社，2006年，第15页。
[2] ［美］布莱恩·费根：《地球人——世界史前史导论》（第13版），方辉等译，济南：山东画报出版社，2014年，第79页。

源却是一个谜,比较确凿的火的直接证据:"早在160万年之前,就如在肯尼亚库比福拉可辨认的火炉所证明的直立人学会了怎样使用火。"① 哈维兰的这个确凿证据来源于火炉,换句话,这个时期的人类已经会钻木取火了,仅凭这一点还是不能笃定人类使用或利用火的具体时期。而达尔文对火的作用及其出现有着另一番认知,他在其著作《人类的由来》一书中指出:"他发现了生火燃烧的艺术,用来使坚硬而多纤维的根茎变软而易于消化,并使有毒的根块茎叶变得无害于人。语言而外,这火的发现,在人的一切发现中,大概是最大的了,而其发现时期可以追溯到历史的黎明期之前。"② 这里达尔文将火的历史追溯到人类开端,虽然达尔文并没有说明这里的理由,这样的思维与本书的火的历史预期是一致的,有很多学者不赞成这一看法。在认知科学或标准学看来,其主要认知分歧在于对火的使用的方式,这是一个复杂的认知问题,是简单地利用野火,还是将火种保留起来,或开始钻木取火,绝对是一个认知的标准与尺度问题,如果我们将其混淆起来,推论难免也是混乱和错误,我们这里所说的最原始的火利用指的是最早对自然火利用,先祖们只是不远不近地站在火的旁边,光明、抵御动物的伤害的作用已经发挥出来,人类此时也许只需要大致掌握与火的距离尺度即可。而不是在讨论钻冰取火、钻木取火甚至研究人类的烹饪,这样我们就能将火的利用和制造的时间追溯到达尔文所猜想的人类初期。

对于火的认知既有偶然的因素也有认知的尺度的推演,达尔文这样形容道:"勒博科博士也说到,在砸碎火石的时候,火星会爆出来,而在打磨它们的时候,它会发热,而两种通常用来取火的方法也许起源于此,至于火的性质或作用,则由于在许多火山地区间或有喷射出来的熔岩流经附近的森林而燃烧起来。"③ 人类对于火的认知既有偶然的也有必然的,从害怕火到以火为邻,寻求火的庇护和光明。人类认知的改变发挥决定性的作用,尤其是对于火的认知尺度的形成,对于人类和火共生奠定了基础。

火的标准是人类知觉认知的巨大成就。火的知觉标准建立,是对人类的整体知觉的一次测试,对人体、其他人以及各个方面都是有很大挑战,知觉由多

---

① [美]哈维兰:《文化人类学》,瞿铁鹏等译,上海:上海社会科学院出版社,2005年,第87页。
② [英]达尔文:《人类的由来》,潘光旦等译,北京:商务印书馆,1997年,第65页。
③ [英]达尔文:《人类的由来》,潘光旦等译,北京:商务印书馆,1997年,第124页。

个知觉器官组成，触觉、嗅觉、视觉、听觉等，同时也是对人的空间时间尺度的检验，很多学者将人类利用火作为人类最伟大的贡献，是上天给予人类惠顾，实际上这一切要归于知觉标准，火标准可以分为三个时期：第一时期标准时期，人类不会制造火，利用野火作为自己的营地、作为自己的栖息地，或作为自己的"家园"，第一个阶段约和捡拾工具时代相当；第二时期保留火种标准时期，这个时期人类对于火的认知已经开始知觉火的材料（燃料）、火的燃烧速度、火与空气的关系尺度等；第三个阶段就到了钻木取火的时代，工艺、材料等结合起来，火已经可以不受限制，如果说人类有一个大迁徙的过程，应该是在第二，或第三时期，尤其是第三时期很有意义。

二、野火自然火标准时期

野火或自然火时期。这时期人类与火的关系较为简单，不需要人类身体任何部位的改良和适应，唯一的就是根据知觉挑选适当的距离、风向、空间。利基先生没有接受达尔文的观点即火开始于猿向人类进化的过程中，而是将火赋予直立人："直立人是最早用火的人的物种；最早以狩猎作为生活的主要部分；最早能像现代人那样地奔跑；最早能按照心想的某种模式制造石器；最早分布到非洲以外的地区。我们不能肯定地说，直立人已有某种程度的语言，但是，几个方面的证据表明他们已有这种能力。我们现在不知道，也许永远不会知道，他们是否已有某种程度的意识，像现代人那样的自觉意识，但我猜想他们已经具有了。毋庸赘述，语言和意识是智人的最值得骄傲的性状，可是这些都没有在史前时代的记录留下任何痕迹。"在本书看来，没有火的帮助也就无所谓人的出现，但是如果我们以一种完全线性的关系看待文明和火的关系的话，利基的逻辑不能说就是错的。火是人类进化的催化剂。火在人类演化过程中的作用如何夸耀都不过分，西方的普罗米修斯的牺牲，火的获得，人类生活的面目和诸神一样拥有尊严。火的使用、工具的发明、言语的出现是人类学中人之所以为人的构成要素。特别的，在远古黑暗、寒冷、屠杀等自然法则盛行的史前时期，火就是人类生存的屏障、照亮暗夜的太阳、祛除寒冷的救星。达尔文对火的评价绝对不低于语言，在寒冷的北方的长夜里火远比语言更加有生命力，但是割裂二者的联系可能是荒唐的，而正是对火的认知和掌握，人类才真正意义上有了"居"，对火的使用是人类文明的开始。

火的使用是人进化为人的关键因素之一，然而火的历史却被大大推迟了。依据达尔文的推测，火的利用应该在人类的早期以前，这意味着火的利用对于人类应该在人从猿过渡到人的漫长时期，最主要的是，人们忽略的自然火这个漫长的时段，且自然火的历史完全无法再现或间接体现出来。一般而言，最早的人科出现于距今700万年，这个观点是大部分学者的观点，而澳大利亚学者、《脑的进化》的作者认为火的考古学历史仅仅只有150万年左右，火为人类标志性要素之一（火、工具、文字）。

火的利用开始于猿走向人的最初的时代。应该是腊玛古猿、南方古猿就有一个与自然火亲密相处的时代，这样长时间地近距离地与火相处，人类对于火的认知进一步升华，如果没有这样的一个过程，人与火的关系如何构建？这也意味着人类认知的开始，这个认知或许模糊、不准确，正是火的推动使得人类驶离动物界的演化轨道。人类认知、行为已经出现了感觉或认知的尺度，对人类自身是否造成危害不取决于性质本身，而是取决于认知尺度是否合适，这也是对人类能够使用火的唯一比较合理的解释。也可以这样认为"度"、标准的了一个代名词出现，度就是标准的关键的认知特性。我们人类与大自然不仅有着性质上的关系，我们与大自然同样存在着尺度上关系。尺度上的联系将理性凸显出来。

三、储存火种时期

火是人类进化的家园，在标准学看来，人类应该有个逐火而居的时代。这时候人对火的利用受制于自然火或野火，人们不懂得储存火和取火，只知道在自然火周围栖息、生活，防备其他动物的偷袭。让我们还是回到历史幻觉中，美国历史学家布赖恩·费根在其著作《地球人——世界史前史导论》（第13版）的人类起源一章开始，引用了一幅艺术家再现早期南方古猿阿法种的图画，图画的正面是一座正在喷发的火山，稀疏的云朵飘荡在天边，各种动物游荡在火山下面的平原上，低矮的灌木星罗棋布地点缀在平原，两个古猿勾肩搭背、直立行走在松软的火山灰上，身后留下深深的脚印，从他们神情上看不出是在逃难也不是追踪与被追踪，而是像从一个火源的聚居区走向另一个聚居区过程，好像他们已经有了自己的家园或营地，现在他们正在散步或步行到另外的地方，这个情景发生在约360万年之前，地点是坦桑尼亚的莱托里，就画卷中的人物神情而言，我更愿意相信他们穿行于火源区之间，人类已经开始逐火而居，这个时期的人已经会利用火。可以这样推测，人类有一个漫长的与火若即若离的时代，人类可能处在"逐火而居的时代"。因为有火庇佑，整个种群可以有一个安全的夜晚而不成为夜食者的牺牲品；因为火的温暖驱散寒冷使得整个氏族见到第二天的太阳；由于火的恩赐整个氏族数量处在相对稳定的状态；得益于火，整个种群有了闲暇时间，认知才可能在闲暇中发展演化出来。火是将种群或氏族衔接起来并远远超过其他物种社会功能的枢纽。我们有理由相信火是人类进化的家园的结论。

火的光辉使得人们有可能即使在漆黑的夜晚也能从事着白天的工作，修理工具、加工工具、缝制衣物、加工食物、加固营地等。原本这些东西只有在白天或演化出夜视的功能的情况下才能进行；还有氏族的社会功能在这种情况下不断增强，更多的玩耍、和平相处、各个成员间的认知程度不断深耕，作为氏族整体的功能不断增加，很多社会功能、人的功能在培育中，如共享、注意力、复杂的交流等，火也是人类文明的家园。

由于火，人类可以吃熟食意味着人类饮食消化和卫生条件大幅度提高。牙齿可以咬碎坚硬的东西；食用有害有毒的食物，可以较长时间地保存食物，这些改变彻底扩大了人类饮食的品质和范围，生存条件得到很大的改善。或许最重要的是火将彻底改变人的饮食习惯，茹毛饮血的动物时代在渐渐退去，新的饮食方法建立，增加人类健康水平。

火标准的内容应该包括自然火的规模、风向、风速、空间、距离、燃烧的时间、火的亮度等在神经系统的表征，或者说是在人类知觉系统的表征，这个固定的表征（包括计算）就成为标准，必须要说明，标准不是意味着落后、沉闷、守旧，恰恰相反，这是人类认知的天赋，对于未来对于未知，人类不再是跟着知觉走了，而是根据成功的表征、创造的表征结合、行为运动的表征应对永远变化世界。这个定格就是标准，标准的原理和生命就此形成：标准是认知的表征、是知觉表征的创造、是认知表征的集合、是经过一个或数个系统检验的表征。我一直非常重视知觉标准的研究，虽然就标准而言，科学标准和数字标准更加有生命力，但是，我深信：知觉标准是标准生命的开始。人们依靠知觉感知火的强度、规模（大小）、性质、风向、距离等基本的尺度，确保人类对火的利用和需求。这个时代应该距今700万年左右，地点可能在非洲的中东部高原，主要的种群有：萨赫勒乍得人，生活在距今700万年—600万年，有证据显示萨赫勒乍得人开始直立行走；始祖地猿，生活在埃塞俄比亚的阿瓦什地区，距今约500万年。湖畔南方古猿，生活在距今400万年左右的肯尼亚图尔卡纳湖附近，直立行走；南方古猿阿尔法种，距今约300万年，生活在埃塞俄比亚，直立行走、尚没有证据证明他们开始制造工具，但脑容量开始增加，考古学或人类学上的著名的"露西"发现与此有关。人们与火的关系很可能在初期阶段若即若离，随着人类认识和自然界的压力，人类利用自然火的趋势更加明确强化，这种自然火的积蓄和知觉冲击，一直通向了储存火的知觉时期，自然火的自然属性显然不能符合人类生存的基本要求，自然火无论在时间、地点、规模等各个方面都无法满足进化的需要。保留储存火就是唯一的出路，这样火可以伴随人类走得更远，人类对于火利用越来越精细化。

四、取火标准时期

关于人类取火有很多的传说，文中所言的钻木取火、钻冰取火等，这个发明应该是人类发展的关键点，也是人类走向世界当之无愧的明灯，关于人类与火的最初的关系，所有的说明在一定程度上都是假设。人类通过某种方式，从自然火到钻木取火阶段，有人指出，在生物界其他很多动物也认识到了火的好处，遇上可以用火的机会，也不会放过；但它们都没有学会对火施加影响，使之持续燃烧，并对燃烧过程加以控制。只有人科动物迈出了这关键的一步，在一定程度上控制了火，并有意地利用火。他们也许先学会了寻觅何处起火，继而学会了在火场持续燃烧更长时间，将火作为一个氏族的中心，这些疑问基本上就是知觉标准产生基础。那时候人类的认知还在知觉上进化，而且唯一的就是建立稳定的知觉标准是唯一的人类认知尺度，这个尺度使得人有别于其他动物，知觉尺度、认知的尺度、行为的尺度搭建起人类的社会，也重新构建了人类与火的关系，从这个意义上将火誉为一种文化是恰当的。

换句话说，人类通过知觉的尺度认知到人与火的健康而关键的知识，火的规模、时间、地方、空间、风速、风向都有可以确定的尺度。在这样的尺度内，火会给人类带来无穷的利益。知觉标准既是人类知觉的认知也是对人类行为的约束、对人的认知的定格。

总之，火的利用和加工、工具的制造与使用，这些被人类学家形容为人类文明的三大要素（火、工具、语言）的两个都是在感知标准时期完成的，这里，我们对于摩尔根、皮亚杰和达尔文等著名科学家高度评价早期人类的成就，就不难理解了，感觉或知觉标准时期是人类和一切什么认知的生物学起点，也是开启人类文明的起点，这个起点就是人类的认知尺度标准。但是，文明不能因为我们已经进入数字时代而任意轻视人类进化过程中的关键环节。需要我们记住的是，知觉标准时期是人类认知的开始，也是人类初步认知标准的构建使得人类有可能向人类认知的另一个领域进发符号标准时期。

第三章 符号标准时代

第一节 符号标准时期的开启

一、符号标准时代的起始

符号标准时期指的是人类拥有言语、表情、肢体语言、语言等用来表征世界的时代，应该开启于100万年前截止到文艺复兴时代。从人种上来看，符号时代开始于阿舍利文化中后期的智人时代、结束于科学时代（文艺复兴时期），按照传统的历史划分时期方法，符号标准阶段跨越了直立人、智人和现代人三个时期，跨越了旧石器时代、新石器时代和古代文明时期以及近代文明时期，历史也从史前史进入古代历史时期。这个时代对于标准而言最为根本的就是，其认知范式由感觉或知觉范式转向符号语言时代，这种革命性的转变使得人类认识世界、设计行为全方位的变化，由此人类也进入一个全新的时代。

这里我们不加区别地将语言、符号、表情、言语等都作为符号下的表征形式。这样的合并基本上符合语言学和符号学研究的传统，也符合和语言作为符号学范畴的要求，在索绪尔的研究中，语言符号合并使用，在传统的学科中语言学一直是较为独立的学科，直到乔姆斯基以降，语言学和心理学等学科的界限开始模糊了，作为语言学家的乔姆斯基成为心理上最有影响的人物之一，也成了认知科学的早期最有贡献的人物。依照乔姆斯基的理论，语言也是人类认知的一种手段。在认知科学中，语言一直是认知的手段，语言学也作为认知科学的组成部分，语言的存在揭示了它的基本特点认知的手段或媒介，本书的符号是指能够表征认知物体以及认知本身。对于认知科学而言、对于认知历史而言，语言、符号、言语的出现使得人类认知进入一个新的时代、新的视野、新的世界。

考古学家以及人类学家都将语言、工具、用火作为人类文明的三要素。人们对于符号之于文明的贡献的妙语比比皆是。西塞罗有句名言：词语是事物的符号；卡西尔也有人是创造符号的动物一说；苏格拉底提出："有思想力的人是万物的尺度。"古希腊哲学家普罗泰戈拉以此语言闻名于世：人是万物的尺度，是存在者存在的尺度，也是不存在者不存在的尺度。符号时代最伟大的成就在于，符号认知标志着人类社会进入新世界，科学地说，符号是开启人类从原始到文明的认知世界的钥匙，人类已经开始冲破感觉认知世界的桎梏，用一种全新表征方式来认识世界。生物学家朱利安·赫克斯丽庄严宣告："词语概念的进化，打开了所有人类思维未来成就的大门。"符号向人们打开一个全新的世界，符号也是人们认识和开发世界提供崭新的方法，标准由此从感觉标准时代跃进到符号标准时代。但是，必须看到的是语言是给我们打开一个新的世界，这个认知过程的完成却是异常的艰难，我们在石器打制时代的速度令人惊讶的缓慢，看上去的几十毫米的进步却耗费人类几十万年的时光，语言、符号、言语的进化速度也是十分缓慢。从言语到系统语言并不是一帆风顺的过程。

同时符号标准时代也是一个亟须认知尺度、认知尺度的认知、行为尺度的时代。

德国学者赫尔德在其著作《论语言的起源》开篇就这样说："当人还是动物的时候，就有了语言。"① 译者姚西平先生这样解释道："这句话成为语言思想史上的一句名言。它是个断言，暗含着三个论点：（1）人与动物有着某种共同的东西；（2）动物也可有语言；（3）人类语言从动物语言中演化而来。"② 这一点与达尔文的观点有些近似，公允地说，这样的观点与皮亚杰的观点也有类似之处。有一点特别要强调的是，哲学家们几乎将语言与智慧、理性相提并论，事实上，皮亚杰、达尔文等科学家都公认在语言出现之前就存在着智慧和理性，艺术就是这一范例的经典，舞蹈、绘画、雕塑、音乐等都是没有语言而思想飞

---

① ［德］赫尔德：《论语言的起源》，姚小平译，北京：商务印书馆，2019年，第5页。
② ［德］赫尔德：《论语言的起源》，姚小平译，北京：商务印书馆，2019年，译序。

扬的实例。

　　对于标准科学而言，也是如此，人类不是哪一天在早上起来就开口讲话了，语言是生物学进化和认知提升的共同产物。赫尔德并没有精确地说明语言的范围，就本书而言，这样的言语也可以算作语言，它的高级阶段是书面等有复杂表征的语言系统，包括数学科学，承认语言来源于人类初期和动物有共同之处的假设，也就将语言从其他说明中彻底解脱出来，语言也就有了生理学的基础。

　　作为人类成熟的基本要素符号，王元化教授这样引用学者的观点描述符号的杰出贡献："法国的 Francois macon 是一位诺贝尔奖得主，他是个遗传学家。几十年后他讲的一番话跟 sapirs 所说的差不多完全一样。他说'我们都用自己的词汇和语句来塑造'现实'，就如我们也靠视觉和听觉在来塑造它'。他说现实世界当然是眼睛看进来的，耳朵听进来的。但是同时也因为我们的语言，让我们了解这个现实是什么样子的。"① 这段话也让人自然而然想起了巴特尔的《符号帝国》的名字。在认知科学中，语言、符号是人类认知的手段或媒介。

二、早期言语标准时期

　　符号标准的起源很难追溯到准确时间段或点，一般认为，语言最早出现在直立人阶段，这样的话，语言出现的时间可能推演到阿舍利技术时代，距今约160万年，不过很少有人采信这一假说，根据人类体质学的研究结果，布莱恩·费根认为最早的符号年代可以追溯到38万年前，因为人类的发音器官已经形成，还有的学者将人类言语符号的时期定格在100万年前，本书将语言符号的起源时间推测在100万年以前，而且是以阿舍利标准为依据，主要有以下原因：第一，阿舍利技术已经相较于奥杜威技术很是复杂，简单的感觉可能无法能满足阿舍利技术的认知需要："于是在人类的史前时代第一次有了证据表明石器制造者心中有一个他们想要制造出了的石器模板，它们有意识将一些形状施加于他们利用的原材料上，能证明这一观点的这种工具被称为手斧，这是一种需要非凡的技巧和耐心去制作的泪滴状工具。"② 这里学者们不厌其烦地描述计划、设计的重要性，而在标准看来，人类此时已经有了认知的尺度而不是什么设计，

---

　　① 王士元：《语言、演化与大脑》，北京：商务印书馆，2011，第91页。
　　② ［英］理查德·利基：《人类的起源》，吴汝康等译，上海：上海科学技术出版社，1995年，第32页。

还是要说记住皮亚杰的语言,不要将高级的东西替代进化中的东西,这里我想质问这些设计师,那是什么设计?而标准或认知的尺度则可以进行简单的运演或运算,没有发达的表征能力是不可能将这些复杂的认知表现出来,认知已经开始在人类行为中发挥更加重要的作用,我们不能设想在没有言语等表征、认知能力的情况下人类能够得到这样的水平;其二,退一步讲,没有这样的表征认知能力,成员之间没有办法交流,也没有媒介将这些已经具备的认知能力传承下去,即便在个别氏族出现一种能工巧匠的技艺,由于没有语言或言语,这些技艺很有可能随着这样匠人的去世而失传;其三,这个时候的标准认知尺度已经成为复杂的集体认知,根据人类学家考证这个时期的氏族人数可以达到100人左右。没有符号言语的支撑很难将氏族联系在一起。

语言不是标签而是人类认知的能力,标准则是认知的规范。这样,这种能力的形成应该在阿舍利标准的早期,在标准学看来,理查德·利基的以下表述,充分说明早期言语不是单独在发挥作用,而是一种和行为一致的伴随品:"制造锋利的石片并不简单,这种技巧主要是通过实物示范来教的,而不是通过口头传授,女孩子试着再做,这次她的动作稍有进步。一块石片从卵石上被打下来了,女孩发出愉快的叫声。她突然拾起石片,拿给面带微笑的女人看,然后又跑去给她的伙伴们看。"[①] 这段情节的描述和阿舍利技术时期的场景有类似之处,同时也说明了语言在技术方面的作用,阿舍利技术所达到技术水平和复杂程度以及生产数量,离开语言的支撑是不可能实现的,因此,我们将语言定义在阿舍利技术时期,这里的语言可能更多是言语、是表情、是肢体语言。

人类学家理查德·利基也有类似观点:"艾萨克1978年在《科学美国人》杂志上发表一篇重要文章,宣布他的食物分享假说,这是人类学思想史上的一个重要的进展。在这篇文章中,他把重点从作为塑造人类行为动因的狩猎,转移到协作地获取和分享食物上来。'采取食物分享有利于发展语言、社会和智慧。'1982年在达尔文逝世100周年的纪念会上,他这样告诉听众。他在1978年的一篇文章中提出:有5项行为形式把人类和我们的猿类亲戚分开:1. 两足的行走方式;2. 语言;3. 在一个社会环境中的有规律、有条理地分享食物;

---

① [英]理查德·利基:《人类的起源》,吴汝康等译,上海:上海科学技术出版社,1995年,第32页。

4. 住在家庭基地；5. 猎取大的动物。"① 这些事件按照艾萨克的观点应该是发生在 200 万年之前，属于直立人晚期时代，这个时代基本上属于南方古猿的后期或奥杜威时代的早期。

技术可以作为认知的语言。技术可以算是人类最早文明认知的语言，技术史学者也持这样观点，技术史的研究者们将技术视为语言或符号，在认知科学看来就是人类的认知能力，表征和计算能力的体现。因此技术史上也有这样的推论和认知："第一卷以制造和使用工具最简陋的开端作为开篇，其中最为重要的体现人类最主要特征的工具被称为'语言'。这一阶段开始于 50 多万年前的史前人时期，那时人类刚刚出现。"② 这里的时间可以被追溯到 50 万年前。技术是人类的认知，最早的认知，最早的认知尺度。

按照美国学者克里斯蒂安的观点，匠人应该是符号使用的发达时期的人种，"匠人的语言能力似乎要比能人强但是又很难说到底强多少。较大的前脑表明理解和处理符号的能力有所增强，而处于喉咙较低位置，使得发音更加容易；因此，与手势交流相比，有声交流的重要性有所增强。但是依然很少有证据能够直接证明他们拥有现代人类的化石证据中非常明显的、丰富的符号活动能力，因此看来即使在某些形式的符号交流，但是并未在匠人的行为或意识中产生革命性的影响。"③ 这个时期的人类认知能力最明显的标志就是大脑容量显著增加，从南方古猿的 400 毫升上升到 1000 毫升左右。现在我们很难设想，这是一个言语、表情、肢体语言如何和制造的工具联系在一起，结合在一起的时代。

如果非要有一个描述的话，本书以为就称这个时代是各种言语、表情、肢体语言的混杂式。既有打制石器工具实物也有各种粗糙语言的表征，还有各种动作的模仿，语言的集体认知和个体认知能力，而这一切都与不断进化即将完善的大脑认知系统相关，克里斯蒂安指出："然而，人类的语言允许大脑之间更为精确和有效的知识传递。这就是说，人类能够更为精确地分享信息，创造生

---

① [英] 理查德·利基：《人类的起源》，吴汝康等译，上海：上海科学技术出版社，1995 年，第 49 页。
② 查尔斯·辛格等：《牛津技术史》（第Ⅳ卷），王前等译，上海：上海科技教育出版社，2004 年，第 346 页。
③ [美] 克里斯蒂安：《时间地图》，晏可佳等译，上海：上海社会科学院出版社，2006 年，第 183 页。

态和技术知识的共享资源。"① 应该说这个阶段是人类语言孕育形成的时期,是人类语言的初级阶段,而且这个时代远比我们想象的时间要长得多,语言的完善是一个艰难的过程。

三、符号语言标准时期的特点

要确定符号标准的开始准确时间是一件很困难的事情。从考古学上来看,寻求100万年前历史时期的语言证据可能性近乎为零,化石等很难确定语言的起始时间,加上各学科对于符号语言等的不同理解,很多情况下,人们将符号和语言分属不同的学科,由于语言学的特殊性,语言学无疑不会将语言的出现追溯到100万年之前。比较可信的方法就是,根据人体体质学的理论以及考古发现可以将人类符号的时代推到100万年之前的智人时代;而在本书所持的符号学理论是广义,即符号可以作为最一般的表征归结到动物的一般表情,也可以将数学作为符号系统的一种,这样的逻辑下,符号可以跨越漫长的时间而到达言语等肢体语言的时代,如果按照达尔文的理论,在达尔文的《人类和动物的表情》一书中将表情称为情绪的语言,按照这样逻辑我们可以将符号时代追溯到更远的人类与动物分离的时代。

本书结合人类体质学和符号学的理论将符号标准的时代定位于100万年左右的阿舍利文明时期后期。就考古学而言这样的做法或许是危险的,但是在人类学却存在着合理性,美国人类学家布赖恩·费根的观点支持本书的假设:"幸运的是,头骨底部的形状可以为我们提供很多信息。多数哺乳动物的头骨底部扁平,喉的位置较高,但人类的头骨底部呈拱形,喉的位置较低;但是,通过复杂的数据统计分析,莱特曼及其同事在1991年测试了数量足够多的、完整的头骨化石。他们发现,距今400万年至100万年间的南方古猿头骨底部扁平,喉的位置较高;但是150万年之后的直立人的头骨底部则显示了一定的弯曲度,这表明其喉已经开始向现代人的位置下移。直到30万年前,头骨底部才最终达到现代人类的弯曲度,从而得以进化出完全清晰的语言表达。"② 从人类体质学

---

① [美]克里斯蒂安:《时间地图》,晏可佳等译,上海:上海社会科学院出版社,2006年,第184页。
② [美]布赖恩·费根:《地球人世界史前史导论》(第13版),方辉等译,济南:山东画报出版社,2014年,第64页。

研究成果来看，这段话至少对于语言有两个方面的意义：第一，人类语言（或者我们按照索绪尔的观点称之为言语）最早的出现追溯到100万年以上是可信的，换句话，100万年前人类已经开始踏上语言的进化过程；第二，人类具有清晰的语言能力可以确定在30万年前。人类体质学似乎也给了我们答案，但是这样漫长的时光中言语符号如何发展进化的？或许有人会问从人类具备语言能力到人类的书面语言还有近30万年的时光，岂非荒唐？完满地回答这个问题有些难度，不过布赖恩·费根的以下语言还是可以作为初步的结论回复："除了能够刺激大脑发育，语言的真正价值在于，我们可以通过它表达感受和细微的情感，这些是肢体语言和嘟囔无能为力的。我们假定，早期人类除了运用灵长类的肢体语言和嘟囔外，还有更多的交流时段，但是现代清晰的语言却是后来生理和文化进化刺激的结果。"① 在语言或符号形成的漫长过程中，似乎我们看不到标准的影子，我有一种假设，实际上李春田教授隐隐约约地表示过标准在语言构建的作用，而这里我则将每一个语言的形成都是一种标准的过程，在感觉认知的过程中，先祖只是将感觉和认知、行为固定起来，而在符号阶段这样的关系演化成神经符号对象的对应关系，这个关系成为标准也就完成语言的认知过程，在一个氏族这样的关系就成为共同的认知。

在标准学看来，语言的构建离开不开标准的过程，一次实验，一个标准。对于文字、对于符号，一次认知，个人标准；个人认知、集体认知，一个文字，一个符号。试举例：一个人将☉作为太阳的符号，只有他一个人知道这样所谓指号关系，也只有他一个人理解符号的对象——太阳，这就是一个人的标准，以后他只要愿意就会把☉作为太阳。而要作为一个氏族的标准的话，必须是整个氏族对于☉作为太阳符号的认知，就可以作为氏族的认知符号在氏族范围使用，标准过程一直延续到字母、音标、笔画整个阶段，语言演化的系统化、认知能力的不断提高就是一个语言标准的过程。当然这样的推论不会被语言学所接受。

或许很多人会质疑语言如此漫长的进化过程，达尔文的进化思想值得我们详细揣摩和领悟，如果我们认真地研读达尔文的《物种起源》中关于异化的论述及其逻辑关系，我们就不会对于进化这样的过程过于天真。标准在这个过程

---

① ［美］布赖恩·费根：《地球人世界史前史导论》（第13版），方辉等译，济南：山东画报出版社，2014年，第65页。

中不是我们商店买到的尺子让我们对长度一目了然。而是像异化一样，在人类认知过程中慢慢向精确、科学的方向发展。达尔文对于语言的进化描述值得人们吸取："语言是一种艺术，就像酿酒或者做点心一样，但是书写应该是更好的比喻。它当然不是一个真的本能，因为任何一种语言的习得都要经过学习。但是它跟其他的艺术史截然不同的，因为人有喜欢说话的倾向，这点我们从幼儿牙牙学语可以看得出来。但是没有哪一个孩子有酿酒、烘焙或书写的本能倾向。它是逐渐地、不自觉地，经过许多步骤发展出来的。"[1] 这样的话，语言符号的发展就像上述所描述的一样，而且用标准学的观点，不仅如此，这个过程还是一个标准化的过程，一笔一画、一个字符、一个音节最后到文字体系的构建，无不是漫长的人类认知能力的构建过程。

四、北京猿人时期

北京猿人时期是指从阿舍利技术的中期一直到 20 万年左右的时间段。严格地说，这一段时期没有明显的起始点。这个时期标准的主要特点几乎和感觉标准时期的没有什么差距。从直观上看，奥杜威和阿舍利技术在现代常人看来几乎没有太大的差距，而在认知上，由于出现了符号等言语等认知形式，标准的创造一定程度上和感觉标准结合在一起，标准创新、学习、传播和感觉标准时期的言传身教拉开距离，人类社会的内涵开始出现和形成。

北京猿人值得大书特书的一个环节。1927 年瑞典科学家安特生等人和我国学者贾兰坡等人一起开发了这个历史上著名的遗迹，北京猿人也称北京人，在北京地区的周口店附近发掘出来，是古人类研究历史上的一项重大成就，北京人属于直立人种。距今约 70 万年—20 万年之间，是迄今为止挖掘最为丰富的遗址。北京人有着大规模的居住营地，从已经展示出的北京人活动范围可达方圆几十千米，巨大的洞穴、众多的石料等，可以看得出北京人已经具备很好的宿营认知能力。还有就是他们的认知的尺度，他们对于各种事物已经具备一定的尺度上的认知。

使用石器、各种石器器皿已经是北京人的生活方式。逻辑上，打制石器也是北京人的基本工作，在北京人遗址上发现大量的石器、残片，有的是奥杜威

---

[1] [英] 达尔文：《人类的由来》，潘光旦等译，北京：商务印书馆，1997 年，第 128 页。

工艺、有的是阿舍利的，他们可以打制比较精致器皿和石器，角度、锐度等。这些石器的工艺水平已经超过了奥杜威，有的和阿舍利工具齐肩，而且大量地使用石器。北京人此时大规模地使用火，根据我国学者高星的研究，北京人已经熟练地使用火来取暖、防卫、照明，这些火的遗址年代可以追溯到50万年前左右，只是火的来源尚不清楚，即火是自然火、火种还是人工取火尚未得知。有一点是明确的，北京人可以熟练地掌握火的各种尺度以及火和燃料等认知尺度。同样的逻辑，如此大规模地使用工具、火以及众多数量的人数，大规模的遗迹，众多石器利用、洞穴利用、火的利用，没有言语等的认知和交流系统（符号），形成这样的规模的社会形态几乎没有办法想象的，由于初步符号系统的形成，人类可以交流其感情、认知或思想，将个人的经历存在非现场地表现出来，对于标准，这可以为工具等进一步深化提供可能，也为社会形态的存在奠定认知基础。

北京人已经具备一定规模种群生活的能力。集体利用火、利用地理环境、集体制造工具，特别是狩猎活动，目前这方面的资料很少，通过考古发现，北京人可以猎获大型动物而且品种很多，这样大型的狩猎活动的组织和成功需要丰富的言语系统，言语——集体化本身就是一个真正的标准化过程，族群、氏族在认知尺度上越来越多一致性，这样形成较为稳定的社会关系，维系这种社会关系的关键在于交流，成员间的交流。

五、前语言符号标准时期

本书所指前语言时期是在文字出现之前的漫长的言语时代。这个阶段可能开始于20万年前，结束于这个划分观点美国历史学家大卫·克里斯蒂安的《时间地图：大历史导论》也有表现，克里斯蒂安认为："就在25万年前，人类又增加了另一种层次的行为，那时候，语言和其他符号的使用形成了一种新的能力，也就是克里斯蒂安所说的'集体知识'。这又导致人类社会具备一种独一无二的能力：共同协作……"① 克里斯蒂安的以上观点，在认知科学看来，只有集体知识具有创造性，而将共同协作称为人类唯一的能力，实际上，共同协作几乎是很多动物的天性，狮群、非洲猎犬、斑鬣狗等无不以集体协作为生存之

---

① ［美］大卫·克里斯提安：《大历史导论》，晏可佳等译，上海：上海社会科学院出版社，2007年，序。

道，对于人类所不同的是这种合作的核心是通过语言符号一起完成的。

言语的出现和丰富还有其认知科学和社会学上的革命性意义，美国历史学家布莱恩·费根指出："语言和交流模式的改进被认为是直立人生活类型与众不同的特征，有了改善的语言技巧和更进步的技术，人们便有可能取得更好的协作：在采集活动、食物储存和追捕野兽这方面进行协作，与那些十分着重个体经济成就的非灵长类动物不同，中更新世的狩猎＝采集者依靠群体中每一个人的协作行为。经济单位是群体，个体成功的秘密便是群体的成功。"① 遗憾的是，在这漫长的100万年甚至更长的时间，尚未找到丰富的证据佐证。这个时期可以界定在30万年一直持续到书面文字出现的时期。这个时期的人种有匠人、直立人、智人等，理论上还是处于旧石器时代，生活在这个时期古人的遗迹和化石的发现越来越多，主要分布于非洲、欧洲以及亚洲等地。最为人们熟悉的大概就是尼安德特人，尼安德特人几乎和人类的前语言时期重合。

可以推断，这个时期的人类的认知还是以工具、行为、简单的建筑为标准的外在形式。换句话，假如我们有幸能看到这些标准的话，那就是比较精致的石器、材料、时间以及火的使用，可能这个时代人们已经会简单地利用火来加工食物，标准表现形式在我们看来还是各种化石，与感觉标准时期最大的不同，人类已经在用言语等表征利用和表征标准，或许人们对这个问题可以不以为然，在本书看来这也是前语言阶段的最大的特点，由于人类已经有了初步的语言认知能力，人类可以用前语言进行认知和表征，工具等制造已经显示出人类的智力能力，人类开始对工具进行计算、设计，这些基础结合产生的基础就是标准、重量、材料的质地、长度、角度、时间、距离等都在人类认知上已经形成的尺度上展开。对于此布赖恩·费根这样描述和分析："其他动物（如黑猩猩）也使用工具，但人类会习惯性地重复制造复杂的工具（Boesch & Tomasello, 1998），较之其他灵长类动物，人类在制造工具方面先进得多。其中一个原因就是我们的大脑允许我们提前计划我们的行为，史前工具大多十分简易，偶尔也会比较复杂，向我们展示了一个古代决策制定的过程。通过分析史前石器（所有技术中最耐用的）的制造方法，我们能够了解制造者的思维过程。所有关于石器的研究都基于这样一种假设，即不断地打砸、磨削使碎片剥落，最终使原石成为

---

① ［美］B. M. 费根：《地球上的人们——世界史前史导论》，云南民族学院历史系民族学教研室译，北京：文物出版社，1991年，第160页。

有特定用途的工具，不论这种工具简单或是复杂。世界上最早的石器技术的诸多细节还存在争议，但可以肯定的是，这些石器都是个体劳动的成果，而且他们对石料的属性十分熟悉，他们很清楚如何选择合适的石料，并能够通过三维构想知其将作何用途及如何对其进行加工。他们还掌握了制造工具所需要的一般步骤，并将此技术传给他人。"① 在标准学看来，以上描述和分析就是对前语言标准时代的标准的具体描写：第一，人类开始思维现代化的标准生产模式，开始重复性制造工具，重复性制造工具的最基本的前提是共识，否则工具制造出来给谁使用？谁又会用？第二，不断地打砸、磨削，它的标准是什么？尤其是，第一件工具是如何产生的，没有可模仿的东西，如果打砸下去？合理的解释就是人类拥有一种认知的尺度指导它们制造的过程。第三，用途就是将工具的形状、角度、重量、质地、时间、距离等与使用的效果结合起来，行为要在语言中展开，并且这个过程在心理学上是可逆的，这一点非常重要，这种可逆心理活动，用皮亚杰的术语就是人类可以运演这些不同的尺度。最后，由于前语言的存在，人类已经有可能将这些技能通过前语言等肢体语言传授给其他成员，并且这样的传授已经可以跨越感觉认知的界域，人们已经不再像其他动物一样只有通过当前和实际行为来教授这些技能。

这个前语言时期的主要人类应该属于匠人时代晚期、直立人时代和智人时代早期。就世界范围而言，主要考古发现有非洲的匠人、北京猿人或周口店遗址，其中最具有代表性的是欧洲的尼安德特人，根据大量的考古资料显示，尼安德特人能够制造使用工具、以洞穴为家、有可能有初步言语交流系统，社会已经显示出同情、养育老弱病残的习惯以及埋葬死者和信奉宗教的习惯。对于标准而言，尼安德特人的又一个特点令人费解，那就是他们的工具几乎没有什么变化，一直保持同样的模式，如果按照标准学推测，尼安德特人的认知和学习能力还没有达到掌握复杂认知尺度或运演计算的水平，主要以模仿学习为主，用现代语言就是只知其然，而不知所以然的方式，按照皮亚杰的理论，尼安德特人的运演能力很差，只有模仿式的学习，很少有尺度性的运演。这样的定论没有什么考古学上的证据佐证。尼安德特人给我们留下的谜太多了，根据瑞典学者斯万特·帕博认为，尼安德特人与现代人类有着共同的祖先，他们的分离

---

① ［美］布赖恩·费根：《地球人世界史前史导论》（第13版），方辉等译，济南：山东画报出版社，2014年，第58页。

发生在50万年前，尼安德特人的脑容量和现代人没有差距，约1400毫升，他们的社会学行为非常特别，他们辅助老人、埋葬死者，而且开始有了最早的宗教习俗。令人惋惜的是，尼安德特人没有能跨入书面语言的时代，神秘地消失在历史暗夜之中。

在考古学上这样的例子并不是只有尼安德特。阿舍利技术也有了几十万年时间中处于不变或停滞的状态，从认知科学、标准学、社会学的角度推测，人类的认知发展是如此缓慢，主要原因应该是人类认知的没有标准化，或学习过程没有突破动物一般学习过程现场的学习，我们也可以说尼安德特人的学习主要以个别的、模仿式的学习为主，不乏个别人的天才也被自然规律无情地湮灭。托马斯洛将文化的进步以一种棘轮效应："一些文化传统累计着改进，这些改进是不同的个体随着时间的推移做出的，因此它们越来越复杂，其中包含了越来越宽泛的适应性功能，这种情况可以被称为积累性文化进化或'棘轮效应'，例如，人类把物体当作锤子来使用的方法在人类历史上发生了很大进化。这种情况的证据见于人类的各种锤形工具的记录，随着这些工具反复地被修改以满足各种迫切的需要，它们的功能也就逐步地扩展，从简单的石器，到由石头和木棒组成的工具，再到各种类型的许多金属锤，乃至于机械锤，有些还具有拔钉子的功能。"[1] 这里所说的是工具的进化，另一方面，而人类的知识则别有景色："累计的文化的出现是自然界一桩空前的事件。它产生了类似于复利的效果，允许连续的几代人在文化和技术发展的道路上不断前进。在这条道路上，人类大体上距其生态根源越来越远。知识、思想和技术的传播代代相承，这给予了人类一种完全空前的能力，凭借这种能力，人类能够完全在陌生的环境中生存并且创造出他们所需和所想的新的环境。"[2] 以上说明应该是对于言语出现的最佳的理论证实，人类社会各个方面都在大幅度地进步，认知能力复杂、水平提高、社会关系越来越丰富，即便是没有语言，我们也有理由相信这个时代存在着言语，使得人类认知范式开始转向言语、肢体和实物的认知范式。

这是历史的难点，也是考古学的难点，更是标准学的无助。以下这一段话用于描述标准也是极为准确的："这是一个迷雾重重的领域，因为语言没有在化

---

[1] ［美］托马塞洛:《人类认知的文化起源》，第38页。
[2] ［美］大卫·克里斯提安:《大历史导论》，晏可佳等译，上海：上海社会科学院出版社，2007年，第163页。

石中留下任何直接印记；我们理解人类语言进化过程的努力依赖于化石记录模棱两可的暗示，通过诸多烦冗的理论拉拉杂杂地表现出来。毫不奇怪，即使在诸如人类语言何时出现这样的基本的问题上，专家们也没有取得一致的意见。亨利·普洛特金（Henry Plotkin）写道：有些人将其定在最近大约10万年，还有人追溯到距今200万年以前；而大部分人则认为是在距今25万年至20万年之间的某个时候。它极不可能是瞬间出现的，如果你把'瞬间'定义为一个奇迹般的突变或是一个不到1000年的时间之内……语言很可能经过大约数万年，甚至数十万年的似有还无的阶段之后方才出现。"① 这一段应该这样理解，对于语言演化准确地说，这个时代的语言、表情、实物、肢体语言构成人类语言的开始曲，接着的是，口语、书面语言缓慢地进化，人类对于自己的行为、认知、和认知的认知（可以称为抽象）迈入新的世界，语言的产生是人类认知能力的提升的产物，而不是相反。这样语言作为认知能力既是语言产生的源泉，也是人类心理能力革命的摇篮，这与乔姆斯基的语言学就有一定的联系。

第二节　语言符号标准时期

一、书面符号时期

在认知科学、人类学或认知体质学来看，人类应该有一个言语或者说口语发达的时期。这个时期应该是从40万年前到4万年前这段时间，根据美国学者布莱恩·费根引用的人类体质学研究结果，人类约在38万年前，人类的言语声带系统达到现代人的体质标准，这样，我们将在这30万年的时期就是属于言语标准时期，仅从年代对照，北京人晚期和尼安德特人都处在这个时代，尤其是尼安德特人，当然还有智人。令人不解的是尼安德特人的出现、消失几乎和这个时代完全吻合。

在考古学上很多考古结果显示尼安德特人成就依然是惊人的。第一，尼安德特人使用各种材料的工具，如木器、皮革、骨器等包括石器在内的工具，学

---

① ［美］大卫·克里斯提安：《大历史导论》，晏可佳等译，上海：上海社会科学院出版社，2007年，第191页。

者们眼中的尼安德特人的工具简陋;第二,尼安德特人也会使用火,使用火取暖、烹饪、防御等功能;第三,可以利用和改造天然洞穴等作为居住地,营地的选择可以证明尼安德特人已经具备对自然等因素的认知尺度加以有效的利用和运算的能力。第四,语言能力,就尼安德特人的脑容量而言,尼安德特人应该是具有一定程度的言语或其他交流能力,一些学者认为尼安德特人具备一定程度的思维能力,到目前为止,没有发现尼安德特人关于语言等认知能力的表现形式。对于标准而言,尼安德特人的认知尺度还处在早期的言语标准时期。也可以这样说,尼安德特人在即将跨入书面语言的前夕消失在无尽的历史暗夜之中。

语言的出现将人类认知带入一个新时代。语言的出现使得人类的认知能力发生革命性的变化,由于语言,我们可以将认知能力超越感觉认知的桎梏,作为认知科学我们还要这样评价语言,由于语言的出现使得我们开始认知感觉所不能到达的领域、可以描述、认知我们人类本身的意思或精神,同时,语言也有语言的限制,记得量子物理学家玻尔曾经对语言在认知微观物理世界的贫乏表示无奈。而且,伴随着语言认知能力的另一个方面就是计算能力,将人类的认知能力中的计算能力有了大幅度的提升,语言的出现使得人类的精神、神经、身体特别是行为发生革命性的转变。进化出的语言使得人类有可能除了利用感觉之外的语言作为认知的手段,这一点十分关键,认知科学往往喜欢用表征和计算来形容认知的功能,实际上对于标准而言,语言的认知范式之一就是标准,标准不仅仅是一种表征和计算,还是人类面向未知世界的认知形式。

有一个问题对于标准无法回避。那就是标准是认知的尺度或者规范,语言的出现就意味着标准的寿终正寝,由于语言的出现,人类不再需要标准这个古老的认知尺度,标准可以消失语言认知的世界中或方法中。看来历史不是这样演绎的,历史上标准的第一个高峰期就发生在语言时期,语言和标准所面对的对象或认知的功能是不一样的,这个问题我们将在以后予以讨论。

语言的产生是一个复杂的过程。我们先叙述语言符号的出现:"但是符号思维相当微妙。只有将类比和索引这两种表述方式置于背景里面,而心智的其余部分则将相关的概念本质提炼成为某种符号形式,符号思维才得以实现。迪肯认为,'发现符号的困难之处就在于把注意力从具体转到抽象,从毫无关系的记号与对象之间的索引式关联转化为记号之间的有机联系。为了产生记号——记号联系的逻辑,高度的冗余是至关重要的'(第402页;散见于第3章)。这一智力程序需要大量的计算能力。迪肯的论证清楚描画出了符号思维在成为可能之前所需克服的障碍有多大,而这有助于解释为何符号表述模式显然仅限于脑量甚大的人类。然而,光有大的脑量还不够。符号语言还需要许多其他的智力与生理机能,包括迅速制造和处理符号的手势或声音,以及理解有别人发出的一系列快速的语言符号。在相对较短的数百万年时间中,迪肯的回答是,它们通过一个联合进化的过程而出现,在这过程中,人亚科原在进化中不断从符号交流的初级形式中获益,同时语言本身也在进化,以不断增加的精致和准确而与人亚科原人大脑的不断变化的能力与特性相适应。"① 不错,这样的假设是我们理解语言进化的路径之一。在标准学看来,语言的形成难道不能用标准的过程来说明?从符号、语音、语言规则等无一不能用标准来形容这个复杂的过程,尤其是字母文字很能说明这个问题。学者们将注意力集中于工具或语言的外部,在标准学看来,语言就是一个标准的过程,看看克里斯蒂安的描写,没有标准的过程语言如何形成?克里斯蒂安认为:"形成符号语言的最初几步可能包括手势和语音的结合。在实验条件下,尽管黑猩猩使用象征符号的能力十分有限,但它们能够学会象征性地使用示意动作,而南方古猿在语言方面可能和现代的黑猩猩具备同等的能力。不过即使能够观察到南方古猿彼此交流的情形,我们可能依然无法确定这是不是真正的'语言'。迪肯解释道:至少可以说,最早的符号系统几乎肯定不是成熟语言。如果今天遇到它们,我们甚至不会承认它们是语言,虽然我们会承认它们和其他物种的交流方式之间存在显著差异。最早的语言形式很可能缺乏我们认为现代语言所具备的那种效率和灵活性……最早的符号学习者可能仍然像现代猿猴那样,通过呼叫表现的行为模式来进行大多数的社会交流。符号交流很可能只占社会交流的很少一部分。(第378页)如果这一重构是正确的,则表明南方古猿具备了生活在一个符号王国中的有限能力,则这种能力可能使它们产生了一定程度的抽象思维,甚至也许还有一定程度的自我意识。然而,一般来说我们应该认为,南方古猿像其他有大脑的动物一样,生活在一个受到此刻当下的感觉所支配的经验世界里,而不像现代人那样生活在精神世界里,在精神世界里,我们能够经常猜想不属于现在的情境,包括过

---

① [美]大卫·克里斯提安:《大历史导论》,晏可佳等译,上海:上海社会科学院出版社,2007年,第193页。

去与未来。"① 这样标准的另一个主要功能显现出来——认知的尺度与规范。

二、语言与标准的关系

在我们进入语言标准时代，实际上暗含着一种逻辑，语言的出现可能会是标准丧失其认知尺度的合理性，有的甚至断言，就史前史演进而言，标准绝非语言符号的产物，这一点毫无疑问，最早的奥杜威石器可以追溯到320万年以前，而语言符号最早出现的时间最长估测时间不过200万年，按照人类体质学的研究人类开始试着用符号表征自己的认知，大约只有100万年。由于语言不能像旧石器一样有化石资料存在而供人们研究，为什么我们不能将语言演化的过程看作标准的过程？这个标准的过程应该由以下程序组成：符号表征对象，关系就是固定，各人认知的固定、氏族认知的固定。按照本书的逻辑，语言和旧石器工具一样也有一个标准的过程，所不同的是旧石器时代的工具。可以这样说，语言依旧需要标准这个认知的尺度、这个存在的尺度，这个认知的规范、这个社会存在的规范。

人们在什么时候的符号创造能力趋于完善，美国文化学者哈维兰认为："法国洛塞尔的维纳斯。这个小雕像是在1万多年前最后一个冰川期制作的，在这一时期，人类创造符号的能力已经完善了。人类演化的主要特点，就在于人类日益增长的借助文化媒介的调适能力。"② 本书也采信这个观点，语言不应视为就是一种交流的工具，在认知科学和标准学来看，语言是人类认知的一种方式，语言使得人类进入一个革命性的领域，如同乔姆斯基将语言作为人类认知的心理一样。

古埃及文字，苏美尔楔形文字，中国的甲骨文、金文等几乎都属于这个时期。我们不难发现这个时期与新石器时代高度地吻合，认知能力的构建和符号认知功能完善，标准这个阶段获得高速发展，统一的度量衡、基础设施、宏大的国家、社会工程、成熟的语言文字体系，标准从感觉个人水平上升到社会、国家层面。人们总在说罗马城不是一天建成的，用标准形容罗马城是一米一米

---

① [美]大卫·克里斯提安：《大历史导论》，晏可佳等译，上海：上海社会科学院出版社，2007年，第195页。
② [美]哈维兰：《文化人类学》，瞿铁鹏等译，上海：上海社会科学院出版社，2005年，第60页。

建成的。

语言在认知事物是需要一种规范和尺度。前面说过,语言的出现似乎意味着标准或认知尺度的终结,因为,巴别塔给我们这样的启示:假如有了统一的语言,人类的行为无疑也会统一,这样就没有什么能够阻挡人类建设通向天堂之路。事实上,认知的尺度并不等于语言,语言让我们进入一个崭新的时代,我们的世界更加广阔、我们的行为有了更多的选择和延伸、组合,而这些则需要更加精确的尺度,认知行为需要、我们认知的世界需要,还有一个核心的问题,我们的运演(皮亚杰的术语)、认知科学的计算离不开尺度,没有尺度也就无所谓计算。从历史看,无论是早期的细石器时代和国家或轴心时代,都是标准的第一个黄金时代,初级的标准体系开始建立并完成,最早的标准体系开始于公元前4000年,以后的古代埃及、巴比伦、希腊等都以法律的形式颁布的各个王朝的初级标准体制,我国的秦王朝的伟大成就之一就是统一度量衡、统一文字。这就是说,符号标准时期不是标准的结束而是一次新的开始。

三、早期书面语言标准时期

这里所说符号语言标准时期是指从法国南部岩画到苏美尔书写语言出现这一段时期。这个阶段可以界定为人类最早的书面表征形式,这个书面也是一种形容而非书面语言形式,这样,考古学上将最早的图画等反映人类思维的历史,书面表征形式可以推演到3.5万年前,而系统文字,苏美尔文字则只有5600年左右的历史,与我国的殷商时期比肩,我国的汉字等与之相差无几。准确地说这一时段是符号或者说以书面文字为媒介体现出来的符号标准,开始了标准的里程碑,这时标准的社会性开始迸发,标准的生命力又一次涌现。一方面,由于标准范式的大规模使用,没有统一的标准共识,就搭建不起一个伟大的国家、昌盛的文明。我们回顾一下中国的夏商周金文、古罗马、汉谟拉比法典、埃及的草书、楔形文字等认知成就,文字是构成伟大文明基本要素。另一方面,文字的出现又一次将标准置于退出历史舞台的境地,因为标准和文字一样在表征方面都属于外部表征,标准完全可以因为语言符号的出现而退出历史。

符号的出现对于标准而言,兴奋和恐惧一样摆在标准的面前,一是符号为标准提供全新的表征手段,使得标准有了全新的世界去尺度化所认知的符号世界;另一方面符号的出现意味着标准的历史使命的完成。如果说在感觉标准时代，我们用标准作为人类认知的唯一的外部表征是必须的，那么到了符号标准时代，符号的出现从形式上就意味着人类已经有外部表征方式来认知世界，这样标准岂不是成为一种多余？我们可以通过符号将人类的情感、思想、世界表征出来而无须标准的介入，一句话，标准可以寿终正寝了。对于语言学和符号学来说，可能标准过于渺小而无人问津。符号标准时代也是标准大发展的辉煌时代，从最早的匠人打制的工具、从北京猿人遗迹庞大的生活群落和生活场地，标准已经成为人类认知、协作、合作、集体行为的必不可少的手段或范式。

标准是自我意识创生的产物，也是开始规制思维本身。设想一下，一个匠人如何打制他那简陋的工具，在我们的史前史研究中，似乎我们的先祖在某一天早上突然拿起一块砾石打制起来，接着完整的工具就产生了，匠人们打制的工具在猿人手中大都还是一块石头。在匠人的工作过程中，认知是唯一的，它不仅要和劳动在一起，也要和劳动的场景结合在一起，还要和有限的符号和言语表情结合在一起，最为关键的是，要和自我意识在一起，自我意识在这里发挥着创造性的作用，自我意识将工具的重量、质量、长度、角度等尺度用符号结合在一起，还有那些被我们忽视的，比如不在简陋的工具上体现的如距离、时间、温度等。当然在言语符号的初期完全排斥感觉标准是极端错误的，一个工具不是一个简单的器物，而是人类自我意识和认知的集合体，很多时候是集体认知的集合，这时的标准就是远古的计算器，简单的符号使得人们可以将尺度性的东西进行计算，这里的计算就是心理学上的记忆力、想象力、推理能力等认知能力的运演。

在这段历史中应该有一段文字、书面语言、发音等不断发展和完善的过程，这个时期从3.5万年前到苏美尔文字的出现，世界的文明地纷纷加入亚斯贝斯所定义的轴心期，由于这个时期国家尚在形成壮大过程中，以国家为中心历史舞台对这段历史的展示无疑少了许多，大多数将这段历史划为史前史或考古学。无形之中将这一段灿烂的时代和现代历史隔离开来，这一段历史变得更为遥远，我们只能从神话、传说中了解这段波澜壮阔的史前文字历史。

这一段历史是辉煌而伟大的承前启后的时代。用现代语言可以将这一段历史说这是一段激情燃烧的岁月。语言开始成熟、书写开始规范、氏族开始向村庄、部落过渡，建筑物、工具、技术、早期科学、数学、化学、计量、冶炼等开始出现。农业、手工业、养殖业、畜牧业、渔业开始成为人们稳定的生存来源。人们之间的各种社会关系开始形成，社会逐步开始向国家过渡，伦理道德形成壮大开始向法律演变、宗教同样也开始处于鼎盛前的躁动时期。

　　这个时代人类认知标准化过程极为明显，人类迎来标准认知的第一个高峰期。这是一个文化爆炸的时代。这个时期虽然传统历史冠之为史前史，或新石器时代，就认知和人类学而言，人类进入以符号为主要认知范式的时代。莫斯特文化的出现与结束。工具器皿已经达到相当工艺水平，人们可以根据实际需要打制任何形式需要的工具。美国学者兰德尔·怀特这样形容这个时代的主要特点："兰德尔·怀特在1982年提出，欧洲在冰期晚期发生的显著变化，其他地方也反映出许多这样的变化：在距今3.5万年之后人口密度呈增大的趋势，更呈有规律的社会性聚集。在科学且准确记录的时空背景中，石器风格的变化更多。可能这种变化反映了不同的领地或者社会边界。更强调骨角器的制造。如上，这些工具展示出风格的变化，可能有社会意义。倾向于捕获长角的、四季均可捕获的兽群，这在高纬度地域尤其典型。作为族群的个人身份标识的个人装饰物越来越重要。从遥远的资源产地获取原材料，其方式包括和其他族群合作的、有组织的交换。"① 在世界范围内，在欧洲石器、骨器、木器等器物高度的发达，这里特别要说明的是这个时代是艺术产生和出现的时代，换句话，人类的认知和思想开始越来越细腻地表现出来，人类的控制能力也在不断提高。不同时代的石器等出现明显差异："1972年，亚历山大·马斯哈克对便携的艺术进行了详细的微观图像学研究，提出许多视觉形式与生态和季节有关。除了关注自然主义风格的动物图像，他还研究了上百件非自然主义的器物，研究了它们的线条、刻痕、点以及组成符号到的类型。在某些器物上，符号是在不同时间用不同的工具制成的。马斯哈克相信，这些被他称为'时间工厂'的东西，把事件和现象的发生用顺序性的符号表示出来，是历法的前身。玛格林德文化和更早的符号都仅是让雕刻者本人阅读的，即使这些人偶尔会向他人解释它们的含义。要规划这样一个系统，需要有比那些发源于该时代的当今狩猎社会先进得多的思维和理论抽象能力。"② 认知的尺度开始通过另一种形式的文字展示

---

① ［美］布赖恩·费根：《地球人——世界史前史导论》，方辉译，济南：山东画报出版社，2014年，第122页。
② ［美］布赖恩·费根：《地球人——世界史前史导论》，方辉译，济南：山东画报出版社，2014年，第131页。

出来。

就是这个新旧石器交替的时候，文明的火花蓬蓬勃勃闪烁在世界几乎所有的地方，在欧洲、远东、西伯利亚、东南亚、美洲、大洋洲，等等。细石叶、双面器技术成为这个时代的主要特征，各种工具、组合工具已经成为人类不可缺少的手段，而且加工手段或方法也是日新月异，在欧洲的主要发明有：其一，打击石片的运用也就是碰砧法、摔击法、锤击法、间接打片法、砸击法的广泛运用；其二，复合工具的大量加工和使用，典型的工具就是弓箭的使用和制造。制造工具的材料的多样性。人类开始为迈进金属时代储备技术、材料尤其是认知和尺度的准备。

在我国存在着的比较著名有山顶洞人、柳江人、资阳人、穿洞人等；到了旧石器时代中期，这些地区打制石器的技术开始演化。"从各个地点的石核和石片的打制技术看，锤击法是普遍采用的，碰砧法最不见于各个地点，但是在有的地点和锤击法一样普遍使用；砸击法只是在个别地点出现，和锤击法相比，显得不甚重要；利用木棒或骨棒打片的技术，也只是在个别地点出现；修理台面的技术在一些地点可以见到，虽然这种技术在旧石器时代早期已经出现，但是早期的明显程度远远不如中期的。"① 这个时代的标准有旧石器时代简单的东西过渡到石器加工方法上来，石器制造的所有方法几乎在这个时代都可以找到，这个时代的人们对于认知的尺度、行为的尺度、材料的尺度，以及评价工具等的实际作用的尺度方面都有了跨越式进步，这种跨越是由言语推动的。这个时候的标准或认知尺度由知觉、言语、行为、实物组成。

布莱恩·费根是这样总结这个时代的："在公元前3.5万年—公元前8000年之间，法国西南部和西班牙北部的岩厦和洞穴中保存了某些迄今为止所见到过的最精巧的狩猎——采集者文化。这些洞穴内有人类的遗存，他们在外形上是现代人，粗壮、高大，脸庞窄小，前额突起，还带有少许尼安德特人的原始特征。法国洞穴中旧石器时代晚期最早的文化层刚好处于莫斯特文化层上面。尼安德特人化石就是在莫斯特文化层里发现的。随着智人的出现，建立在石片技术基础上的新的工具组合也流行起来，而且工具类型的剧增使非专业人员大惑不解。表5.1说明这一阶段技术在哪些地方适应了总的发展。这个问题不可

---

① 吴汝康等：《中国远古人类》，北京：科学出版社，1989年，第218页。

避免地引起了争论，因为围绕着不同的技术变化（如莫斯特遗物那种技术变化）同样也是众说纷纭的：不同的工具传统、变化中的技术、演进中的文化是不同民族的真实反映呢，或是不同的专门活动的反映？没有人确切知道。"① 在认知科学下的标准学视野中，这不是一个迷惑不解的问题，这是人类认知尤其是较为成熟的认知尺度表现，这个认知尺度发生在言语认知世界的媒介之中，在这样的人类认知状态中，认知能力和尺度主导下，技术和进步精彩纷呈，转化迅速是必然的，用认知科学和认知尺度标准打开的历史画卷，这些疑惑会消解的。

第三节　国家、语言符号标准时期

一、国家、语言符号标准时期

人类的认知能力不断提高，尤其是符号认知能力的完善，终于使得人类进入符号阶段的黄金阶段——国家标准时期。

这个时期也是标准的第一个黄金时期。这个时期最为显著的特点在于，在标准学看来，就是对于人类认知能力的标准化过程，语言的标准化和体系化，度量衡、文字、历法等高度的标准化，这一切最终的实现是通过国家法律实现，由于标准的大规模使用，人不再是巴别塔下的蚂蚁，而是辉煌工程的设计与建造者，顺便插一句，如果在这里我们说标准是一种语言，没有人不会接受的。人类能够在相对规范的认知能力进行生产、生活和大型国家社会工作，人类认知能力在标准化的推动下空前发展。我们把这个时代称为书面语言时代，实际上这个时代的书面形式有以下载体实现：泥版、草纸、金属、陶器等，最终我们开启了纸质文字时代。

符号在这里是指由言语、语言、符号、图画等能够反映人类认知的表征形式。符号和认知科学有着天然的联系，但是随着符号学的崛起，一些符号学者构建自己的符号学体系，而很少顾及认知科学的理论，如现在的比较流行的符号学著作中，很难找到认知科学理论的影子，这不能不说是一种遗憾。在认知

---

① ［美］布赖恩·费根：《地球上的人们——世界史前史导论》，云南民族学院历史系民族学教研室译，北京：文物出版社，1991年，第169页。

科学领域，认知就是表征和计算，感觉、语言或符号以及知识等作为认知的形式一直是认知科学的核心内容，这样，符号和语言一样也是一种表征，所不同的是语言的外延和符号的外延差距较大，事实上，认知科学和符号有着无法割舍的天然联系，如果我们将符号学视为和语言学一样的学科，毫无疑问，符号学就是认知科学的一个组成部分，这样，有的学者将符号学视为认知科学不无道理，美国心理学家霍思顿等人提出了"认知是心理上的符号运算"的观点，从认知科学而言，认知就是一种符号行为，是人们获取知识的符号操作，是符号产生的最充足的理由。如果没有认知的需要，就不会有符号的产生。所以美国符号学家西比奥克说：符号学的另一名称即认知科学，我确信如此。认知作为一种符号行为，它只发生在人这一符号主体身上。如果这样逻辑成立的话，对于标准这样逻辑应该是：标准学的就是认知科学，标准学反映出人类认知的基本脉络。

遗憾的是这种观点没有贯穿于符号学的全部。所以在符号学中的符号意义就比较复杂，符号学20世纪80年代末期的一个即将绽放的新学科，至今还能看到符号学的光彩。在符号学创始人之一罗兰·巴尔特视野中，符号意味着："在索绪尔否认的术语系统中，所指与能指是符号的组成部分。然而，符号（signe）一词，由于在截然不同的词汇系统（从神学到医学）中都有所出现并有着悠久的历史（从《福音书》到控制论），反倒变得模糊不清。因而，在谈到索绪尔对它的理解之前，应该先谈一下它的概念场，而正如我们将要看到的那样，它在其中所占据的位置是漂浮不定的，事实上，符号一词，随作者们的意愿而被置于一系列既相似又相异的词项之中：信号、征象、像符、象征及寓象等，它们是符号一词的主要竞争对手。"① 这个符号概念说得比较含混，实际上也反映出不同符号学理论的张力。黄晓明教授的《符号与符号学》一书中的符号含义更加明确："'符号'一词渊源已久，然而它的含义却一直含混不清，甚至在经典作家那里也往往有不同的理解。古代希腊，符号就是征兆。公元前5—4世纪，古希腊医学家希波克拉底把病人的'症候'看作符号，世称'符号学之父'。……此后，基督教思想家奥古斯丁给了一个一般性的解释：'符号是这样一种东西，它使我们想到在这个东西加诸感觉印象之外的某种东西。'意思

---

① [法]罗兰·巴尔特：《符号学原理》，王东亮等译，北京：生活·读书·新知三联书店，1999年，第25页。

是说，符号是代表某一事物的另一事物，它既是物质对象，也是心理效果。奥古斯丁的符号观，直接影响了现代符号学的两位奠基人——索绪尔和皮尔斯的符号学思想。"[1] 在认知科学中，符号就是一种表征、一种认知能力的表征。也许以下的语言有些过分：符号学的研究已经有半个多世纪，当然这里指的是现代符号学，而没有取得突破性的成就，甚至开始式微，客观地说，符号学的成就远比标准学大得多，突出得多，然而，不如意之处很多，本书以为符号学最大的缺陷就是没有一种理论支撑，尤其是认知科学的指导。不能不说是一种遗憾。虽然也有冠之以认知科学一词，有的将认知神经学等学科引入自己的研究领域，不得不说的是，认知科学是这个学科的灵魂。

　　文字的出现也是一个漫长的过程，如果按照本书的观点，从表情为起点到言语、肢体语言、到文字语言符号大概花费人类约100万年的时间，而从实物文字、象形文字到书面文字大概花费至少10万年以上的时间，这个时期跨越新旧石器时代，在认知科学和标准学看来，新旧石器时代划分的意义不大，但是，相对于推测和理论推演相比，新旧石器的划分特殊的价值意义就彰显出来。只有石器可以将认知能力和水平表征出来。

　　这个时代就是亚斯贝斯定义的轴心时代，伴随着符号文字认知媒介的出现和完善，四大文明形成的时期，主要宗教形成的时候，也是强大帝国出世的时代，每一个强大的帝国都有比较统一认知能力、认知行为的法律，法律终于和标准结合在一起；从这样一个历史过程看出，现代标准制度的合理性，标准不是法律，法律也不是标准，它们的结合有着其他方面的意义，罗马帝国的度量衡、古代埃及历法的技术如金字塔的建设。还有就是我们熟悉的秦帝国的崛起，历史上的秦帝国的文治武功中一项就是统一文字、统一度量衡，反过来说，统一的认知尺度成就伟大的帝国。以及深刻影响中国农业发展的二十四节气，为中华中原地区农业发展管理奠定认知的标准和规则以及尺度。

　　我们在为很多伟大的古代工程的鬼斧神工而煞费苦心设计科学和技术依据的时候，实际上认知尺度、标准是撑起这块神奇工程的唯一"科学技术"，标准是认知对于自然界认知的表征，标准是人类认知自己行为的表征。所有这些强大的帝国在统一了国家，也为帝国认知提供认知的尺度标准的平台、人造物品

---

[1] 黄晓明：《符号与符号学》，（电子书）（出版社等不祥），第9页。

的平台，使得帝国的认知体现在认知、设施、合作、战争等得以体现，标准成为一个国家的纽带、锁链。

二、金属标准时代

这个时代的另一个伟大成就——符号使得我们进入金属时代。金属时代是人类演化史最为重要的阶段。这里所指的金属时代是指青铜、铁器等金属时代，这个时代和语言时代重合在一起，就材料而言，金属时代使人们从自然材料过渡到人工材料；炼制和雕刻等代替了磨制的过程，人们对于火掌握也进入新的时代——温度控制，人们对于火的温度控制有了一个新的世界；人们对于新的东西的认知开始了，硬度、角度、精确的重量、比重等，这是一个知觉认知已经无法完成的行为和工作，没有语言的出现和支撑也就为所谓金属时代，可能很多人没有注意到语言和金属的天然关系。从认知科学和标准学看来，那个像作坊一样简陋的炼铁和炼铜的炉膛就是人类最早的科学实验室，现代科学开始于炼铁炉绝非虚言，人们对于原材料、燃料、温度、燃烧过程、加工、空气等有了尺度上的认知，认知运演开始。而这一切如果离开语言文字的支撑，记录、记忆、交流、表征、计算等这些基本的认知能力，没有语言这种技术、认知、社会现象很难维系，只有语言和言语的出现才可能是人类达到这样的认知和行为的深度。只有标准的使用才使得人类的认知变成可以测量、可感觉到的东西，很想这样说，标准是最早的科学的摇篮。

这个故事开始于 1 万年前，首先开始是青铜时代。目前考古成就显示，两河流域开启了冶炼自然铜的历史，这是人类首次开始利用自然铜矿石进行开发和利用，人类利用自然铜矿加工工具，金属工具和石器工具对于当时的人们来说，意义可能是现代人无法感知的，我们现在只能用科学、数据来形容，对于古代人，它们的认知来源于知觉认知，他们对钢铁的产生及其用途使我们不能完全理解的。约公元前 7000 年出现人工炼铜技术，随后青铜技术开始向世界各个地区扩展。

从此以降，金属的炼制、加工传遍世界各国地区。中国的青铜器无论技术、工艺都达到最辉煌的时代，青铜器也是这个时代最为典型的生产工具和技术工艺。青铜时代人类对于燃烧、燃烧的材料、空气，尤为重要的是温度的控制，这些标准尺度的构建，需要较为精确的尺度来完成，很可惜这些技艺没有上升到科学认知的时代。严重地制约这些技艺的发展,如以金属冶炼为例,我们掌握炉温的标准依然是言语和感觉,根据炉火的颜色经验控制炉温。

随之而来的则是铁器和钢的出现,铁器、钢的出现标志着人类对于自然界、材料的认知进入精确、分子、温度控制的前时代,我们经常谈及铁时代的光辉灿烂,实际上在认知科学和标准学看来,这些时代人类的认知,以符号文字为媒介和认知能力的认知水平已经达到极限。

三、规范语言的出现

符号语言标准的结束曲应该是伴随着现代主要语言的形成。公元前221年秦帝国统一了中国的语言文字,两河流域的语言、拉丁语、古希腊语等一直到现代语言已经趋于成熟,大的语言体系(语系)已经形成,一些现代有影响的语言都已经出现,如日语、阿拉伯语、英语、法语、印度语等现代语言。语言学也开始从哲学中脱颖而出成为单独的学科。语言是什么?在语言学家的概念中并不复杂,著名语言学家索绪尔认为:"但是在主要论点上,我们觉得这位美国语言学家是对的:语言是一种约定俗成的东西,人们同意使用什么是符号,这符合是无关轻重的。"① 语言在认知科学中的理解不尽相同,在语言学家中以及在认知科学中都有很大的差异,埃克尔斯认为:"格施温德提出,正是这一脑区经进化演变而具有赋名功能,并最终发展成为语言功能。托伊贝尔(Teuber,1967,p.209)做了以下有关的评论,'语言……是在人的心里……表征不在眼前的事物的一种手段……语言在很大程度上将我们从感觉的束缚中解放出来……语言使我们能对汇合不同感觉通路信息形成的感念进行存取。这些概念因而是多感觉的和超感觉的。但大脑如何能完成这样的功能仍然是个谜。'"② 看来语言的表征能力是毋庸置疑的,而且感觉在这里包含着一个和数个感觉以及综合感觉的认知能力。必须说明的是,这时的感觉在语言的引导下也不在仅仅是当下的反应或认知,而是依照语言的支持超越感觉本身的限制,如我们可以用我们感觉感受明天的时光、回到家乡的、见到渴望见到的人的感受,语言中的思念就是这种情况的描写。语言尤其是到了亚斯贝斯的轴心时代,语言已

---

① [瑞士]索绪尔:《普通语言学教程》,高明凯译,北京:商务印书馆,1980年,第31页。

② [澳]埃克尔斯:《脑的进化》,潘泓译,上海:上海教育出版社,2007年,第98页。

经形成发达的认知系统，伟大的思想家层出不穷，语言几乎接近完善，其他的学科符号系统也有了一定水平的发展。语言为标准的提供了无与伦比的世界和领域，而标准也为人类的认知能力奠定更加坚实的基础，科学、数学、行为、思想等在标准推动下开始出现。标准也和感觉一样在语言的支持下，开始对不存在的事物标准化，或将人类的思维向无限的领域延伸，在标准学看来，这种将人类最早感觉向前推进的能力，与其说语言这种能力最早应该来自标准而不是其本身。在人类学家推测匠人、智人、直立人的能力时，都认为这些先祖都有语言、计划等能力，在标准学看来，人类到底有无这样的能力最好留给考古或人类学，就目前，为什么不能把这种计划、想象能力归结为感觉尺度的感觉上重复，就像我们用手测量一段尺度一样。我们用感觉中一天去衡量一年或更长的时间。我们需要一种规制、表征语言认知的尺度，标准依然是这个时代的宠儿。

符号就意味着人类的认知已经开始超越感觉认知的范畴，人类的思维也不仅仅局限感觉世界，而是在时间上、空间上以及内容上产生革命性的突破，特别需要强调的是，感觉以及感觉标准并没有因此而失去认知能力，而是像语言一样将认知跨越感觉本身的桎梏，感觉标准还在测量着人类认知的数量，就像电影中的蒙太奇一样，人类认知能力进入新时代，这个时代在很多理论中都标志着人类进入一个文明时代。在认知科学中，很少使用符号一词，更多地使用文字、语言、知识等，不管如何称谓，就是将符号延伸到文化图腾等，依然是一种表征而已。

语言符号在这里与语言学的语言含义是一致的，在这一时期，语言完全系统化成熟，如中国的汉语等，但是语言是一种体系不是与认知对象一一对应的表征，而是一种语言系统对另外一种认知对象的表征和理解。相较于语言，或许受到现代物理学方法论的启发，符号学也在寻求符号的物理学范式的理论，因此，符号在符号学上的概念远比认知科学上的复杂得多："符号的作用则完全不同，它不是变化的直接产物。它永远需要借助媒介，没有'打和被打'那么直截了当。即使当指号过程中有二价动态性的参与永远如此，尽管程度有所不同，符号本身的间接性也会造就符号作用的超然和空灵的特质，也就是皮尔斯用不可省约的三价性正确地概括的特质。符号不仅代现一个自身以外的东西，而且是为某一三价项这样做的；虽然这两种关系，符号与所指符号与诠释项也许可以分别看待，可是如果这样做，那就不是一个符号的问题了：一个是因与果的问题，另一个是对象与认知主体的问题。"① 在认知科学看来，符号学这样的努力几乎是徒劳的，认知能力即人的表征和计算能力也在不断地变化，一个时代、一个地区、一代人，甚至每个人（现代最新）对于他所认知的世界的表征都不同。

四、符号、标准对于人类进化的贡献

我们在文章中很少提到脑容量的问题。人类学上，将人类大脑的容量就像衡量人类进化程度的标尺，而大脑容量的增加不是简单的重量的增加还应该与人类进化相一致的大脑表征和计算能力的巨大增加，这方面，达尔文的结论非常有启迪意义，达尔文指出："谁也不怀疑，心理能力，对自然状态的动物来说，是至关重要的东西。因此，通过自然选择，它们有着向前发展的种种有利条件。同样的结论可以延伸而适用到人；对于人，即使在很荒远的古代，这些能力是万分重要的，具备了它们，人才能发明和使用语言和使用语言，才能制作武器、工具、圈套等，而通过了这些，又加上他在社会习性方面所得到的协助，人才在很久以来在一切生物之中，成为最能主宰的力量。一旦半属艺术、半属本能的语言开始通用之后，理智的发展就跨进了一大步，因为语言的持续使用会影响大脑发生反应而产生一番遗传的影响，而这又转而反映到语言的使用，是逐步趋于完善。像腊埃特先生曾经很好地说过的那样，人的大脑，无论和他自己的躯干相对来说，或者和低于他的动物相比较来说，是特别大的，其主要的原因可以归结到各种简单形式的语言的使用——语言是座奇异的机器，会在各种各类的事物和品质上粘贴不同的符号，从而激发仅仅是感官所得的诸般印象所永远不能引起的一连串一连串的思想，或即使引起一些，也是些有头无尾，无法追踪下去的活动。人的一些较高的理智能力，诸如推理、抽象、自觉等的能力有可能是从其他的一些心理能力不断地改进与练习而发展起来的。"② 这样，人类文明的能力开始从大脑、大脑皮层启动，与此同时，完善和

---

① [英] 约翰·迪利：《符号学基础》（第六版），张建组译，北京：中国人民大学出版社，第51页。
② [英] 达尔文：《人类的由来》，潘光旦等译，北京：北商务印书馆，1997年，第926页。

启动同时开始,相互推动。语言已经深入到人类抽象和社会关系中,语言成为人类认知的主要形式之一,是认知事物、自然界、社会关系以及认知的认知。语言也成为人类社会关系制定、设置和形成的主要媒介。达尔文还指出语言的另外一个特点:"还有不相同的一层是,他有能力用语言来表达他的欲望,语言就这样地成为所责成于他而他所能提供的助力的导引。人所由为他的同类提供协助的动机也有变化而不是一成不变的,它不再单单有一个盲目的本能性的冲动所构成,而是多方面地可以被他的同类的称赞或责怪所影响。"[1] 有学者对于符号有着不太相同的观点,如美国学者约翰·迪力在其著作《符号学基础》一书中专门区分了标准的种类,他指出:"词语承载着人类理解力的历史。我们虽然发明了词语,却从未做到完全控制'词语的含义'或'意指'。因为一个词一经某人首次提出,随即不是成为无人理会的过眼烟云,就是被接受和应用。然而应用的方式永远取决于语境,而语境总是不断变化的,因此,我们必须把设定的符号和惯用的符号区别开来。前者是只有人类语言沟通才有的,而且这种沟通活动的出发点,是人类所特有的现象;后者是设定好的符号经过设定的词语经过语言群体的运用所变成的东西或迟或早,然而不可避免。经过设定的词语是象征性符号;正如查尔斯·桑德斯·皮尔斯观察到的,在使用过程中'象征会生长',而且不可避免。"[2] 这就是符号学对于符号的定义和描述。

人类进化到了大约100万年的时期,人类开始走向言语时代,以声音、手势、表情为主要认知表征现实的时代,突出的特点就是,认知表征开始慢慢从感觉认知融合到更高的状态,而感觉认知不但没有因此被替代和消失,而是形成更加有效的认知水准。

符号另外一个更为重要的特点是,表征的逐渐开始具有社会性的特点。从种群的感觉认知升华到氏族、群体的状态,种群的生态、生物局限性得到根本的克服或超越,认知的时空大幅度提高,这时的认知不再是狭小种群的空间,而是延伸到更加宽阔深远社会的状态。

这里,最后我们不得不顺带提及的是数学即数学符号。首先,数学并没有

---

[1] [英]达尔文:《人类的由来》,潘光旦等译,北京:北商务印书馆,1997年,第927页。

[2] [美]约翰·迪利:《符号学基础》(第六版),张祖建译,北京:中国人民大学出版社,2012年,第六版作者序。

纳入认知科学的范围，这在逻辑对于数学是不公平的，认知科学的两个功能就是表征与计算，而作为计算的数学却被排斥在外，证明心理学家尤其是皮亚杰学派的心理学家大都将数学纳入认知科学的领域，这样无论对于认知科学还是数学都是极为有益的，作为一门成熟的科学，数学还是极为符号特点的学科，正如我国学者许品方等认为："数学符号是数学科学专门使用的特殊符号，是一种含义高度概括、形体高度浓缩的科学语言。具体地说，数学符号是产生于数学概念、演算、公式、命题、推理和逻辑关系等整个数学过程中，为使数学思维过程更加准确、概括、简明、直观和易于揭示数学对象的本质而形成的特殊的数学语言。"①数学是认知科学的组成部分，数学符号则是符号构建的最有价值的成就之一。

五、符号标准时代的结束

符号标准时代结束于文艺复兴之前，在数学史上结束于牛顿的高等数学或微积分时代，物理学上结束于经典物理学的开始。应该说，符号标准时代的建构是深刻的，不仅体现在社会意义上还体现在生物学上，如语言的布罗卡区和韦尼克区等，语言不再是一种社会现象文化现象而是一种生物学和神经科学上的构建。在人类学家的研究中，语言产生，是一个复杂的问题，尤其是化石等于直立人时期，人类体质学特别关注大脑和发音器官的完善："直立人的脑容量更大，而且与语言能力密切相关的布罗卡区（Broca's area）发育良好。他们的声道已经具备更多的现代特征，很可能已经拥有了较好的表达能力。人类学家莱斯利·艾洛（Leslie Aiello）和罗宾·邓巴（Robin Dunbar）在1993年认为，至少在25万年前人类就已经获得了语言能力的基础。他们认为，语言最初是为了处理逐渐增加的复杂社会信息而出现的。随着人类群体的扩大，语言能力也在不断加强，但这种语言主要是用来表达社会关系的。我们今天所使用的那种可以交流一切行为范畴的语言，则是后来才出现的。"② 这些人类学家的观点与认知科学的观点大相径庭，认知科学认为，语言的基础就是人类的认知，语言是人类认知能力的表征，而布赖恩·费根将人类的认知能力仅仅局限于社会关系，很难让人相信，社会关系的复杂是由于人类认知能力（包括社会关系）。语

---

① 许品方等：《数学符号史》，北京：科学出版社，2010年，序言。
② ［美］布赖恩·费根：《地球人——世界史前史导论》，方辉译，济南：山东画报出版社，2014年，第91页。

言产生的具体过程:"苏联学者谢列勃连尼科夫在谈到语言和思维的关系时指出:'在给某一事物起名字之前,必须先认识你打算称呼的那个事物。但是,不进行思维,不具备一定经验,就不可能有什么认识。因此,语言中的每一个词产生之前都有与认识该事物联系的思维活动。'这是一条不容置辩的规律。"①语言来自社会关系有很大的市场,这也是卢梭和孔狄亚克等人的观点,语言出生于社会关系,实际上语言的交流作用在很大程度上影响着这个理论。而哲学家赫尔德则有相反的观点,这一点与认知科学的观点相同。赫尔德对语言起源于社会关系的观点有如下批评:"赫尔德认为,这种观点的错误在于:任何社会规约都以某种选择为前提,而选择本身无疑已是一种理性行为。由于语言的运用为理性行为所必需,语言当然是达成任何社会规约的先决条件,即便存在某种约定,那也只能是人与自身的心智的约定。显然,赫尔德无意从人的社会环境中寻索语言的起源,尽管他承认,语言始终是'社群的语言',他相信,即使没有社会,没有舌头,人也必须发明语言,因为语言源出于人的心智。"② 如果我们将'当人类还是动物的时候,就已经有语言了'的论点还是有不少的冲突之处。赫尔德将人类语言的动力归结到悟性。在赫尔德的构建中,悟性就是这样的、人具有的、独特的能力:"根据赫尔德的阐述,悟性有五个特征:1)它为人类所独有;2)它是一个整体;3)它的作用既有自发的,又是有意识的;4)它的基础是感觉;5)它是为语言而预先设计的。"③ 从认知科学来看,语言就是无数次认知的产物,不计其数的表征和计算过程;从标准的角度,语言就是内部标准固化、外部表征、智力的构建而成,语言是一种认知能力,赫尔德和乔姆斯基有相同之处,语言是人类固有的能力。人类学的教科书、史前史研究从来没有这样的发现,700万年前的古猿有这样的能力,250万年前的智人会说话,人类学的研究更具科学性,语言就是人类智能、生理器官不断演化的过程,而语言就是千万次标准的结果。这样的论点也不奇怪,一个最神奇的能力成为人类独有,除了依靠上帝再就是天赋了。这样的结论让经历千辛万苦进化到今天的人类无法释怀,难道这上千万年的历史。一个记号、一个指代、一个

---

① 张浩:《思维发生学:从动物思维到人的思维》,中国社会科学出版社,1994年,第147页。
② [德] J. G. 赫尔德:《论语言的起源》,姚小平译,北京:商务印书馆,2014年,序言。
③ [德] J. G. 赫尔德:《论语言的起源》,姚小平译,北京:商务印书馆,2014年,序言。

人的、少数人的、全氏族、国家的。国家的、重复、固定、组合。标准是人类认知的轮子，这个轮子装载着人类的认知滚动在进化的历史进程。

符号的局限和致命缺点，阿恩海姆说得很好且是借用黑格尔的语言："还有些绘画和雕塑，它们以程度不同的写实风格来描绘人物、物体和活动，但可以看出来，它们向人们呈示的价值并不在其表面形式。或者说，不在于被用来再现人类现实生活，而主要是作为一种传达概念的工具或媒介。当观赏者看到这些作品时，心中会产生一种捉摸不定的感情。这就是黑格尔在谈到古代东方艺术的符号性表现时所描绘的感情：'我们感到无所适从，茫然无知'。既然这种绘画不是描绘和解释人类的生活，观赏者在观看这种作品时就面临着判断出它的符号性含义的任务，"① 我们不否认符号对于认知这个世界的巨大作用，但是，符号不是实在存在的宇宙，不是人类及其认知能力构成的精神世界和社会关系，符号就是一种表征，而且符号所反映的世界尺度上并不强。对于符号还有一种比喻式的误解，也是一个家喻户晓的故事。

看看巴别塔的故事，这里将其作假设："起初天下只有一种语言，人们使用同一种话。他们在东方一带流浪的时候来到巴比伦平原在那里定居。他们彼此商量：'来吧！我们来建造一座城，城里要有塔，好来显扬我们自己的名，免得我们被分散到世界各地。'于是，耶和华下来，要看看这群人建造的塔和城。他说：'他们联合成一个民族，讲同一种话；但是这只是一个开始，以后他们可以为所欲为了。来吧！我们下去搅乱他们的语言，使他们彼此无法传达意思。'于是耶和华把他们分散到全世界；他们就停止造城的工程。因此这座城叫作巴别（就是'变乱'的意思，）因为耶和华在那地方搅乱了人类的语言，把他们分散到世界各地。"② 这个假说无疑也让标准消失得无影无踪，语言完全可以替代标准，或者说标准不过是一种语言、符号或文字。斩钉截铁的证据目前标准学还拿不出来，从历史上看，文字并没有阻碍标准的发展和存在。但是巴别塔给标准学一个很坏的例子，我们也可以反推之，即便是全世界的人都讲同一种语言，我们也不能建立一座通向天国的城和塔，语言不过是认知的一种范式，虽然语

---

① [美] 鲁道夫·阿恩海姆：《视觉思维》，滕守尧译，北京：光明日报出版社，1987年，第233页。
② [美] 史蒂芬·平克：《语言的本能——探索人类语言进化的奥秘》，洪兰译，汕头：汕头大学出版社，2004页，第251页。

言的认知能力远非感知能力可以媲美，在人类认知发展历史中，符号或语言也只是人类认知的一种方式而非全部。在标准学看来，没有标准，这样的城和塔绝不可能构建起来，因为没有认识的尺度，即便是有着共同的语言，回溯来看，即便是有了语言，我们还要有所谓的规范、认识的尺度，行为的什么，因为语言的认知是有节点有尺度的……

然而，很多人对于标准的重复性，尤其是科学家哲学家艺术家几乎都是嗤之以鼻，因而标准不是一种创造，"其实，在这样一个介于科学图表和艺术之间的朦胧领域中，以概念代替真实生活意象的危险永远存在着。许多所谓的讽喻（或寓言），只会歪曲符号的真正使用，因为它们总是通过某些标准化的套语或陈腐题材去阐明概念。概念性的标准形象会使想象力愈来愈贫乏，因而会导致大量过度理性的学说所造成的那种冰冷效果。在这种作品中，各种人物被披上概念（非完善的概念）的外衣，看上去就像裁缝店橱窗中陈列的假人。"① 在标准学和认知科学看来正是这些标准的重复性等特定使得人们可以理解对方，能够使得自己理解自己的长处之一。其二，这一个值得反复讨论的问题，标准的认知问题。

最后，我们要阐明的是，由于符号语言时代的开始，由于认知尺度的构建，人类社会进入了亚斯贝斯的轴心时代。

本章小结及结论

符号在这里是一个比较复杂的内容。本章的符号包括表情、肢体、手势、言语和语言，这一段时间从阿舍利技术的中晚期一直到轴心时期，这也是古代文明的黄金时期，也是标准发展的第一个时期，国家、法律给标准新的动力和范围。符号成为人类认知的最为重要媒介，语言学和人类学更多地强调语言的交流功能，而在认知科学和标准学视野，符号的最为突出的功能应该是它的认知功能。而在语言为我们人类开辟了新的认知世界，这个认知世界离不开认知的尺度标准。标准一直是人类认知的范式。

---

① ［美］鲁道夫·阿恩海姆：《视觉思维》，滕守尧译，北京：光明日报出版社，1987年，第234页。

第四章 科学标准时代

第一节 科学标准时期概述

一、科学标准时期

科学标准时期的含义,在本书中科学标准时期不是泛指一切科学及其成就的时期,是指从文艺复兴的14世纪到20世纪数字时代结束的约500年的历史,是特指文艺复兴时期产生出来的西方科学范式而产生出来以科学为主要认知范式的时代,其科学方式是亚里士多德时代的科学范式的继续,是由实验、数模、简约三要素组成的,以现代物理学方法论为特征的科学时期,是以科学家哥白尼、伽利略等以及哲学家罗吉尔·培根极力倡导的实验科学范式。或许数学家的语言更加清晰可见,当代数学家克莱因是这样论述:"近代科学成功的秘密,就在于科学活动中选择了一个新的目标。这个由伽利略提出、并为他的后继者们继续追求的新目标,就是寻找对科学现象进行独立于任何物理解释的定量的描述。如果把近代科学与以前的科学活动进行比较,那么我们将会更加懂得科学中这一新观念的革命意义。"[1] 从这段话我们能够更好地理解大数据的含义。实际上本书很想说明近代科学和标准本质的联系。标准的核心,一是认知尺度,二是标准具有运演的特性。

---

[1] [美]克莱因:《西方文化中的数学》,张祖贵译,上海:复旦大学出版社,2016年,第184页。

而科学标准时期的标准最为核心的内容就是将科学、技术、管理认知标准化、尺度化，这是这个时期标准的精华所在，科学理论、技术、管理的标准化是这个时代最主要特征，也是有别于感觉、符号标准的革命性的区别。

在认知科学看来，科学也是人类认知的一种方式，这样的看法已经为有的科学家承认，科学不过是人类认知路上的一个阶段，美国数学家雅·布伦诺斯基的《科学进化史》就是这样的例子，如果我们去读这本著作，我们会发现这好像不是一本科学史而是一本认知进化史，作者用"攀升"一词形容科学进化。实际上，在认知科学的词语里，甚至找不到科学一词，代之是语言、记忆、知识、感觉等属于认知科学领域的术语。

一般意义上的科学并不是起源于近代的文艺复兴时期，在认知科学的逻辑看来，可以追溯到感觉标准的时期，即追求一种自然规律相符的认知或行为规则，是每一个生物尤其是动物的进化的基本能力。随着文艺复兴的不断深入，现代科学超越感觉认知和符号认知的领域，并且成为人类认知自己、社会和自然界的主要范式之一。在认知科学领域里，感觉、符号、科学和数字在现代人发展中没有历史的隔阂，在皮亚杰的认知构建领域中，一个人从出生到十四五岁就完成了人类上千万年的进化历程，在皮亚杰的研究成果中，一个婴儿经历了感觉运动、前运演思维、具体运演、形式运演阶段，在15岁左右就达到现代文明人成长过程，完成人类千万年的进化过程。而在A.卡米洛夫—史密斯的研究中，人或者准确地说，儿童是天生的科学家、语言学家等。在认知科学、确切地说在人类学中，皮亚杰和A.卡米洛夫—史密斯视野中，人的成长只需短短的十几年时间，而在人类学中这一切花费了1000万年左右的时间，我们在这里用皮亚杰学说的目的，就是为了让我们多少能够理解一些人类进化的过程、认知在进化中的不可替代的作用。用认知科学或心理学的方式理解人类进化的过程。

科学与认知到底存在着什么关系。一般我们很少见科学与认知的关系这样的说法，尤其在很多科学史、科学哲学等书籍中，科学几乎是异军突起、横空出世的东西，进而就成为一座无法超越的科学巅峰成为万王之王，是一切合理性、合法性的源泉，从数学、物理、生物、医学、地理学一直到电学、量子力学等。人们好像有这样一种感觉，科学是来自伽利略时代的产物，尤其是文艺复兴时代的馈赠。谬也！科学是认知的产物而不是其他，是人类漫长认知的累积,这一点毋庸置疑,科学认知也是人类认知过程中的一个阶段。英国科学史学者丹尼尔有过这样的论述:"常识性的知识和工艺知识的规范化和标准化,应该说是实用科学的起源的最可靠的基础。这些规范化的早期征象可以在公元前2500年的巴比伦尼亚国王的敕令中找到。当时,它们已经认识到固定的度量衡单位的重要性。"① 丹皮尔这话特别有意义,从这个意义上推理,标准、认知的尺度、认知的表现形式就是科学最早起源。从现在我们能看到的科学史来看,尤其是近代的,科学家不能不承认,科学源自人类的初期,换句话,在人类最早的石器时代,科学开始萌芽了,而这一切都在标准之中。

在标准学上科学技术标准时期专指文艺复兴时期产生出来的西方科学范式,这个范式由实验、数模、简约三要素组成的,以现代物理学方法论为特征、社会性认知突出的时期作为开端,以数字认知阶段为另一端点的时期。这是时期以科学家哥白尼、伽利略等以及哲学家罗吉尔·培根极力倡导的实验科学范式;当然,还有另外一个范式量子力学,量子力学给现代科学的冲击是革命性的,同时量子力学对于标准和经典物理学水乳交融的范式也带来了巨大的冲击。历史上、理论上,哲学、科学、宗教之间的关系以及演绎一直是一个重大而又无法回避的问题,本书只是在认知科学的方面展开,在认知科学看来,科学也是人类认知的一种方式,这样的看法已经为有的科学家承认并践行,就认知科学和标准学而言,科学认知只是符号和感觉认知的新台阶或新天地。美国数学家雅·布伦诺斯基指出:"当我们步入原子的大门时,我们就处在感觉失去作用的世界里。那里有一栋新的建筑物,有一种不为我们所知的、将事物组合在一起的方法:我们只好试图用类推来描述它,而类推就是想象的一种新的作用。建筑的印象来自我们能感觉到的有形世界因为那是唯一能用语言描述的世界。但我们用来描述不可见事物的方法都是隐喻的,用我们从能听、看和感觉到的宏观世界中攫取的类似物来表述。"② 在科学认知尤其是科学标准的时代,很多认知的世界和对象已经和感觉认知彻底分开,科学将我们带到一个新的世界。著名量子物理学家玻尔曾经说过,对于量子力学而言,语言过于贫乏不足以认知量子微观世界。由于科学的伟大成就,没有人敢于在科学前面加注任何词语,

---

① [英] W. C. 丹皮尔:《科学史与其哲学和宗教的关系》,李珩等译,桂林:广西师范大学,2001年,第1页。
② [美] 布罗诺斯基:《科学进化史》,李斯译,海口:海南出版社,2001年,第354页。

而对于认知科学而言，科学就是人类的认知，科学从来都不是从天而降的神灵，而是人类在漫长的进化过程中的产物，它是建立在认知与认知尺度上的结果，从媒介上看，科学是建立在感知和符号语言基础上的认知。再者，科学的社会学意义日渐突出，在此之前，认知几乎是个人、各个种群或国家的偶尔活动，而不是社会功能的一部分，科学技术标准事情，作为人类的认知形式，科学技术开始扮演越来越重要的角色，认知职业化、机构化，人们越来越依赖于科学技术的认知能力，如大学、学院、书院、科学委员会等。标准或尺度成为科学认知的不可或缺部分或机能，或者说认知尺度和科学认知结合在一起。

在科学史上，科学的意义就像《剑桥科学史》总序所指出的："在西方世界智力劳动的成就中，科学的地位越来越突出。不管是出于宗教的目的，还是出于哲学上的探索，或者出于技术上创新的要求和经济上的考虑，科学的发展的确建立了自身独特的思想体系，而且还明确了专业和实践的具体标准。"[①] 一般意义上的科学并不是起源于近代的文艺复兴时期，在认知科学的逻辑看来，可以追溯到感觉标准的时期，即追求一种自然规律相符的认知或行为规则，是每一个生物尤其是动物的进化的基本能力。

科学标准时期是建立在符号认知成就的基础上。从人类历史科学进化史上看，人类经过漫长的旧石器时代逐步进化到在认知科学看来的言语阶段，同时也是在这个时期，符号等语言系统开始不断完善，各种语言初步形成，历法、天文、语言、算法、标准等都是这个时代的杰出成就，建筑、陶器、烹饪、炼金术、文字，尤其是金属的炼制与加工等活动都是成就科学时代的基石，虽然这些成就和活动没有直接导致人类进入科学时代，但是这些都是科学标准时代的基石，是人类认知发展的基石。文明同样也会走向毁灭，我们熟知的玛雅文明就是消失在发达的符号认知水平之上，玛雅文明的建筑、文字、数学等成就已经达到相当的水准，宏大的建筑物、令人称奇的数学和天文学、繁荣的城邦都没有阻挡住整个文明的崩溃。

这个科学标准时代也是标准的第二个鼎盛时期。各种工艺、技术、作坊、语言、建筑、工程都得益于认知的尺度，得益于科学的标准化，这里有一个逻辑必须不断申明，科学不是标准的合理性的来源，相反，将科学尺度化才是科

---

① ［英］约翰·H·布鲁克：《宗教与科学》，苏贤贵译，复旦大学出版社，2000 年，总序。

学标准的真正价值。或许尤其是语言学不会接受这样地对标准的描述，在认知和标准科学看来，语言从文字、表音等方面都是一个标准化的过程和结果，标准开始在陶器、建筑、工程、化学、天文学、炼铁、青铜等方面扮演着不可或缺的角色，例如炼铁、炼钢，燃料的选择、炉膛的设计、关键的炉温控制；炼铁的温度要在1500℃以上，而这个高科技活动的完成离开的标准绝对是寸步难行，对于炼钢更是如此，除了温度控制之外，还是铁的好坏的控制，而完成控制手段只有符号和感觉，一个熟练的炉匠通过感觉火的颜色判断，感觉和语言成为控制的唯一手段，我们可以设想这种情况下需要什么样的进步才能让文明发扬光大，精确的科学知识、科学的尺度化，人类的认知能力和表征和计算能力在科学中得到比较完美的体现，简单地说，一个铁匠用半生经历才能大概掌握炼铁的温度控制，而对于科学我们可能只需几秒钟就可以精确地掌握，很多文明因为没有这样的科学认知而停留在手工业时代，这样的历史例子很多。

随着文艺复兴的不断深入，现代科学超越感觉认知和符号认知的阈值。换句话，科学开始并且成为人类认知自己、社会和自然界的主要范式之一。在认知科学领域里，感觉、符号、科学和数字在现代人认知中没有历史的隔阂，换句话现代的认知是感觉（知觉）、符号、科学和数字的集合体，必须要强调的是，科学是人类认知感觉和知觉、符号、数学基础上产生出来的；第二，科学也使得人类认知尺度得到一次彻底的革命。

第二节　科学标准时代的特征

一、科学标准时期特征

科学成为至高无上的象征，象征着人类认知成就的帝国。科学标准的一个特点，我们在以上略微讨论过，事实上，我们过于强调科学的重要性而忽视标准在科学认知的作用，而且在符号标准时期，在科学标准时期，标准实际上由两个截然不同的科学思想主导，这也是这个时期的一个最为显眼的风景线，科学标准时期实际上是由经典物理学和量子力学组成的，从字面上看不出区别，而实际上这个区别是革命性的，而且，标准的作用也发生了重大变化，标准不再仅仅是测量事物现象的尺度，在经典物理学中，标准就像阿基米德的支点一样，可以撬动地球，而对于量子力学将不复存在，而且标准成为物理现象存在的前提。实际上在标准学和认知科学来看，科学标准就是由科学和标准认知两大尺度而成，在标准学看来，现代科学，将标准认知作为尺度是认知科学的主要组成部分，科学和标准的融合才是现代科学的面貌，不是吗。我国科学史学家吴国盛教授是这样小结的："经过10世纪以来的第一次学术复兴，西方世界继承了希腊的学术遗产，建立了以亚里士多德—阿奎那思想体系为基础的学术传统。但是，日益发展的资本主义生产方式解放了生产力，开阔了欧洲人的视野。希腊学术特别是柏拉图主义的进一步挖掘，为欧洲人提供了开辟一门新的科学传统的机会。就是在16和17世纪，先进的欧洲学者们抓住了这一机会，创造了改变人类历史进程和人类生活的近代科学。"[①] 吴国盛教授主要从科学传统、生产方式两个大的方面阐述这次伟大的科学革命的特点。就认知科学而言，科学依然是一种认知能力，也是人类认知能力的又一次飞跃和构建，前两次是感觉和符号阶段，我们可以武断地说，现代科学及其标准都是建立在感觉和符号基础之上，或与之结合升华的产物，就历史而言标准是科学技术的摇篮，或许是现代科学的成就过于伟大以至于人们赋予科学至高无上的地位，现在有一种观念似乎现代科学成为唯一，合法性的唯一、合理性的唯一，在这样的观念下，很多人类认知、长期有效的方式方法、技能等都成为"伪科学"，本书无意将这个问题扩大。徐献军教授如此形容这种现象："古代社会向现代社会的发展，不仅以物质生产力的巨大进步为特征，而且以自然科学的统治性地位为特征。近代西方的自然科学经过与宗教的长期抗争，最终取得胜利，不仅成为西方社会，也成为大多数国家的主流意识形态。科学家在社会中的地位达到了前所未有的高度；科学取得了过去宗教才具有的权威最通常宣称的就是：科学就是正确的。大多数公众没有见证过科学家的实验和发现过程，也没有能力或机会进行核实，却毫不犹豫地相信了科学家们所宣称的东西：中子、质子、夸克、中微子、DNA等。科学以证实或证伪为基础，但是公众既不能证实，也不能证伪，只能选择相信，并且公众别无选择。"[②] 这样一来，科学就成为标准的源泉，而让标准坐实了标准作为科学的附庸和副产品的名号。如此一来，人是万

---

① 吴国盛：《科学的历程》（第二版），北京大学出版社，2002年，序。
② 徐献军：《现象学对于认知科学的意义》，杭州：浙江大学出版社，2016年，第2页。

物的尺度谚语变成科学是万物的尺度。而从整个认知发展演化过程来看，科学也是人类的认知，对于标准而言，标准在科学时代就是将科学尺度化，而且科学尤其是现代科学也有一种将认知尺度化的趋势，伽利略的自由落体运动就是将认知尺度化，由于尺度我们对于自由落体运动有了清晰的认知。用海德格尔的话，就是伽利略将自然规律数学化，并以此开启了现代科学之旅。

历史上，科学无非是从感觉和符号认知能力发展出的东西，当然有一点我们不能否认，西方文明传统是现代科学的发源地，现代科学来源于古希腊以来科学范式，认知及其能力的构建为现代科学的必然过程，认知不是简单的表征，而是能力科学范式的构建如同库恩所言的科学范式，在认知科学和标准学看来，库恩的范式不过解释了科学进化的一些表面现象而已，在科学史上，科学也显示出其发展的阶段性特点，科学不是一成不变的，也是一个不断变化发展的过程，在科学史上，有人将现代科学分为四个阶段：第一科学阶段。特点是实验思维、科学归纳，并对自然科学进行描述论证，对自然现象进行系统分类；第二科学阶段，特点是逻辑思维—模型推演，并采用建模方式，由特殊到一般的方式推演；第三阶段为计算思维—仿真模拟，并用计算的方式模拟复杂的现象；第四个阶段，数据思维—关联分析，与大数据密切相关，采用IT技术储存、统计、处理等从中获取相关知识。

从标准学来看，科学对从感觉认知、符号认知的超越，它首先超越了感觉认知的桎梏和界限，超越了符号认知的不足，公允地说，科学认知或科学标准同样是人类认知的一次巨大革命。这次科学革命的范式，就像哲学家康德所定义的，一种范式的革命，认知不再是从自然到认知，而是从认知到自然，人们开始用自己的认知"拷问"自然界，无论感觉如何的真实、无论符号表征的如何精确，都要接受科学的追问。因此科学成为人类认知或者说惯用语真理的试金石，科学成为认知领域的国王，凡是在科学领域没有地位的东西也将在其他领域失去任何一席之地，一切的一切都将科学作为其王冠戴在头上以示其合法性、合理性。科学阳光荡涤着一切认知的黑暗和寒冷以及洞穴中的影子。科学的认知是科学与标准或认知的尺度相结合的产物，我们以往更多地强调科学对于认知的功能，强调科学是标准的源泉，而在皮亚杰看来，认知是一个格局的问题，是一个认知的过程而非主体或客体的问题，人类对于自然界的认知、对于标准而言，是一种尺度性的认知。

二、科学标准时代的特征内涵

科学和标准在认知上形成新的范式。如果我们用简单一点的话语形容那就是科学的尺度化、尺度的科学化。我们知道，感觉和符号的认知能力及其缺陷，无论是感觉还是认知，人类的认知能力在认知上存在着天然的缺陷，人们长时期地无视感觉认知的能力，总是以为人类科学能力的进化就是一种更高层级的认知能力或媒介或范式代替另一种范式。不管怎样，在认知科学中还是在标准科学中，感觉认知及其尺度依然是人类认知的最为重要的方式或是不可或缺的，包括人工智能时代，感觉认知并没有削弱还是在加强。我们现在要谈的不是人工智能而是科学的认知。在认知科学看来，科学时代的到来不亚于符号时代的来临。

这一切就像是剑桥科学史第二卷指出的："1759年，法国数学家让·勒龙·达朗贝尔描述了他所见到的自然哲学发生的一场革命：我们的世纪被称为……卓越的哲学世纪……新的哲学化方法的发现与应用，与各种发现相伴随的那种热情，宇宙奇观在我们身上引起的理念的某种提升——所有这些原因造成了心智的强烈骚动，就像冲破了堤坝的江河一样从各个方向蔓延穿透大自然。这场革命终于被叫做科学革命。"[1] 而德国哲学家海德格尔这样定义科学时代为自然的数学化："伽利略将自然数学化，对于柏拉图主义说，实在的东西或多或少充分地分享有理念的东西。这就为古代的几何学提供了初步应用于现实的可能性。但是由于伽利略将自然数学化，自然本身就在这种新的数学的指导下理念化了；用现代的说法，自然本身变成了一种数学的流形。"[2] 我们无须完全剖析海德格尔的深刻含义，留给我们的是，科学的自然数学化，数学成为现代科学的主要方法。这样的伟大时代我们不会忘记是由这些人开启的，该书进一步指出："一个与伽利莱·伽利略（1564—1642）、约翰内斯·开普勒（1571—1630）、勒内·笛卡尔（1596—1650）以及艾萨克·牛顿（1642—1727）这样的伟大名字相联系的文化事件。达朗贝尔显然认为，这是一场直到1757年仍在进行的革

---

[1] ［美］托马斯·L·汉金斯：《科学与启蒙运动》，任定成等译，上海：复旦大学出版社，2006年，第1页。

[2] ［德］海德格尔：《欧洲科学的危机与超越论的现象学》，王炳文译，北京：商务印书馆，2001年，第34页。

命,是一场持续加速的革命。"① 以上两段引用说明了两个意思,第一,科学史完全不同于符号和感觉的认知形式,虽然科学史或科学哲学等有意无意地将科学设置为连上帝都不需要的地位,但是我们很可能忽略了科学也是人类认知的一种范式或方式等,在认知科学和标准学看来,科学就是人类不同的认知范式,这种范式彻底突破了感觉和符号的阈值,科学范式使得我们人类更科学地认知世界,尤其是感觉之外、符号之外的世界,科学认知为我们提供最佳的认知手段或范式,用康德的方法论就是我们用标准来拷问我们认知的对象,求证我们的认知,分子、原子、元素等应该是这样标准范式运用的成就。事实上很少有人注意这样的细节,在科学标准时代,标准也是科学认知的手段,我们将电学和物理学的成就归功于数学统计学,实际上就微观的范式而言,没有一个认知尺度如何认识微观世界,我们过多将此成就归因于数学,但是从标准的眼界看,没有标准这样的一个认知的平台,何来的认知?在最初人类捡拾工具时代,本书将标准形容为模块,是人类尤其是早期直立人认知的最早范式之一标准,通过生产实践中构建,标准的工具、行为、设施等日趋完善,在认知的世界里,科学标准已经将社会认知、感觉认知和看不见的世界的科学认知结合在一起。第二,标准与科学又一次更加紧密地而结合,标准和标准充分结合成为现代科学和标准的新的特点,实际上这也是科学这个特殊认知时代所决定的,以电流、原子、电子、量子物理、光速等为例,这样的世界需要标准且必须有标准才能使得人们认知到这个世界的存在和运动。标准在这样的科学认知中,不是简单的如千米、米、毫米一样尺度,而是由认知各种尺度结合起来的标准认知体,亦如最早的感觉时期的标准一样,一件工具由重量、质量、大小、速度、角度等组成。所不同的是,感觉时代的这样标准体是由感觉构成的即行为标准,而科学时代的标准则是由认知的尺度构成,如伏特、安培、电子等。有一种说法将这样的现象归结为模块。所有这一切都是经典物理学带给我们,只有到了量子力学的出现,这一切都变得模糊了,至少不确定性成为我们的口头禅。

  人们对于标准认知的误解很多,究其原因就是没有从认知科学出发,科学就是发现和发明、技术就是技巧,科学或技术是人们认知的尺度,而不是相反,这是第一;其次,标准必须要有构成要件的组成成分。标准从一开始的构建,

---

① [美] 托马斯·L·汉金斯:《科学与启蒙运动》,任定成等译,上海:复旦大学出版社,2006年,第1页。

112

就离不开对认知尺度的共同认知,这也是标准的一个特点,没有共识很难谈得上标准,人类的认知需要标准,人类的合作与劳动需要标准,标准是将人类认知、运动、知识联系在一起的桥梁,在一个社会化大厦中,没有桥梁何来的大厦?标准化生产何来?只有标准化使得一个国家的科学技术、劳动、合作有条不紊地衔接起来,而且不受时间、空间、工序之间的限制,这是标准化大生产的一个核心。在感觉时期我们的共识是靠共同的感受实现,在符号阶段就靠符号的描述,南辕北辙的错误不可避免,而科学认知将给我们一个客观的共识。必须强调的是,标准为我们认知世界和自然、人类社会以及精神提供了认知的尺度,使得人类这个迷惑人类数千年的思维、精神和意识有了可以感觉到的规范,正是标准这样的认知尺度使得我们每个人可以"感觉"到这些认知的存在,也就为社会共识打下基础。科学的认知和标准为我们人类共同的共识提供最好的基础。从这一意义上,科学需要标准、需要尺度,只有标准才能将科学在更加深远的科学、技术、社会上搭建起来。以上都是经典物理学给我们的认知范式,而量子力学给标准赋予从来没有过的重要意义和地位,同时,也让标准面临无与伦比的挑战。

科学标准是人类认知的创造性的表征尺度。有这样一种误解似乎标准就是科学的产物,标准对于科学就是能够得到科学的首肯,科学是标准合理性、合法性的源泉,标准对于科学就是附庸,只要从科学中拿出一点能证明标准的东西,标准就具备合法性和合理性。在很多法律、技术规范等都有这样意向,即科学是标准的依据,就是标准的合理性来源于科学,为什么没有这样的想法科学的尺度来源于标准,没有认知尺度的科学算是科学吗?为什么爱因斯坦要将形象的认知用语言表达出来,如果不这样伟大的科学将不会成为科学,没有表现形式、没有认知尺度的科学,很难算是真正的科学。

标准是人类科学认知的元认知的尺度。我们这里所说的科学实际上就是人们熟悉的文艺复兴以来的科学,以哥白尼、伽利略、牛顿等为代表、以科学实验为范式、以物理学数学为代表的科学。物理学史是这样描述这个历史时期的物理学特点:"物理第一定律:物理学是以实验为本的科学。在物理学的发展中,实验起了重要的作用。什么叫实验?实验是根据人们研究的目的,运用科学仪器,人为地控制、创造或纯化某些自然过程,使之按预期的进展发展,同时尽可能减少干扰的情况下进行观测(定性的或定量的),以探求该自然过程变化规律的一种科学活动。"① 从认知科学的角度，认知已经从生产生存的领域分离出来，从感觉和符号的认知能力中脱颖而出成为人类专门的认知活动，现代物理学也就有了："实验，只有实验，才是物理学的基础"的范式。就认知而言，理论从来不是可有可无的东西，著名物理学家李政道曾有定性的结论："第一定律：没有实验家，理论家趋于浮泛。第二定律：没有理论家，实践家就趋于摇摆。吴大猷教授对实验和理论的关系做过深刻的分析和总结，他写道：'实验发现和研究与理论探索是互补的，它们共同或交替促成了物理学的进步。有的时候，是某些实验发现导致了理论工作的巨大发现，而有的时候，则是某些理论导致了重要的实验结果。'"② 不仅如此，科学实验成为一切科学研究的根本，如果我们进一步地解构，科学实验和科学思想不演变成为标准，不规范成为标准，这样的科学最多只能成为这个科学本身的密码，这样的科学实验和科学思想会有什么意义？

丹皮尔的《科学史》一书这样阐述："'科学如果不是从实验中产生并以一种清晰实验结束，便是毫无用处的，充满谬误，因为实验乃是确实性之母'。科学给人以确实性，也给人以力量。只依靠实践而不依靠科学的人，就像行船人不用舵与罗盘一样。"③ 在标准学看来，丹皮尔所说的确实性等就是标准的代名词。

科学标准时代是一个成就非凡的时代。牛顿的万有引力定律、力学、麦克斯韦的电学等，实验室就好像是一个科学成就的加工厂，生产出无数的科学产品，这时候标准不是简单地与生产在一起，而是与生产有一定的区分，有的甚至就像是法律和法规对标准的要求一样，标准成为用科学制造出来的、衡量行为、产品的准绳，在科学标准时期，标准与科学进一步分离，科学成为标准的合法性、合理性的源泉。这样的现象在环境法和标准化法中都可以看到，有的分离中直接规定科学作为标准的科学依据的内容，这时候的标准什么都没有，只有科学。可以这样说，就历史而言，标准到了科学标准时代好像被丧失了一

---

① 郭奕玲、沈慧君：《物理学史》（第2版），北京：清华大学出版社，2015年，第467页。
② 郭奕玲、沈慧君：《物理学史》（第2版），北京：清华大学出版社，2015年，第468页。
③ [英]丹皮尔：《科学史及其与哲学和宗教的关系》，李珩等译，北京：商务印书馆，1997年，第166页。

切。而物理学史和量子力学却给我们一个完全不同的景观,标准好像由此获得新生。

标准是科学认知的规则体。认知包括科学、技术、标准以及伦理道德等全部内容。无论是最早的捡拾时代的认知模块、奥杜威、阿舍利、以及北京猿人的石器、火的使用,还是车轮、弓箭的发明,蒸汽机、电动机、量子物理学一直到人工智能、大数据,标准的光辉越来越暗淡,在有的书籍中尤其是在人工智能、大数据等书中,否认标准的历史和宣称标准已经过时的观点时有所见,在这样观点中的标准无非就是一种加工技术规范或产品质量标准,重复性几乎是标准的全部特点。

认知必须是一种规范才可能有意义,人是万物的尺度,标准则是认知的尺度,我们不能设想人类认知没有尺度、没有规范、没有范式,标准就是这样的东西。不仅如此,作为认知的存在,标准是最佳的反映形式。由于人们认知能力和媒介和方法的不断进化,在感觉标准时代,这个时候的标准更多地被行为表现或外在出来;而在符号标准时期,标准是由感觉和符号多种形式构成,标准既有行为的、也有认知的,而到了科学标准时期,科学与标准很好地结合形成现代科学的主要形式,应该说,量子力学是标准和科学结合的典范。标准不仅是测量事物的尺度,标准具有认知尺度的含义和功能,这也正是标准的基本功能。

三、科学与标准的关系

以上我们讨论了科学标准的基本特点,似乎早了一点,不管怎么说还是有必要讨论科学与标准的关系,长期以来人们将标准作为科学的附庸,是科学的产物,标准与科学的关系在大多数人看来都是一件非常简单的事情。标准就是以科学为基础,很多国家法律包括我国的标准化法几乎都有类似的规定,即标准的制定应该以科学技术为依据。科学成为标准之所以然的标准,我国标准化研究中最有影响的学者李春田教授的一本书的名字就叫:《标准是一项科学活动》,恨不能这样说,标准就是科学!将标准依附于科学等其他科学带来很多致命的缺陷,首当其冲的应该是标准学本身,标准一个有着300万年以上历史的人类文明,是人类最初的认知却没有一个学科为其服务,难道真的就像叔本华的描述我们不关注这个司空见惯的问题?或许世界标准化委员会意识到这个问

115

题，并组建一个标准理论委员会进行研究，可惜的是，这个研究组织时间不久就无疾而终，也没有看到研究标准理论的后续成就。在本书看来原因很简单，或许就是将标准作为科学技术的副产品所致，在标准科学家的科学的视野里再也想不出标准还会是什么。一个简单的例子，有了符号的超越，少年的感觉可以预感受到"长大以后感觉情境"，有了文字我们可以感觉到秦始皇时代的各种情境。有了科学的超越，我们可以回到3D恐龙时代，简单地说，每一次人类认知的进化和飞越都将人类的认知带入一个崭新的世界，人类的认知能力也以乘数的趋势展开。

在标准学看来，标准进入科学标准的时代，并没有丧失其应有的特点，而且这个时代并不是一个代替一个、否认一个的时代，相反，这是一个感觉、符号和科学、数字相得益彰的标准时代。

从逻辑上讲，将标准科学溯源到科学这样的做法，使得标准的理论构建毁于一旦，标准就是科学产物，除科学之外标准别无长物，这样，标准便没有历史、没有理论，只能沦落为科学的附属品，这样的观点也就顺理成章，那就是标准是科学的产物。这也是标准理论建设长期以来落后或无法起步的原因。还有，标准的历史被大大缩减了，在伟大的科学时代到来之前，标准最多就是一种一定范围认知的尺子，就像古希腊将数学仅限于计量一样。这样忽视了标准作为认知的最为重要的特点，就如我们学者熊哲宏所引用的："伽德纳指出，自古希腊时代以来，一直盛行不衰的传统是把人的思维看作数理原则的体现。因此，第一代认知学家他们是在逻辑实证主义传统中成长起来的对人类思维高度'理性'的观点顶礼膜拜就不足为怪了。然而，认知科学早年的主要成果之一，……伽德纳指出，计算机的模型曾经主宰了第一代认知科学家的思维。过分依赖计算机，把它作为思维的关键模型，这是另一个直至最近才被认识到的困难。"[①] 科学就是一种认知的范式，我记得在美国数学家雅·布伦诺斯基的《科学进化史》视野中，科学就是人类认知的一种范式而已，是人类进入新的认知世界。将科学塑造成一种西方标准模式而不是认知的模式，利弊参半。物理学科学到底有没有资格评判所有的认知的合理性？说到底现代科学也是一种认知手段。而且由于各个学科尤其是认知范式的混同，产生的效果或许是一个乘数

---

① 熊哲宏：《认知科学导论》，上海：华中师范大学出版社，2002年，第435页。

效应，就像我们用3D还原恐龙时代的自然场景一样，有想象的形象、有环境，还有理性推理的久远年代。应该说这是人们各种认知范式结合的一个结果。

标准从更加广泛的意义上讲，标准与科学一样都属于认知，而且现代科学的一个最为重要的特点就是认知的尺度化。从人类认知的角度看，标准的历史远远长于科学、先于语言，标准是人类认知最早的范式且一直持续至今，以下的语言并不是危言耸听而是标准历史的传承，国际商会秘书长唐纳德·埃文斯2004年在《来自标准与竞争》一文的演说："标准是国际商业语言，遵守一致的产品和服务规范将加强国际贸易，使得数以万计美元的流通于不同国家之间，而不考虑商业各方所讲述的语言，共同接受标准是贸易成功的基础。离开了标准，我们很难想象巨大数量和复杂的国际贸易。"在这里，科学并不是决定性的东西，而是共同的认知作为标准的核心。国家标准GB.1—2002《标准化和相关活动的通用词汇》做了规定，标准"为了在一定范围获得最佳秩序，经协商一致制定并由个人机构批准，共同使用和重复使用的一种规范性文件。"这个概念基本上认可和借鉴WTO/TBT的规定："标准是被公认机构批准的、非强制性的、为了通用或反复的目的，为产品或其加工或生产方法提供规则、指南或特性文件。"这些概念如果我们仔细地推敲，以上的标准概念并非准确，甚至很难经得起逻辑分析，但是这样的概念却给标准一个呆板、因循守旧、机械的印象，李春田教授的以下分析远比标准的概念正确的多，李春田教授认为："这种手段之所以行之有效，除了它的科学性之外，还由于它对人们活动的一种约束。这种约束的特点如下。1. 由于它能为人们的劳动过程建立最佳秩序、提供共同语言和相互理解的依据，人们会意识到他对任何人都是必要的。2. 它为人们的活动不断合理化，又受到人们的尊重。3. 这种约束是从全局出发，又考虑到各个方面的利益，在充分协商的基础上确定的，它是无偏见的约束。因为它既有规范效应，又有自我约束的作用。它的约束力甚至可以跨越地区或国家的界线。这种约束力就是一种权威，一种能够对现代化大生产从技术上和管理上进行协调和统一的权威，这是标准化很重要的社会功能，这种功能的发挥是和技术进步、管理现代化和社会生产力的增进密不可分的。因而这种功能所产生的巨大效益常常是无法计量。"[①] 这段描述可以说是混装型的，涉及很多的领域，从感觉到

---

① 李春田：《标准化概论》（第四版），北京：中国人民大学出版社，2005年版，第16页。

语言符号到科学时代，从技术到管理。从认知科学来看，就是从符号标准时代跃进到科学认知时代。

第三节 前科学标准时代

一、史前科学标准时代

按照人类学家的观点，旧石器时代没有科学，到目前为止，人们尚没有发现在旧石器时代有任何形式的人类科学活动，诸如实验、思维、研究、计算等等活动。在这个漫长的时期，我们将考古的成就或发现描绘成奥杜威工业、阿舍利技术，唯独回避用科学一词，实际上，我们看看现代的任何一部科学史的开端无不是从人类起源开始，从人类的认知开启，换句话，这些史学家将人类的认知包括感觉、符号和科学均作为人类认知的形式。我们这里的前科学标准时代专指与从文艺复兴开始以后的哥白尼、伽利略、牛顿等人开始的时代，这样的划分将很多科学技术成就等都归为符号标准时代，这样的说法是科学的，人类科学开始于言语符号时期，如我们的四大发明都是符号标准时代的产物。

严格意义上讲，史前科学标准时代是指从人类古代文明开始起计算，在技术上以陶器开始的铜器、青铜器、铁器等为代表，在理论上以古希腊的思辨这些为代表的时代，文字、历法、天文学等，尤其是数学的产生和发展几乎决定了科学发展的进程，标准科学基本上处于一种离散状态，这无疑也对标准科学系统化产生不利影响，如将计量科学、符号学等从标准科学中分离出去。规范的早期科学标准时代，这个时代可以追溯公元前3万年左右，言语系统基本上完善，初步的标准体系已经形成，如建筑材料性质、尺度（长度、重量、温度）、时间、距离等标准初步形成。社会分工在标准的推动下开始向更加广泛的领域发展，分工一般被人们认为是近代的事情，尤其是指农牧业的分工。实际上，人类分工作为一种社会现象很早就出现，诚如达尔文认为："任何尝试学木匠的人都承认，即使要把锤子锤得准确，每一下都不能落空，也不是容易的事情。扔一块石子，要像火地人为了防卫自己或投杀野鸟时那样对准目标，百发百中，要求手、臂、肩膀的全部肌肉，再加上每一种精细的触觉等的通力合作，尽善尽美才行。在扔一块石子或投一支镖枪，以及从事其他许多动作的时候，一个人必须站稳脚跟，而这又要求许许多多肌肉的相互适应。把一块火石破碎成为哪怕是一件最粗糙的工具，把一根骨头制成一件带狼牙或倒刺的枪头或钩子，要求使用一双完整无缺的手。因为，正如判断力很强的斯古耳克拉弗特先生所说的那样，把石头的碎片轻敲细打，使成为小刀、矛头、或箭镞标志着'非常的才能和长期的练习'。这在很大程度上从这样一个事实得到了证明，就是，原始人也实行一些分工。从一些情况看来，并不是每一个人都是制造他自己的火石的用具或粗糙的陶器，而是某些个别的人专门致力于这种工作，而用他们的成品来换取别人猎获的东西。考古学家已经一直地肯定，从这样一个时代，到我们的祖先想到地把火石的碎片用磨或碾的方法制成光滑的工具，其间经历过一个极为漫长的时期。"[1] 必须说明的是，分工应该是建立在认知共识的基础之上，而这种共识是以标准为纽带的，这里我们还想将标准给另外一个含义，标准是人类感觉、思维、语言、科学的规范，用认知心理学的语言说，标准是人类心理的外显式，人们包括自己都可以通过标准看到自己的思维、自己的认知，别人亦如此，这是标准另外的一个核心价值。这里标准就像语言一样，将人类的认知构建起来，也只有这样的逻辑下，标准才配说语言的称谓。在标准科学看来，人类知识的主要组成部分标准的传承就成为社会基本的功能之一；在漫长的人类进化过程中，标准就没有科学、没有符号的阶段发挥着一切文明、科学的作用。而到了符号标准时期，认知能力由于语言的产生而加速，随着人们认知能力的复杂化、合作的多样性、结合灵活性等特点，标准开始两个方面的发展，第一，认知的尺度化如各种单位、尺度的构建，长度、重量、时间、空间等开始形成；第二，开始构建行为、认知、工作的衔接尺度如人们的集体合作行为。第三，标准开始成为人类重新认识世界的尺度和起点，这一点至关重要，这也是标准的生命力之一，量子力学就是例证，就认知而言，标准的认知功能是具有连续性的，这也是本书特别强调标准的一个极为有价值的东西，标准尺度是人们认知范式，创新的开始。一个工具在我们先祖的手中，首先是被当作工具来使用，比如奥杜威的工具、阿舍利的石器，先民们用来打猎、收割等各种活动，这样先民可以用工具来认知他们的环境、工具的性能、工具的

---

[1] ［英］达尔文：《人类的由来》，潘光旦等译，北京：商务印书馆，1983年，第66页。

效果等，这样人类的认知通过工具达到一个新的水平。

二、早期科学标准时代的人种

这个时期生存的最早的人类，按照著名古人类学者吴汝康的观点应该是属于晚期智人："晚期智人也叫现代智人，是指解剖结构上的许多人，过去曾叫新人。大约从距今4—5万年前开始，这时期的人类化石，在过去几十年里已有大量发现；分布范围扩大了，不只是欧洲、非洲、亚洲有大量化石。大洋洲、美洲也有了人类的遗迹。"[1] 在欧洲主要的人种有捷克的姆拉德克人、法国克罗马农人、库姆卡佩尔人等；而在我国晚期智人化石也有大量的发现，主要有柳江人、资阳人、山顶洞人、河套人等，分布在中国北方的很多区域。需要插一句，尼安德特人不在此类，很多人类学家都在花费大量的时间和精力试图定格尼安德特人在这个世界的最后一幕，到目前为止，考古发现还没有形成共识，在认知科学看来、从标准科学衡量，尼安德特人都无缘于这个即将跨入伟大的文明时代的门槛，它的入门券就是发达的言语系统和由此构建的多功能社会体。这个时期也属于旧石器时代晚期和全部新石器时代。

这一时期的陶器、青铜、铁器的加工和制造无不需要复杂的技术、科学和共同合作的能力才能完成，丰富的认知能力和发达的符号表征能力是科学得以延续的认知基础。而这一切离不开标准的建立和掌握，这一时期也就是摩尔根所描述的开化的低级状态，摩尔根将古代社会分为野蛮时代、开化时代和文明时代，摩尔根指出："制陶术的发明和使用，从各方面讲，或可选用为划分野蛮时代与开化时代之间的境界线的最有效和最确实的标准，这虽然不免有武断之嫌。野蛮状态与开化状态的不同，是早已被认识到了的，但是由野蛮状态推进到开化状态的进步上的标准，一直到今日却没有提供出来。所以，在这里把那些所有从未知道应用制陶技术的部落，都列入野蛮人一类，至于具有制陶技术而不知道是用音标字母即书写文字的诸部落，都列为开化人的一类。"[2] 可以看得出，摩尔根对于陶器的制造格外看重并将其作为野蛮与开化的界限。不过这样的划分认知科学很难接受。陶器的发明是人类文明发展的重要标志，是人类

---

[1] 吴汝康：《古人类学》，北京：文物出版社，1989年，第191页。

[2] [美] 路易斯·亨利·摩尔根：《古代社会》，杨东莼等译，北京：商务印书馆，1981年，第15页。

第一次利用天然物、按照自己的意志、制造出来的一种新的东西。这一过程涉及材料、加工、晾晒、烧制等，产生出不同于自然界的东西，为人类认知打开新的格局。这些过程用现代话语来说就是工艺，无不和科学认知息息相关，例如陶器烧制的温度，我们已经没有办法用感觉来直接感知，这一切的完成只能依靠复杂的比较、符号、感觉过程来完成，到了铁器时代炉温是铁的炼制最关键的要素；还是摩尔根，他将铁器制造归为开化高级阶段："他们只需要一个发明，一个最大的文明，即铁矿熔化的技术，就能把他们推进到开化高级状态。"① 从考古学的成就来看，最早的炼铁技术出现于距今4000年左右，而且在以后的1000年时间内，铁器炼制的技术形成一方面标志着人类进入更高的文明水平，另一方面也在催生科学的出现，我们可以想象一下，炼铁技术的温度的控制，铁的炼制温度要达到1600℃以上，在符号感觉作为认知表征的时候，人类靠经验即火的颜色来确定炼铁炉的温度，这时的温度表征只能是一种职业的经验观察，可以这样说依靠感觉观察的温度来炼制铁器，不知道浪费了多少人类的劳动，假如有炉温的标准这一切就变得非常简单、准确，复杂的劳动技能也可变成，历史上，人类在建筑、养殖、季节、工艺、技术等方面都有了长足的发展，尤其是符号阶段的度量衡、天文学、航海等都已经达到相当的水准，为科学标准时代奠定基础，也可以说，在人类认知发展或进化的过程中，符号语言已经达到了它所能达到的极限。我们知道，现代冶炼业都是建立在科学标准的基础上，虽然现在看来，这些标准只是在很小的范围。

第四节　科学标准时代

一、科学标准时代概述

人类是从什么时候开始科学研究的？从认知科学的理论框架来看，科学研究不晚于符号认知阶段，一句话，人类已经开始用符号来认知世界是科学研究的前提条件。而在人类学历史上，科学应该开始于感知阶段，谁又能否认阿舍

---

① [美]路易斯·亨利·摩尔根：《古代社会》，杨东莼等译，北京：商务印书馆，1981年，第63页。

利技术不是一种科学？美国艺术哲学家鲁道夫·阿恩海姆对于这个问题持赞成态度，按照阿恩海姆的观点，视觉具备思维的一切功能；而在认知科学看来，阿恩海姆所说的这种现象更大程度上是依靠感觉、符号和科学认知的支撑下与感觉一起完成的，这个时候的感觉具备了更加先进的认知功能。而从人类演化过程中，人类的认知能力是不断进化而不能随意跨越的。从动物学或动物演化的角度来看，达到科学的生存能力的道路是很多的，条条大路通罗马，这句话同样适用于进化过程中对于科学的偶遇。当然这一切或许都是经由物竞天择完成的，我们这里所说的科学是一种文化的、人类认知的主动的、哲学上的自为的过程。这在社会学上或被威尔逊形容为人类特有的基因和文化共同进化的过程，科学就是文化的一部分。

美国科学技术史学家詹姆斯·E·麦克莱认为人类主动的科学行为可以追溯到四万年前左右，麦克莱指出："更值得注意的是，一些关于开始距今大约4万年前的旧石器时代后期的考古资料，提供了像是从事科学活动的惊人证据，那项证据是几千块雕刻过的驯鹿和猛犸骨片，上面好像记录着对月亮的观察结果。"[①] 这样一来，科学至少可以追溯到4万年前，和文艺复兴时代的年代不可同日而语，也就是说人类开始科学认知的活动早在4万年前就已经存在，对于认知科学，这些是完全可以接受的，第一，新旧石器时代的划分是没有认知科学上的依据，以旧石器时代落后新石器时代先进，或者，新石器时代才可能有科学，这样的推论无疑是荒唐的，有的人将人类科学活动推延到50万年前，同样对于认知科学依旧可以接受，其二，如果我们一致同意将科学建立在抽象基础上，那么毫无疑问，科学开始于符号言语阶段，那么至少科学研究在人类的认知上已经有30万年以上的历史。

而本书所讲科学时代完全按照时下的科学划分的，也就是文艺复兴后所产生的科学认知范式。如果按照物理学的划分又可以分为以牛顿、麦克斯韦为代表的经典物理学，和以爱因斯坦量子物理学为代表的现代物理学。而且这个认知范式使得科学和标准形成一个新的结合的时代。同时舍去这样的划分并不是毫无原则的，结合标准学和认知科学，科学标准时代具备三个条件，第一就是科学认知范式，第二，社会性，科学范式不是哪一家的独门绝技而是为整个社

---

① [美]麦克莱伦第三等：《世界科学技术通史》，王鸣阳译，上海：上海科技教育出版社，2007年，第19页。

会通过科学可得到、证实的认知范式；第三，职业性，认知开始职业化，科学研究机构等开始出现，换句话，认知开始作为社会独立出来的组织；第四，标准在认知活动中的地位或作用。

只有在科学标准时代，科学和标准的结合称为一种更为完善的方式。在最早的感觉标准时期，感觉为认知的唯一，人类只有通过视觉、知觉、触觉等认知世界、认知自己，感觉标准就是人们认知世界的科学；而在符号阶段，认知能力和范围的空前提高，标准不仅仅是感觉的尺度，而且是符号的尺度。到了科学标准时代，人们对于自然界、认知本身、社会等认知更加科学化。

随着文艺复兴的开始，物理学以及现代科学也迎来光辉的时代。伽利略的主要成就在于：《关于托勒密和哥白尼两大世界体系的对话》、重力加速度、望远镜的发明等，这些成就最为重要当属伽利略的研究方法即科学实验的方法，伽利略的科学实验是异常艰难的，在研究加速度的科学中，没有速度的标准，也就是在人们的认识中没有这样的概念和尺度，从一方面也能看出标准单位对于科学研究的极端重要意义。以后的物理学研究中计量单位就成为研究的关键之关键，以后的物理学发展也说明了这个问题，以电学为例：安培、电压、电流强度等，没有这些单位也就无所谓电学，因为标准构建了一个理论。伽利略强调数学对于自然科学的意义："哲学被写在宇宙这部永远只我们眼前打开着的大书上，我指的是宇宙。我们只有学会并熟悉它的书写语言和符号以后，才能读懂这本书。它是数学语言写成的，字母是三角形、圆以及其他几何图形，没有这些，人类连一个字也读不懂。"① 虽然现象学哲学家对于这套理论大加批判，这或许正是人类认知的一般路径。没有符号、没有科学或许人类的认知永远停留在感觉阶段，从社会学角度没有这些关键认知手段就没有复杂有效的人类社会体现的形成，人的进化永远和其他物种一样依靠生物进化完成。

自伽利略以降科学发展踏上高速公路。标准和科学、技术的关系相辅相成相互促进形成了标准的又一个黄金时代。地理大发现、主要技术出现如罗盘、枪炮、望远镜、天文学、印刷术、钟表、显微镜等；炼金术转向现代化学，医学的科学化以及自然科学方法的最终确立。就在一切看上去十分完美的时候，当时科学家认为物理学的成就仅剩下小数点后面六位数以后的事情了。人类开

---

① 吴国盛：《科学的历程》（第二版），北京：北京大学出版社，2013年，第201页。

始了物理学的另一个伟大时代,"20世纪20年代中期,人类发现了现代量子理论。该理论带来了自艾萨克·牛顿时代以来人类认识物理世界本质的最大变革。人们发现,曾经被被认为是具有清晰、确定过程的地方,在亚原子基础上,其行为是模糊的、断断续续的。与这个革命性变化相比,狭义相对论和广义相对论的伟大发现,似乎仅仅是对经典物理的有趣改变。"① 事实上,量子力学的革命性认知还没有结束。

18世纪的科学技术革命。首先,由英国工业革命导致的纺织机和纺织业,然后是蒸汽机的发明、制造和使用;再者,钢铁冶炼技术的革新以及化学工业技术的大发展;其次,18世纪的电磁学、光学、热力学和能量守恒定律、原子论的创立、天文学和遗传学微生物学以及进化论的创立;最后,汽车、火车、内燃机、电气革命的电动机、发动机、电灯电报电话和无线电等催生出第一代工业化国家,科学革命彻底改变了一个国家、一个地区的社会面貌。或许就历史学科而言,以上的这些话语全部是科学而非标准,很遗憾,无论在技术史、科学史上标准几乎不在编程以内,标准就是细节、然而本书却没有能力挖掘,这个工作确实属于历史学家,这里摘录一些看看标准:"16.6下水道的类型和尺寸下水道的类型、尺寸与形状上是多种多样的。住宅的污水一般是通过小口径的粗陶管道,管道表面上釉使其不会漏水;然后流入较大的管道或街道中的小型砖砌下水道。接着再与大型下水道相连。在使用初期,粗陶管道并不令人满意;与其说是由于和制造上存在缺陷,不如说是再把它们连接与固定在一起的方法上缺少知识和技术。"② 遗憾的是,这里将这一标准上的缺陷当作一种技术上的失误,精确地说,缺乏技术、产品上的一种技术规范、技术标准、产品标准。

二、新世纪的科学技术标准

按照学术界通识的第一次、第二次工业革命,而不包括计算机和人工智能时代的工业革命;计算机与人工智能,对于标准来说,意味着已经进入数字标准时代或被很多人誉为工业4.0时代。在几乎是所有人异口同声地高呼科学为

---

① [英]波尔金霍恩:《量子理论》,张用友等译,南京:译林出版社,2015年,第1页。
② 查尔斯·辛格等:《牛津技术史》(第Ⅳ卷),辛元欧等译,上海:上海科技教育出版社,2004年,第346页。

人类带来的伟大进步和腾飞,却没有人关注标准的丰功伟绩,就像没有经历捡拾时代的人类一样,一下子就突然拿起一块石头打制起来。工业革命、科学启蒙尤其是工业革命,没有发达的标准化体系,就不可能有工业革命,哲学史上人们在认知理论上对于因果联系、对于归纳、推理有着近乎着迷的推崇,实际上,在标准学看来,没有认知尺度的因果关系很难有创新,更无从谈起进步包括科学、技术的进步。

16世纪是工业革命的序曲,发达的科学技术为工业革命奠定科学的基础,随着哥白尼、伽利略的科学革命范式的确定,根据英国学者亚·沃尔夫《十六、十七世纪科学技术和哲学史》显示,科学、技术、标准发展迅速,包括科学仪器、天文学、力学、数学、物理学、地质学、生物学、医学等基础科学,其中很多古老的学科在这种背景下开始革命而成为现代科学的开端如地理学等众多古老学科开始转变现代科学;与此同时,技术开始登上历史舞台的中央,工业、农纺织业、冶金业,尤其是蒸汽机的发明使得人类社会进入工业化社会;最后,标准,很可惜很少人谈到标准对于工业社会或现代科学的贡献,这样的观念根深蒂固,只要有科学、技术,标准就是一种可有可无状态。从科学革命开始标准的作用一直被忽视,本书将其称为标准初期阶段,这个阶段被科学家称为解释我们世界的第一套体系,也就是经典物理学:"这一套体系已经存在了300多年,这就是牛顿的力学体系,机械论,这套体系的核心概念至少存在了2000多年,从亚里士多德开始,认为世界像一个大钟一样一旦上紧了发条,就有条不紊地运行下去,直到永远。这套体系与我们的日常经验吻合,里面的概念都可以用我们眼睛看到的具体事物来实现。"[1] 按照认知科学的理论,感觉的认知是科学的基础和开始,而科学的认知主要是将人类认知导向新领域,这也是人类认知的必然。

在这里研究标准科学和历史对于标准科学而言,都是一件非常不容易的事情,我们知道,历史学家害怕史前史的研究,如亚斯贝斯的感叹一样,而对于标准历史,不仅面临史前史的暗夜,即便在16、17世纪研究标准历史也是异常困难,因为,我们很难区分什么是标准?什么是科学技术?而且在科学技术的分析中,科学技术已将标准完全无视或屏蔽,我们即便有这样历史记录也无

---

[1] [英]波尔金霍恩:《量子理论》,张用友等译,南京:译林出版社,2015年,前言。

法将标准的火焰从科学技术的灿烂中分离出来。更多的情况是我们不得不用假设和推理来完全历史的空白,假如没有标准,会有蒸汽机吗?蒸汽机的活塞难道一直要靠感觉来完成?

我们无权利责备已有的历史,只能将这个阶段归为无意识的标准阶段。

与16、17世纪相比,标准科学开始从无意识阶段走向有意识的时代,科学家不再痴迷于原因结果这样的简单范式,很多科学的产物就是一系列的标准,标准开始与科学紧密结合,18世纪的科学技术还是从之前即16、17世纪的基础上继续发展,仪器、天文学、力学、数学、物理学、地质学、生物学、医学等基础科学继续前行,而且标准也进入一个新的时代,如物理学、化学等科学,没有标准也就无所谓科学,标准进入自在自为的阶段,就像康德所说的认知革命一样,标准发挥着这样的作用,通过标准体系认知自然界。再者,我们所认知的对象开始向感觉之外延伸,如化学、物理学、天文学等,人类开始构建自己的认知标准。在科学和标准的推动下,这个时期以蒸汽机、内燃机为代表催生出的火车、汽车、轮船等,尤其是标准的社会作用,使得人们的劳动、发明、创造在更大程度上合作成为现实。最为突出当属管理标准的出现,人类的各种劳动创造不再是自在自为状态,标准使得人们行为、集体的行为、每个人的行为通过标准结合在一起。

这个时期的标准是以电动机、发电机为标志。在标准学看来,包括电动机、发电机、电灯、电话、电报、无线电的出现都离不开标准,进而量子力学、原子能、飞机、航天工业等都与标准息息相关,标准成为这些成就社会化的纽带,标准和科学结合为一体将科学标准化、将标准科学化。

这里的科学标准,与传统的科学标准意义完全不一致,科学标准的内涵按照通常理解是指以科学研究成果为制定标准的依据,且这样标准范式得到法律的确认,而在标准史中,则是指标准和科学作为两个不同的认知方式,积极的结合而孕育出的崭新认知方式的时代,这个时代本书叫做科学标准时代。

在最初的感觉标准时代,也就是皮亚杰所指的感知运动。标准就是感觉尺度,当时的科学技术、符号还在孕育的过程中,这个时代的标准就是一系列感觉的尺度的链接形成。而在符号标准时代,符号和感觉结合在一起,标准则将符号表征和感觉表征固定化,更为先进的是,符号标准已经开始突破"符号帝国"桎梏,就像符号阶段的度量衡一样,标准开始和符号一起规制认知的尺度。

从伽利略以来,认知不再是简单地发现钻木取火的过程,不是阿舍利的石斧时期,或者说是建立了某种的标准认知科学,标准和科学处于一种若即若离的状态,标准就是标准、科学就是科学,二者很少有交集。在伽利略时代的初期,伽利略的重力加速度实验竟然在没有标准单位的情况下取得。而科学标准的后期,标准与科学两者认知方式相互融合,如光的速度的确立使得天文学成为一门完整的科学,又如现代物理学的规律和单位结合在一起成就一个理论、一种发现。

量子力学对于标准的题目应该是大谈特谈的内容,遗憾的是,笔者的量子力学的水平只是一个科普水平,在写作中我一直想方设法地回避这个题目,但是无论对于认知科学和数学,量子物理学都是无法忽视的,如果是这样,人类认知的都是不完全的。量子力学对于人类认知也是一个伟大的调整,尤其是不确定性原则简直是对人类认知的亵渎也对标准的藐视。标准在测量量子等物理现象方面仍然面临严酷的考验,对于量子物理的标准构建也是一种无法形容的挑战,但是从人类认知历史来看,人类从来就不知道水有分子式而喝水一直到今天,我们仅仅是需要知道它是人类的需要,对待量子亦如此,我们只是将我们知道的、理解的、有用的、可控的量子物理作为标准而已。从量子力学对现代工业的创造而言,我们对于量子力学的认知还没有结束,这不妨我们现在的工业产品的百分之三十与量子力学相关。

第五节 工业革命

一、工业革命的前提条件

工业革命的内容在本书中有一定程度的涉及,应该说,本书在长期的研究工作中,过分地将注意力聚焦于科学、技术,实际上这是一个错误,就像俄国批评家别林斯基所言:被自己的衣襟绊倒。在漫长的人类进化史中,科学技术只不过是晚近的事情,认知科学也证明了这一点,虽然这一论点没有被很多人接受,如在《简明中国科学技术史》一书中却将科学技术的开始一直追溯到人类进化之初。在人类漫长的进化史中科学技术也没有扮演着救世主的功能,工业革命的前提条件按照本书的逻辑，就是符号标准时代的认知和创造。但是，在这个阶段科学认知还处在分崩离析的状态，正如《牛津技术史》（第二卷）分析的："毋庸置疑，在本卷所要讨论的这一时期内，欧洲乃至世界历史上最重要的事件是近代科学的兴起，它具有极大的潜力。对这一意义运动的研究，已超出这部技术史的范围，然而其影响却充溢于本卷和随后两卷之中。中世纪末，科学与技术的触点极少，且微不足道；其中有些方面将在第19章和第22章中有所讨论。解释自然现象成了哲学家的分内之事，至于其实际运用，则留给了工匠。哲学家更为关心的是书本和观念，而对于事物则留意不多；他在对自然界做笼统的解释时展示了令人敬仰的聪明才智，但在细节上却极大地忽略了它们的实际运用。与此相反，工匠则对他所遵循的生产方法和工艺之外的知识知之甚少，甚至一无所知，因为那些生产方法和工艺是代代相传到他手上的，而且它们已经能使他达到所需的效果；对那些解释他行为的理论，他则全然不知。只有在17世纪才有极少数人意识到（尽管这一念头在中世纪已有征兆），原来科学与技艺均与自然现象相关，且可以相互倚重。人们逐渐明白，有关自然的知识赋予了人们控制自然力的力量。自培根、伽利略和笛卡尔的人时代起，在欧洲就一直有人认为科学必须最终指导技术人员的活动，并认为科学性的技术将塑造文明的未来进程。"[1] 但是工业革命不在此列。

这样的论述没有很好地说明标准作为工业革命第一动力原因，换句话，实际上否认了科学那登峰造极的作用。美国数学家克莱因将科学作为人类进化的"第一动力"，而在工业革命中，标准或认知的尺度扮演着真正"科学"的作用。从科学上推理，工业革命，我们也称谓蒸汽机工业、工业化等，严格地说与哥白尼、伽利略或牛顿的科学理论并无直接联系。这里我们想来一个小小的结论：科学技术在人类历史上长期以来没有发挥着我们期待的作用包括工业革命初期。而且，工业革命的前期很好地诠释了长期以来人类认知的状态。所谓工业革命是指发生在18世纪60年代英格兰的工业化过程，其特征是以大工厂、大机器为代表的科学技术革命。工业革命的主要因素有以下三个方面构成：蒸汽机、煤炭、钢和铁。在这里我们看不到伟大科学家的理论作用，看不到罗吉尔·培根、哥白尼、伽利略以及牛顿，百度词条中的说明很有意义："工业革命

---

[1] [英]查尔斯·辛格等：《牛津技术史第三卷》，高亮花等译，上海；上海科学教育出版社，2004年，第三卷，前言。

不能仅仅归因于一小群发明者的天才。虽然天才无疑起了一定的作用,然而,更重要的是18世纪后期起作用的种种有利力量的结合。除了在强有力的需要的刺激下,发明者很少做出发明,作为种种新发明的基础的许多原理在工业革命前数世纪已为人们所知道,但是,由于缺乏刺激,它们未被应用于工业。例如,蒸汽动力的情况就是如此。蒸汽动力在古希腊化时代的古埃及已为人们所知道,甚至得到应用,但是,仅仅用于开关庙宇大门。不过,在英国,为了从矿井里抽水和转动新机械的机轮,急需有一种新的动力之源。结果引起了一系列发明和改进,直到最后研制出适宜大量生产的蒸汽机。"[1] 以上的说明非常客观,首先,工业革命不是某个科学范式的产物如自由落体运动、日心说等,而是人类认知的不断的累计的结果;其二,工业革命应该是人类认知的成就,换句话应该是认知尺度标准的结果。当然这个过程是一个非常复杂难以说清楚的,记得达尔文为了让他的读者理解他的进化概念一样,概念性地说,这是一个社会认知过程,具有自组织、群智慧的特点。经过科学时代不断孕育和发展,人类在科学的认知下提升自己在自然界的地位,就像一位科学家所言,牛顿的那个苹果不是一只普通的苹果,人类吃了它彻底改变自己在自然界中的地位。科学标准的时代使得人类的面貌发生翻天覆地的变化,就像马克思对资本主义巨大生产力的形容一样。

　　让我们继续查尔斯·辛格对于这一段工业革命科学和技术的关系的分析并结论:"尽管如此,大脑若高估此类想法或是纯科学的成就对于所涵盖时期的欧洲技术的影响,将是荒唐可笑的。举例来说,有少数几种技术,如航海(第20章)和工业化学(第25章)直接受到了科学思想运用的影响,但很多试图使工艺方法合法化并加以改善的早期尝试都是以惨败收场的。科学方法及科学发现在生产的经济活动中的逐渐渗透,分析和精密测量对工匠们不可捉摸的技艺的取代,是一个要延伸到本书后几卷的冗长故事。但直到17世纪结束后好多年,工业进步在很大程度上还是依赖于工艺发明,而不是依赖系统性科学研究的成果。后者的绝对统治地位确立于19世纪末期,这部《技术史》认为,这标志着人类历史上的一个折转点。因此,尽管纯科学在16和17世纪取得了重大成就,但技术的基本要素与早期时代没有很大的不同。像前几个世纪一样,这几个世

---

[1] https://baike.baidu.com/item/%E5%B7%A5%E4%B8%9A%E9%9D%A9%E5%91%BD/895? fr=aladdin.

纪具有以下几个方面的特征：手工工具、自然力和畜力的使用占统治地位；较少使用金属；大量消耗熟练或不熟练的人力；小规模生产。即使在这个创造性的时代，发明和新方法也不以新颖性作为特征，因为循序渐进的工匠和企业仍处于主导地位。"① 举例说明，炼金术是也，炼金术被伟人们形容为最原始的化学，遗憾的是，这些炼丹家他自己都不知道自己炼的是什么，只有现代科学理论的指引，才有现代化学的出现。

而工业革命就是这个过程的转折点。工业革命的后期正是科学与工艺、技术密切结合的时代。

二、工业革命是一个不断发展的过程

迄今为止，工业革命已经四次了，我们现在谈论工业革命4.0实际上也是在谈大数据时代。历史上人类经历了蒸汽机时代、电气化时代、计算机时代和大数据时代。当然大数据时代在本书中被归纳在数字标准时代。工业革命时代更像是人类认知进化的典型过程，以蒸汽机为例，蒸汽机的原初模型最早出现在公元1世纪的亚历山大时代，在中国古代也有这样的设计模式，我们现在说的蒸汽机是指瓦特改进后的成就，在此之前煤矿排水使用的是纽可门发明的设备，这种设备在大规模地使用。而瓦特所做的是一个革命性的改进。这一点就如同剑桥科学技术史的观点，技术具有进化的能力，如弓箭、投枪、枪支、火箭、导弹可以看出技术进化的轨迹。工业革命的第二个要素就是大工业化，这一点对于标准非常重要，大工业的基本特征就是要标准化，只有标准才有可能让大工业在人类行为、质量、程序等方面有效地组织起来。这也是现代工业不同于手工作坊的特点。可以这样说，大工业是管理标准出现的最为重要的背景和需要。

这也是管理标准出现的根本原因。在标准的历史中，由于符号语言标准时期的符号标准的成就——度量衡出现，以及经典物理学的理论指导，标准似乎又一次走到了历史的尽头，标准的唯一使命就是更加的精确。然而，标准的生命力又一次被焕发出来，事实上，这不过是标准的本质又一次诠释。管理标准是标准发展的另一个顶峰，它的具体体现在企业管理过程中，以至于即使到了

---

① ［英］查尔斯·辛格等：《牛津技术史第三卷》，高亮花等译，上海；上海科学教育出版社，2004年，第三卷前言。

今天，有的学者依然有"管理就是制定标准"的论断。内容上，管理也有着漫长的历史或过去，而我们这里所谈的管理是指现代企业管理，诚如格伦·波特所言："把管理看作一门科学或技术，这种见解主要是在 20 世纪形成的。正如波拉德指出的那样，'实际上直到 20 世纪'，对管理的广泛研究和公开讨论才开始出现。如同大多数称为实用知识的领域一样，管理作为一种思想体系，仅仅是为适应各种需要才逐步出现。直到人类历史的相对晚近时期，高度有组织活动的数量和多样性大多在工商系统才达到一种相当高的水平，足以系统化地产生了如何卓有成效地安排活动的总体思想。"① 以上观点有着深刻的认知科学根源，管理尤其是企业管理就是一种认知的建构，而这种构建是以感知-运动为基础为根本。因为，皮亚杰认为："不管所采取的智慧标准是什么，比如克拉莱德的'有目的的探索，'科勒或彪勒的'突然理解'或'顿悟'以及'方法和目的之间的协调'等，人们都同意在语言发生之前已有智慧存在。但这时期的智慧主要在求得实际效果，而不在阐明实际的情况；可是这种智慧却能构成一种复杂的动作—图式（action-schemes）体系，并按照空间-时间的结构和因果的结构来组织现实的东西，最后成功地解决了许多动作方面的问题（如伸手取得远处的或隐蔽的物件）。但是，在缺乏语言或象征的功能的情况下，这些结构的形成，只是依靠知觉和运动的支持，并通过感知—运动的协调活动，还不存在表象或思维的中介作用。"② 这是行为和管理的最基础，是人类一切行为或智慧的开端，这样，我们就可以将现代管理与认知科学、与标准科学联系在一起。

在管理中，由于标准化形成了一种特殊的管理范式，有的人把它叫作美国式，也有人称为可互换体系："当时的美国驻法国公使托马斯·杰斐逊在 1785 年写的一封信中，谈到他对一名叫勒布朗的军械工人的访问：这里对滑膛枪的结构做了一项改进，这可能会引起国会的极大兴趣，他们在任何时候都想得到是什么东西。这项改进就是把滑膛枪每一个零件都做得完全一样，每一支枪的零件都可以用于库房内的任何一支滑膛枪。这里的政府已检验并批准了这个方法，并且为实施这一方法建立了一座大型制造厂。但到目前为止，发明者仅完

---

① ［英］查尔斯·辛格等：《牛津技术史》（第六卷），高亮花等译，上海；上海科学教育出版社，2004 年，第 47 页。
② ［瑞士］皮亚杰等：《儿童心理学》，吴福元译，北京：商务印书馆，1980 年，第 6 页。

成了该计划中滑膛枪的枪机部件。接着将立刻着手用相同的方法制造枪筒、枪托和其他部件。想来这可能对美国有用，于是我去拜访了这名技工。他拿出50套零散的枪机零件，并隔开排列进行装配。我尝试着拿起手边的零件自己也装配了几个，它们配合得相当好。当武器需要修理时这种方法的优越性最为明显了。他是用自己设计的工具来实现这种方法的。由于这种方法同时又减少了工作量，因此他认为他能提供比一般价格便宜2里弗的滑膛枪。"[①] 我们曾经提到美国的南部战争初期大规模的滑膛枪的生产、T型汽车的制造，以及后来的美国航空母舰、谢尔曼坦克的大批量生产。这是一个从经验管理到科学管理的过渡，这个过渡的条件和支撑就是标准的制定，《技术书》这本书的分析很到位："……建立这种体系的最主要的目的是用正确有效的机器操作代替那种需要长期的实践和经验积累才能获得的机械能手的机能，而不管从哪个角度考虑，这个国家都具有这种技能。这样，只有极少数熟练军械工人的美国，通过将他们的技艺机械化，也许为引入新的生产体系奠定了良好的基础。这就是在欧洲被人们所知的'美国'体系。这种体系比较经济，因为生产过程可以被分解成许多操作，每步操作都在专为工作而设计的专用设备上进行。"[②] 这样我们很好理解泰罗制的标准含义，在泰罗制中，标准就是最佳工人和设备、工作量的比例关系。

几个不相干的结论：标准需要不断的进化积累，这一点和技术一样；精确性不是标准的特点，而是一种认知，它标志着人们的认知能力和控制能力。

第六节　技术标准史

一、技术标准概述

技术，人类最早的语言之一，最早的认知、也是推动科学发展的最根本动力。现在人们往往将科学技术不分彼此并列，技术到底是什么？查尔斯·辛格

[①] 查尔斯·辛格等：《牛津技术史》（第Ⅳ卷），王前等译，上海科技教育出版社，2004年，第298页。

[②] 查尔斯·辛格等：《牛津技术史》（第Ⅳ卷），王前等译，上海科技教育出版社，2004年，第298页。

等技术史学者这样回答:"'技术是什么?'可能就是最初的问题。对于一个其范围是由著作本身目的来指出的术语进行煞费苦心的考察,是没有什么用的。在词源学上,'技术'指的是系统地处理事物或对象。在英语中,它指的是近代(17世纪)人工构造物,被发明出来用以表示对(有用)技艺的系统讲述。直到19世纪,这一术语才获得了科学的内容,最终被认为几乎与'应用科学'同义。……编者所说的技术,包含如何做一件事或如何制造一样东西,并扩展到做了一件什么事或制作了一样什么东西的描述。"① 这是牛津技术史上关于技术的定义,经典的技术定义,还是与标准一样,最大的特点就是应用科学。可以这样理解有什么样的科学就会有什么样的技术,技术在千万年的进化中一直是科学的一个又一个的附庸。在这里我们还是要问,奥杜威技术、阿舍利技术属于哪个科学体系?是物理、还是数学?都没有,技术和标准一样都是人类认知的结果。而且特别要强调的是,技术这样的范式一直持续到今天,可以说是真正以解决问题为导向的思维方式,而不是以哪个理论为基础为指南的产物,技术真正体现人类为了解决各种问题的认知。美国学者布莱恩·阿瑟这样认为:"技术,阿瑟指出,不是科学的副产品,而是或许恰好相反,科学史技术的副产品。古希腊人很早就懂得这一原理。亚里士多德说过,理论家的工作在于冥想,他们的模型是恒星系统,具有'永恒'这一基本性质。技艺是实践者的工作,是一种关于偶然性的艺术,探求永恒原理的哲学家,不愿为也。两千年后,技术仍然是卑贱的实践者的工作(例如米开朗琪罗的工作),却引发了近代科学。"② 在很多情况下,一般都是这样的逻辑,技术是科学产物,技术是在科学的指导下的具体应用和推广,而在历史上和实践中,技术从来不是科学的副产品。且技术与科学的关系也是各不相同,技术对于人类的作用不同的人认知也不一样,有的认为技术的基础就是科学,技术对于人类不过是小恩小惠,都是一些细枝末节的东西,而且在社会有了等级之后,技术就是下等人的工作,推向天堂和真理之路从来不会在这些人的思想中,只能在那些高贵的哲学家的大脑中;而在霍布斯的眼界中技术却是另一番天地:"人类最大的利益,就是各种

---

① 查尔斯·辛格等:《牛津技术史》(第Ⅳ卷),王前等译,上海科技教育出版社,2004年,前言。
② [美]布赖恩·阿瑟:《技术的本质:技术是什么,它是如何进化的》曹东溟等译,杭州:浙江人民出版社,2015年,推荐序一。

技术，亦即衡量物质与运动的技术，推动重物的技术、建筑，航海术，制造各种用途的工具的技术，计算天体运动、星体方位和时间部分的技术、地理学技术，等等"① 实际上，从人类进化的路径来看，技术和科学确实不是同一条道路，也不具有同样的认知范式。

美国学者布赖恩·阿瑟则有不同的概念："技术的三个定义：技术是实现人的目的的一种手段。技术是实践和元器件的集成。技术是在某种文化中得以运用的装置和工程实践的集合。"② 就认知科学和人类进化而言，技术的出现尤其是比现代物理学范式的出现要早上很长时间，我们把奥杜威文明称为技术而不是科学为什么？公允地说，技术和科学、标准一样也是人类认知的一种范式，一种人类社会长时期的认知方法，而且在很长的一段时代内，技术就是技术，我们也可以不夸耀地说：科学有可能以技术而不断进化。如果从瓦特的蒸汽机来看，发现的科学成分很少，创造天才却很多一些。技术说到底就是一种创造。马克思的论述更具认知科学上的意义，马克思认为："工业的历史和工业已经产生的对象性的存在，是人的本质力量打开了的书本，是感性地摆在我们面前的、人的心理学。"③ 很欣慰，马克思直接将技术指向一种认知。这与技术的概念完全一致，我国学者徐良指出："广义的技术是指人类在改造自然、改造社会和改造人自身的全部活动中所用的一切手段、方法、知识等活动方式的总和。"④ 还是用认知科学来看，宏观上，技术就是人类的一种认知。

我们用实例说明什么是技术，我们还是看看布赖恩·阿瑟的引述的两个钟表匠的故事："假设每只手表都集成了1000个零件，一个叫坦帕斯的钟表匠一个零件一个零件地安装，但是，如果他的工作被打断了，……他就必须从头开始。相反，一个叫赫拉的钟表匠则是将10个模块组合。如果他暂停工作或者被打断，他只是损失了一小部分工作成果。西蒙的重点是：将零件集成化可以更

---

① 北京大学外国哲学史教研室编译：《十六－十八世界欧洲各国哲学》，北京：商务印书馆，1963年，第64页。

② [美] 布赖恩·阿瑟：《技术的本质：技术是什么，它是如何进化的》曹东溟等译，杭州：浙江人民出版社，2015年，第26页。

③ [德] 马克思：《1844年经济学－哲学书稿》，（译者不详），北京：人民出版社，1979年，第80页。

④ 徐良：《技术哲学》，上海：复旦大学出版社，2005年，第47页。

好地预防不可预知的变动,且容易修复。"① 而这个例子在标准学看来,赫拉的做法是一种标准化过程,如果这不是一只手表也不是1000个零件,而是一架巨型的航天飞机或一艘航空母舰,没有标准,世界上可能永远不会出现这样庞然大物,可见,标准是一种认知,还是认知的内容和规则,不是抽象的是具体的规则。技术需要标准,需要一种透明的、规范的、衔接的工艺、持续的规则,对于技术尤为重要,这个规则就是标准。

二、技术与科学的关系

技术在一般的观念中一直是科学的附属品,好在一点技术比标准强一点,人们还认可技术:"教授们解释道:技术是科学的应用;技术是经济中关于机制和方法的研究;技术是工业工程中的社会知识;技术是工程实践。"② 实际上这个概念连作者本人都不愿意接受。精确的技术的内涵是一件不容易的事情,从认知科学而言,科学、技术都是人类认知的成就,而且这些认知不仅仅出现在最原初的时代即感觉认知时代,也出现在数字化时代。库恩将相同的认知方式、内容定义为范式,如果看继续延伸,技术不过是不同于科学的范式,一种历史沿革出来的范式,这个意义上,科学不是技术的奴仆,技术也不是科学宠儿,而都是人类认知的成就和范式,从这个意义上,技术的社会性更强于科学。科学或许略显得纯粹一些。虽然科学和技术有着某种不可回避的关系,都是很多技术理论方面的权威确都不愿意涉足这个领域,刘易斯·芒福德如此,布赖恩·阿瑟亦如此,他们分别是《技术与文明》《技术的本质》的作者,就认知而言,科学和技术不存在孰重孰轻的问题,甚至在生存方面技术的存在强于科学。不仅如此,长期以来,东西方社会对于技术都持一种不屑一顾的态度,德国学者F·拉普在他的《技术哲学导论》中一针见血地指出:"忽视技术哲学的传统的根本原因,除了具体的历史情况之外,还跟西方哲学注重理论的传统有关,人们曾认为技术就是手艺,至多不过是科学发现的应用,是知识贫乏的活动,不值得哲学来研究。由于哲学从一开始就被规定为只同理论思维和人们无

---

① [美]布赖恩·阿瑟:《技术的本质:技术是什么,它是如何进化的》,曹东溟等译,杭州:浙江人民出版社,2015年,第35页。
② [美]布赖恩·阿瑟:《技术的本质:技术是什么,它是如何进化的》曹东溟等译,杭州:浙江人民出版社,2015年,前言。

法改变观念领域有关，它就必然与被认为是以直观的技术诀窍为基础的任何实践活动、技术活动相对立。"① 这与中国古代的劳心者治人劳力者治于人的说法异曲同工。

技术就是一种科学，一种与科学不同的东西。举例，一把奥杜威的石斧就是阿舍利石斧的前身、就是斯科特技术的基础。也是北京人的石器、也是尼安德特人的工具，所不同的是，他们有着完全不同的进化路线，不同的具身场景。

总之，科学与技术、标准都是人们认知的成果，由于其所处的社会地位不同、具体时间场合的不同、由于哲学价值不同，导致人们对哲学同是认知成就的东西出现了很大差异。科学、技术、标准都是不同的形式、都是人们认知的成就。

三、标准与技术的关系

前面我们讨论了科学、技术和标准的关系的，这个问题应该说在历史中，尤其是在人类起源的过程中可以得到一部分答案。人类最早脱开本能的理性的认知当属标准，如果我们觉得这样的词语过于生硬的话，也可以是我们也使用过的认知的尺度一词，人类最早的认知形式就是感觉认知，这个时候很难谈得上技术，这时候的人类认知事物都是通过感觉完成，感知自己的行为、设计自己的行为、控制自己的行为。现在按照皮亚杰的人的认知阶段和本书的认知一个阶段划分来分析。

感觉认知阶段，皮亚杰将其称为感知运动阶段。从历史上看，从认知科学的角度和认知的成就来看，标准先于技术，在人类学教科书上，我们用来形容技术的现象，大概只有阿舍利石斧被称为阿舍利技术。我们知道，阿舍利技术是一种较之奥杜威工业更为先进的石器加工技术，距今约150万年，在这个时期没有语言、言语等极为简单的表征形式，很难想象这个时候的技术是通过什么形式表征出来的？对于人的早期认知，皮亚杰是这样划分的：感知运动阶段（从出生到两岁左右），其特点是人们的认知智能应用某种原始的格局对待外部客体，能开始协调感知和动作之间的活动。这个阶段是个人认知的开始，从人类演化的角度也是人类认知的开始，这个阶段从人类历史上看，即便是到言语

---

① ［德］F·拉普：《技术哲学导论》，刘武等译，沈阳：辽宁科学技术出版社，1986年，第177页。

时期大约持续了500万年左右，它的结束应该是100万年前左右的言语出现的时候，这个时期应该是属于感觉或知觉认知时期，在这样的阶段谈论技术很是奢侈。从以上分析，感觉尺度认知是人类认知的开始，换句话就是感觉标准时期。

语言符号阶段，这是人类认知的第二阶段，需要说明的是，技术的标准是复杂的，就现代而言，技术完全可以是感知的、符号的、科学的和数字的，而且需要和感知发挥着重大作用。但是技术却不是与我们理解的传统的语言相吻合，而是与表情、最早的技术应该出现在阿舍利时期，这个时候按照人类体质学考古发现，人类已经具备一定的言语能力，可以用言语、感觉一起思维，特别强调语言，即便是到了中世纪，技术主要掌握在工匠的手中，他们几乎都是文盲，只有言语能力而不具备健全的语言文字能力，这也就导致大多数技术成为一种技能，一种职业所具备的能力。

科学标准时期，科学标准时期是指以科学实验为主要依据建立起来的标准，就社会效益和作用而言，技术给人类带来的社会成就并不亚于科学，中国的四大发明、登峰造极的青铜器、钢铁等都是在没有科学理论下产生的，这个时候的认知依旧是由言语和感知组合的一种尺度。这个尺度就是标准。因此我们很难讲技术与标准截然分开，但是，标准和技术又有着细微或者大的差别，以我国的青铜器为例，在商代我国的青铜器无论工艺、技术都达到了当时顶峰状态，模具、温度、材料这一切的标准都是由感觉和言语完成的。

本章小结及结论

科学标准时期是还在继续，很多有文字的文明因为种种原因没有踏上科学认知的时代，科学时代标准有两个体系组成：一个是亚里士多德以降的牛顿经典物理学标准体系，事实上，我们现在的大多数观念还停留在牛顿时代。另一个为量子力学时代，量子力学对于标准就像是双刃剑，一方面，量子力学离不开标准，另一方面，量子力学对于标准同样也是存在不确定性，从理论上推理，没有标准的量子物理，就像燃尽的火焰的灰烬。现代是一个更加需要标准的时代。

第五章 数字标准时期

第一节 数字标准时代概述

　　数字时代是人类认知的一个新领域。大数据和微观世界是其最为主要的表征，而表征的手段就是数字。在这里数字时代除了指数学外，更多意义上是数字。数学是计算的科学，数字作为人类认知世界的手段也有着比较悠久的历史。这是和人类的文字相比，因而也形成哲学上的数学主义，若按照古希腊柏拉图学院的院规"不懂几何者不得入内"那么如今我们当中的一些人也有可能不能游览柏拉图学院。同时，毕达哥拉斯学派形成了一句影响至今的箴言：万物皆数。本书这里特别强调数字而不是数学，其目的在于从认知科学的角度来看，数字是数学和数字的结合体，从一定意义上说，数学更多地表示计算能力，而数字则更多表示认知的范式和认知的领域，但是完全将二者区别开来也是不科学。在本书看来，如果没有数学家克莱因的众多数学文化或哲学的书籍，那么就只能从认知科学的角度来谈论数学，克莱因是这样评价数学的功能的："在17世纪，布莱士·帕斯卡为人类之无助而悲哀。然而今天我们自己创造的一种极为有力的武器，数学给予了我们关于物理世界巨大领域的知识并使我们掌握了控制权。大卫·希尔伯特，现代首屈一指的数学家，他于1900年在国际数学大会上的演讲中说道：'数学是一切自然现象的严格知识之基础。'我们有理由补充说，对于许多重要的现象，数学提供了我们所能有的唯一的知识。"① 数学是人类认知的方式之一，在认知科学中很多有远见的科学家高度重视数学在人类认知的作用，皮亚杰本人包括被后人称之为皮亚杰学派的学派，高度重视数学与逻辑认知的心理和生物学基础。而数字则是更多地反映人类社会将数字作为认知手段，将数字作为人类认知的新视野，也就是所谓的大数据等，数字标准时代作为认知范式，也是人类认知的新领域，如精准医学、纳米技术、数控机床、材料技术等几乎覆盖全部领域。数字时代既是数学时代也是数字时代，既具有科学性也具有社会学的性质。对于数字标准时代，我们不应该忘记最为重要的特征之一，数字标准时代也是人类计算能力最强的时期，由于强大的计算能力，人类有可能进入纳米世界、大数据时代、量子物理世界，借助数学我们开始接触量子物理世界。

数字标准时期成熟的三个方面条件：第一，数字认知是人类认知的必由之路，数学科学的高度发达，数学已经成为人类认知自然界、社会等方面的最佳方法或范式，有一点是无疑的，那就是没有牛顿、莱布尼茨、笛卡儿的数学成就，人类的视野和控制能力，就不可能达到现在最优的状态，数学就像克莱因所言是人类的认知能力。第二，数字标准时代使得我们进入一个全新的世界和领域。我们有可能在短短的时间去处理巨量的信息，用数量认识世界，正如《中国科学技术史》（度量衡卷）所言："第一节数和量是认识客观世界的基础知识。人类在宇宙中求生存，与之发生关系并且不可须臾离开的就是自然。人类之所以能逐步地了解自然、认识自然就是因为人类逐步建立了计量自然现象的各种标准，可以说人类从一开始对自然界许多'知识'的了解和认知，都是从'计量'过程中得来的，计量愈精，所得到的知识也愈正确。量这个概念应该是在旧石器时代已有比较明确的认识，很可能与形体的概念同时形成。在不断地生产实践中，人们开始应用它并创造了许多测量方法。"② 第三，计算能力真正成为人类认知的能力、控制的能力，而且这种能力是通过数字实现的，如果没有数字控制、数字机床等数字标准等美国的 B-2 将永无可能横行天空，科学技术已经将计算能力作为一个国家的基本国家力量。我们熟悉的四色定理在巨型计算机的计算下，从假说变成事实。第四，标准也迎来有一个辉煌的时代，

---

① ［美］克莱因：《数学与知识的探求》（第二版），刘志勇译，上海：复旦大学出版社，2019年，前言。

② 丘光明等：《中国科学技术史：度量衡卷》，北京：科学出版社，2001年，第52页。

在人们讨论大数据给人类带来的变化和未来影响的时候，标准的消失将是不可避免的。事实上，大数据离不开标准。在认知科学看来，尤其特指其计算能力、抽象能力等，而数字则和符号、科学一样，数字给我们又一次打开一个新的世界，大数据、人工智能、纳米技术、精准医学和所有以数量为名的各个学科都是数字标准时代的表现，没有发达的数学大数据实际上有任何疑义，因此将二者分割开来没有意义，在认知科学看来，数字数学有着内在的本质联系。数字时代可以这样形容，数字时代对于人类认知来说，是一次认知革命，为我们又一次开启一个认知的新时代，由于数字给我们展现出前所未有的认知世界，我们的行为、认知就是建立在此基础之上；数字使得我们认知世界的计算能力空前提高，过去皓首穷经地研究视野、永远看不到边界的论证或无法证明的东西，现在只需要几秒钟、几小时、几天就可以彻底解决。以圆周率为例，我们现在知道的圆周率可以达到几乎无法形容的地步，31.4万亿位！从祖冲之到31.4万亿位，也就是1500年的历史；似乎标准完全可以离席科学技术等领域进入历史的尘埃之中，然而没有，标准的重要性更为突出，标准原有的特点或本质，在很多还有认知到的东西又一次彻底展露出来，纳米技术需要标准、大数据需要标准、密码需要标准。

　　每一个新的认知领域，都给标准带来一次严酷考验和新生的力量和土壤。不过在标准科学看来，我们仍然需要解释和说明清楚标准存在的必要性和合理性。在这一点上，美国数学家克莱因将问题说得最为透彻，数学和数字无论如何深奥还是人类认知能力和认知形式的方式，而且由于认知能力将我们人类带入全新的世界。在这样一个陌生的领域中，我们更加需要一种我们人类认知的认知尺度，来表征我们的认知、规范认知。标准就像是元初的感觉标准，让我们感觉到我们的认知。就像克莱因所言，我们就像感觉一样高效、迅速、认知到我们与自然的关系，感觉到我们的思维。

　　在每一个新的新的领域中认知媒介又是标准或认知尺度的新生，是人类利用认知标准来认知世界的方法。哲学上人们念念不忘大概就是因果关系，将事物的前前后后解释清楚联系起来。标准才是推进人们认知的最根本方法，在人类进化的过程中，标准就是人类认知"计算机"，是人类最早的认知的计算机或运演器，标准是感觉认知器官的感觉感知的加法，这应该是最早的标准范式，在感觉认知过程中，先祖们将他们能够认知的要素，包括质量、重量、速度、角度、形状、温度等结合起来进行运演；他们打制的粗糙不堪的手斧就如同他们的认知能力一样，这样比喻用在数字标准上，那就是人类目前认知的最高认识、控制水平的体现。

标准是最早的数学模型，或者说是数学模型的摇篮。标准是人类又一次认知的基础，我们在使用这些工具、器皿、建筑的过程中，认知又一次开始。有所不同的是，这次认知的媒介或范式是数字，人类在此之前已经经历了感觉认知、符号认知、科学认知和数字认知的时代。

数学是人类认知的一个极为重要的领域，这样的观点一些学者有所反应，托马斯洛这样说明文化的差异性和创造性："在一般情况下，在数学实践上的巨大的文化差别的原因是不难认识的。首先不同的文化和不同的人对数学具有不同的需求。大多数文化和大多数人都需要掌握货物的数量，而这不是自然语言中的词汇能表达清楚的。当一种文化或一个人需要精确地计算物体的数目或测量物体的尺寸时，例如在复杂的建筑项目中，等等，就产生了对更为复杂数学的需要。现代科学作为一项事业仅仅是由某些文化中的某些人群从事的，它显示出一系列新的难题，解决这些难题也需要更为复杂的数学技术。但这种情况下就像书写一样，复杂的数学如同我们当今对它知晓的那样，是通过使用特定形式的图形符号来运作的。具体说，就是阿拉伯数字比其旧式的西方数字（例如罗马数字）高明得多，它更适合于复杂数学，包括数字零的使用以及使用位值制来指示大小不同的单位，它为包括西方科学家在内的人们开辟了数学运算的新前景。"[1] 这只是简单地说明数学的一般性意义，而数学家克莱因的借用更具解释力："柏拉图对天文学的态度可以说明他关于我们应探求的知识的观点。他说，这门学科并不关乎可见的天体。太空中星辰的排布及其表观运动的确奇妙美观，但这只是观察和对运动的解释，离真正的天文学相差很远。在达至这门真正的科学之前我们必须将天空搁置在一边。因为真正的天文学研究的是数学天空中真正星辰的运动规律，而可见天空只是数学天空的不完美的表现。"[2] 柏拉图的原话更加精彩，在这些话中，我们可以看到胡塞尔的根源，看到伽利

---

[1] ［美］迈克尔·托马塞洛：《人类认知的文化起源》，张敦敏译，北京：中国社会科学出版社，2011年，第45页。
[2] ［美］克莱因：《数学与知识的探求》（第二版），刘志勇译，上海：复旦大学出版社，2019年，第3页。

略并不孤立。这段话的对错不重要，有一点必须说明的是，这段话包含关于认知的形式包括视觉（知觉）和数学以及知觉、数学和科学一系列问题的关系。

很奇怪的是，在大数据或数字标准时代催生下的科学又一次开始了标准消失的曲目。在他们的理论中，大数据已经完成超越了传统标准化可能所有功能和视野，又一次可以寿终正寝了。但事实上是没有，为了不让大数据变成"葵花宝典"，我们需要标准这个认知的尺度，认知需要规制，即便是自己的认知，为了将微观世界中我们人类的思维、认知中的劳动表现出来，纳米世界需要标准，可以得出这样的结论：没有标准的纳米世界会让我们的工业水平回到符号时代的水平。没有标准不会使得数字时代更加光辉灿烂，甚至会让数字时代寸步难行。比如二维码，这个几乎是童叟皆知的表征，但如果没有标准的规范，二维码还有可能存在吗？我国的二维码技术开始于1993年，随着中国市场经济的不断完善和信息技术的迅速发展，国内对二维码这一新技术的需求与日俱增。我国制定了两个二维码的国家标准：二维码网格矩阵码（SJ/T 11349－2006）和二维码紧密矩阵码（SJ/T 11350－2006），至此我国的二维码标准正式确立；另外，我国银行系统正式承认二维码支付地位。也许很多人会将这一切归结为法律。实际上，标准的功绩才实至名归，法律不过是标准成为国家标准或公共标准的最后一道手续。

数学是认知科学中进化出的最优秀的学科，但是如果将所有的功绩都归为数学，显然是很不公平的，数学如果没有物理学等学科，尤其是计算机等科学的推动和需求，或许就不会有今天的成就和认知视域。雅布伦诺斯基认为："数学在很多方面来看都是各个学科当中最精细和最复杂的，至少在我这个数学家眼里是如此。因此我发现，在描述数学的进步时自己会感到特别愉快，也有特别的约束，因为数学一直以来是人类玄思妙想当中的一部分：是人类的智力攀升过程当中出现的一道通往神秘和理性思维的阶梯。但是，有些概念是任何一类数学史稿都必须要包括进去的：求证的逻辑思想、自然（尤其是空间）的准确法则的经验概念、运算概念的出现，以及数学从对自然的静态描述转向动态描述的运动。"[1] 应该说这是一个数学家对于数学的一种描述，而本书这里则用的是数字。从认知科学来看，数字与数学不是一个概念，虽然它们有很多地方

---

[1] [美]雅·布伦诺斯基：《科学进化史》，李斯译，海口：海南出版社，2001年，144页。

是交叉的。对于数字和数学在标准科学或认知科学看来，实例是一种认知手段，主要的特征是社会性其次是认知力，在认知科学看来，数字时代意味着认知的主要方式或主导方式以数字为核心，以人类的认知能力为主导。

德国数学家克罗内克认为只有自然数才是上帝的恩赐，余下的都是人类的认识的产物。数学或数字表征和认知的最佳路径之一，是人类认知能力的集中表现。现在标准的数字是指以阿拉伯数字为表征的一种体系，据史书记载阿拉伯数字的发明者并不像它的名字一样是阿拉伯人，而是印度人。本书所指的数字要比现在通行的数字宽泛得多的一切数字。历史上，有很多种数字体系，罗马、玛雅、中国、印度等都有自己的特殊的数字体系，如罗马字母等，并在各种文明中发挥着不可替代的作用。数字不是数学，这要区分开。数学一般而言是一个学科的代名词，这样理解或许更为恰当，数字反映一个社会或国家、个人的表征和计算的能力。而且最后表征和计算能力不是符号出现以后才有的，认知和计算是每一个动物的天性，而人类则是具有多种表征和计算能力的物种，然而现在的史学喜欢把人类的计算能力和符号结合起来描述人类认知能力的不断发展。

我国最早的仰韶文化以及后期的马家窑文化等遗迹出土陶钵口沿上出现几十种画符，据推测可能是某种计算符号，距今约7000年；7000年前的美索不达米亚出现的泥板上的数学运算；6000年前古埃及草纸上的运算，都标志着数学作为人类的认知能力的水平。从历史的发展来看，是这些数学成就为人类进入世界各个国家，进入亚斯贝斯的轴心时代奠定了认知上的基础。以色列历史学家尤瓦尔·赫拉利将这一时期称为认知革命。

数字和数学是一对难解难分的概念，二者存在着交叉的关系。有一点必须说明，数字不是数学，所谓数学也被称为数与量的科学，而数字则是人类认知的手段之一，是社会化认知的方法，社会是数字的作为主要的特点，也是我们现代认知的基本形式。如何理解数字和数学之间的关系，本书认为只有从认知科学来理解这两者的特点和关系比较容易一些，数学就是一门科学，是人类建构的科学认知能力的体现。罗素曾经有一个数学的概念，被很多人形容为看不懂的概念，一般而言，如前文所言数学就是数和量的科学，这与最早的数学的天文学（几何）和代数相关。本书不采用数学而是用数字是按照认知科学和社会认知两个维度上考虑的。从认知科学角度看，采用数字时人们认知能力的集中表现，标志着人们的认知能力，很多学者将认知科学视为表象和计算的学科大概就是这个道理；另外，数字主要是从社会维度上而不是从个人的角度考虑；达尔文的《人类的由来》中也曾提到那些几乎在数学上连4都数不到的人，我们不能认为他们就不属于人的范畴。那些口吐白沫、大喊大叫的人和我们一样，在达尔文看来，人成熟的主要标志就是人的心理。数字则更多体现社会维度的认知能力。本书的数字标准时代也是从这个意义上定义的，数字让人类社会进入一个更具有认知能力的时代，人类的认知能力获得巨大的提升。但是，数字时代的真正到来还要等到计算机的出现。

克莱因作为数学家，将认知科学与数学完美地结合起来，使得我们能从认知科学和数学的合力的角度理解认知科学中的数学。克莱因指出："文明如何获取外部世界的知识？人人不得不依赖于自己的感觉、知觉、听觉、视觉、味觉和嗅觉来进行日常事务并享受某些快感。这些知觉向我们显露关于外部世界的很多信息，然而总的来说是粗糙的。如笛卡尔所言，感官知觉乃感官迷惑，此言也许过重了。现代仪器（如望远镜）确实大大扩展了我们的知觉，然而这些仪器的可用性是有限的。重大物理现象根本就不是依靠感官可以感觉到的。感官没有向我们显示地球绕其轴旋转并绕太阳公转，也没显示维持行星绕太阳公转的力之本性。电磁波能使我们收到几百甚至几千千米外发射的广播和电视节目，而感官对于电磁波本身一无所知。"[1] 这一段话在本书看就是让认知科学和数学结合得很好论述，当然，克莱因在此是为了将数学突出为人类认知的最佳方式之一。所以，数学本身就应该是认知科学的组成部分。面对现代已经远离我们一般人的认知的高深莫测的数学，克莱因将感觉认知和数学认知都作为认知并结合得如此完美。正像《华盛顿时报》对克莱因《数学与知识的探求》的评语一样："莫里斯·克莱因是那种很罕见的科学家，他有能力用普通读者能懂的话向大众传递其专业领域的复杂和丰富的知识。在此书中，克莱因考察了作为探索世界之最有力工具的数学之发展。自古希腊时代以来，科学家越来越背离知觉，而趋向于以数学的方式观察引力、电磁波和时空宇宙诸现象。从古希腊的数学开始，继之以伽利略和牛顿等早期现代科学家，随后是20世纪的相对论和量子论，克莱因追踪了作为科学工具的数学工具的数学之兴起。他探究了我们现存的数学世界，

---

[1] ［美］M. 克莱因：《数学与知识的探求》，刘志勇译，上海：复旦大学出版社，2005年，第1页。

并阐明了其运作方式：这是一门能使我们穿透自然现象之秘密的科学。"① 对于认知科学，还能这样阐述，一个完美的科学领域应该具备两个特性，一是不断提升的认知能力；二是认其知能力能为我们开拓新的认知世界或视野。

由此可以得出一个小结论：数字标准时代是数学和数字的结合物，数学更多的是认知能力，而数字则是更多强调认知的世界，即数字认知的世界。

数学与文字符号的关系。文字和数学似乎没有不顺畅的联系，从符号学角度，数学符号和文字似乎没有什么差距，数学、数字本身也属于符号的认知能力。但是，数字更多强调数字的社会认知能力，文字就是数字这样的逻辑会被很多人接受，而数学符号也就是符号的一种。历史上，由于没有发达和完善的符号体系导致数学发展严重滞后，古巴比伦的六十进制、玛雅人的复杂数学符号等，最终没有进入现代数学的行列。有人将我国古代发达的数学的最终衰落原因之一归为没有发达的数学符号体系。用一位知名数学家的描述，不能将数学抛弃在文字的荒野之中。我国数学史家梁宗巨先生的论述甚是精辟："使用符号，是数学史上的一件大事，一套合适的符号，绝不仅仅是起速记、节省时间的作用。它能够精确、深刻地表达某种概念、方法和逻辑关系。一个较复杂的公式，如果不用符号而是用日常语言来叙述，往往冗长而且含混不清。"② 特别指出的是，这样发达的符号系统算不算是一个数学标准体系？如果从表征的角度看，数字还不如文字更容易表达人类的认知，只有以下的解释是可以被人们接受的，在一个社会条件下，数字的认知能力远远优于文字。而且数字为我们人类认知打开了一个新的认知世界。

第二节　数字认知及其数字标准

前文曾经讨论过数学与认知的关系，将数学、数字与认知联系起来的观点很是少见的。实际上，数字也是人类认知的基本形式。在数学或数学史上，将数字、数学与认知联系起来，数学是典型的抽象思维、也是理性认知的最佳形

---

① ［美］M·克莱因：《数学与知识的探求》，刘志勇译，上海：复旦大学出版社，2005年，序言。
② 徐品方等：《数学符号史》，北京：科学出版社，2005年，序言。

式之一。美国著名数学家克莱因在这方面有着杰出的论述,将数学和认知结合在一起,他用了一节的篇章来讨论知觉和数学的问题,即感觉与直观的失败,克莱因将数学产生一定意义上归结为感觉的失败,这个结论和很多哲学家如上面的笛卡尔等对于感觉的定义和蔑视一致。事实上,感觉本身并没有什么错误,人类进化特别是文明的产生使得人类有了诸如符号、科学和数字的认知范式。不管怎样,数学带给人类的馈赠是非凡的,正如克莱因所言:"增进文明关于物理世界的知识的关键、有力、决定性的一步是数学的运用。这一工具的作用远优于上章所述的手段,可称之为最佳的,甚至奇迹般的。它不但校正和增长文明关于可知觉现象的知识,而且可以揭示活生生的但不能知觉的现象,而这些现象的效果像触摸火炉一样实在。"① 数字尤其是大数据、纳米技术,它们为我们展现的不仅仅是一堆堆数据,而且是一个认知上的一个崭新世界。数量经济学、精准医学、纳米技术等都是数学数字为我们打开的一个新世界,当然数学或天文学也将宇宙的宏观世界展现在我们面前。

论及数学的兴起和作用,我们不得不说起那个古希腊著名的学派——毕德哥拉斯学派,他们将数作为自然界描述的第一原理,坚信"一切皆是数",数学在古希腊时代得到很大发展,尤其自然数在音乐上的关系,使得古希腊人深信数有着其自身的规律且能反映出自然界的真理和规律,古希腊曾经有不懂几何不得入内的规定,数学成为人类认知的最高能力,与此同时,印度、古代埃及等均开创了自己的数学体系,值得一提的是,我们古代数学《九章算术》等也达到了当时高水平。

研究数字应该记住同皮亚杰对人类认知的忠告。我们过多的将高级思维方式代替元初的感觉认知。康德的概念之说就是一个典范,"没有内容的思维是空洞的,没有概念的直观是盲目的。"这只是康德对现代人类认知的一种描述,而非人类认知的历程全部实在,如果将康德的这个概念用于人类之初的感觉时代,就显得多余和无聊。因为简单地说那时候没有文字、没有抽象,也就无所谓概念。让我们看看法国学者米卡埃尔·洛奈的假想也很有意思:"忘掉数学,忘掉几何学,忘掉文字。在最初的最初,没有人知道任何事情,也没有什么东西是需要被知道的。首先,让我们回到一万年前,驻足于美索不达米亚。其实仔细

---

① [美] M. 克莱因:《数学与知识的探求》,刘志勇译,上海:复旦大学出版社,2019年,第40页。

想想，我应该还能回到更久远的过去。让我再继续后退，退回到150万年前，回到旧石器时代初期。这个阶段，原始人还没有学会用火，所谓的'智人'根本就是天方夜谭。此时的世界由亚洲和非洲的'直立人'统治，或许还有一些尚未被考古发现的直立人的亲戚。这是石器的时代，'手斧'正流行。在营地的一个角落，琢磨匠人们正在工作。其中一人拿起了一块没有被打磨过的燧石，这块燧石是他几个小时之前收集起来的。他坐在地上（可能是盘腿而坐），将这块燧石放在地上，一只手固定住这块燧石，另一只手握住另一块大质量的石头，用它敲击燧石的边缘，一块碎片应声而落。他看到了碎片，然后转了转手里的燧石，再次敲击另一侧的边缘，是燧石的边缘形成锋利的棱脊。剩下的就是整个轮廓上重复操作了。在某些部位，燧石太厚或者太大了，所以需要削掉很大的一块，达到匠人最终想要的实现的效果。'手斧'形状的出现，既不是巧合，也不是灵光一闪。它是经过一代又一代古人的思考、琢磨、传承而最后实现的。我们发现了好几种不同类型的手斧。随着所处时期和发现地点的不同而有所区别。有一些是凸出尖端的水滴形；另外一些更浑圆的，看上去像是蛋形；还有一些几乎没有圆角，更接近等腰三角形。然而无论是哪种手斧，都有着一个共同点：对称。到底是因为这种几何构造的实用性，还是仅仅出于某种审美意图，促使我们的老祖宗坚持使用这种构造呢？今天我们很难弄清楚这一点。但可以肯定的是，这种对称不可能是一个巧合。琢磨匠人应该预先设计好了自己的打磨计划。在完成手斧之前就考虑好了形状。对于要打磨的燧石，他们在头脑中构建了一个抽象的形象。换句话说，他们在脑海中'搞数学'。当这位琢磨匠人最终完成这个手斧之后，他会仔细观察这件新工具——伸直手臂，将手斧置于光线下，更好地观察它的轮廓，在某些锋利边缘处敲掉两三块碎渣来完善手斧的形状，最终，他得到了一件满意的作品。这一刻，他的感觉会是这样的呢？他是否已经感觉到了这种由科学创造带来的巨大的喜悦之情？即从头脑中的一个抽象概念出发，理解和塑造外部世界。不管怎样，抽象概念被发扬光大的时刻还没有到来。这时还是实用主义大行其道的时期，手斧可以用来砍树、割肉、在毛皮上钻洞，以及挖地。"[1] 本书中在古人感觉标准的构建是也有类似的描述。那么一个数学家是如何想象数学、数字的起源？从标准学的角度，这样假想很有

---

[1] [法] 米卡埃尔·洛奈：《万物皆数：从史前时期到人工智能，跨越千年的数学之旅》，孙佳雯译，北京：北京联合出版公司，2018年，第4页。

启发意义，最初的认知只有感觉，本书在感觉标准时代专门假想一个捡拾标准时代，先祖就是在感觉和文明的缝隙里不停地构建出标准，这个标准还是感觉标准，我们不能设想我们的先祖有时间像学生一样坐在教室或像匠人一样坐在工作间。数学是构建在感觉或知觉基础之上的，这一点是毋庸置疑的。我们在感叹数学罕见的认知能力的时候，不要忘记数学是建立在感觉知觉基础上，知觉标准或认知尺度绝对应该是数学的摇篮和基础，虽然我们现在很遗憾不能证明这一切。

目前最早的数学出现在古埃及时代、古希腊时代，尤其是古希腊时代的数学被认为是现代数学的源泉。在古埃及，尼罗河水的变迁催生出实用几何用来计算土地的面积，金字塔的建设需要大规模的数字计算，三角、面积、角度、计量单位等都是当时必不可少；让数字真正成为思维的方式即抽象思维的方式。法国数学家米卡埃尔·洛奈这样表明数字的抽象性的出世："显然，为了表示8只羊，人们不再使用8个表示羊的符号，而是写一个数字8，然后在画上一只羊的符号，为了表示8头牛，只要把羊的符号换成牛就好，而数字本身则保持不变。"[①] 在米卡埃尔的眼中，这就是数字产生的过程，他进一步指出数字产生过程的意义："这一步在人类的思想史上绝对是至关重要的。如果要为数学的诞生选定一个出生日期的话，我无疑会选择这一款。正是这一刻，数字开始独立存在了；正是这一刻，数字从现实中被抽离出来，人们能够从更高层观察数字。"[②] 需要说明的是，从标准学来看，为什么我们不能将数字的抽象过程也看成标准化的过程？从认知神经学来看，8只羊不就是一个人的8次的神经认知过程，而且这种心理运演过程绝不会是1+1这样的直观，标准也不应该像羊一样作为名词再加上8；在皮亚杰的认知理论中，这应该是一个心理运演的过程，具体的神经过程的很多方面还是很神秘的。但没有认知的尺度何来"1"？本书认为人类的最初认知起源于一种认知的尺度感觉标准。认知开启于标准而非数学，数学源自标准，这样说对于标准是令人愉快的。但是，求证这样的认知过程或许永远不可能。或许就像皮亚杰、史密斯和弗拉维尔对于儿童认知的定义，儿童就像是语言学家、心理学家、物理学家、数学家等，认知本身就包含着最初的理性如标准、知识、心理等。只好以此解释了。

---

① ［法］米卡埃尔·洛奈：《万物皆数：从史前时期到人工智能，跨越千年的数学之旅》，孙佳雯译，北京：北京联合出版公司，2018年，第23页。
② 同上。

第三节 数字认知及标准的发展

一、数学认知的发展与标准

数学、数字能力在现代社会代表一个国家和社会认知力。数学的发展历程似乎与人类的文明程度并不是完全吻合。现代人类学家在研究现代原始人时发现：这些现代原始人几乎没有数学，只要超过4的数字他们就用多来表示，他们的数学水平甚至还没有《荷马史诗》中的独眼巨人波吕斐摩斯的水平高。这位英雄牧羊人每天早上放羊的时候，将山洞中出去的羊以石子记录，晚上回来再以石子点到，证明羊没有丢失。数学的发展也是千辛万苦，有一本书从0到无限这样的一个过程，人类完善数学的过程大约花费了5000年的时间。0的发明到十进制的确立几乎就是初等数学的发明史，很多古代文明的数学都没有越过变量数学的范围，如中国古代数学、古代埃及、阿拉伯数学和消失的玛雅数学都停留在初等数学时期。

数学有自己的发展历史，数学史家梁宗巨先生将数学的历史发展分为五个历史时期：数学萌芽时期（公元前600年以前）、初等数学时期（公元前600年至17世纪中叶）、变量数学时期（17世纪至19世纪）、近代数学时期（19世纪到第二次世界大战）、现代数学时期（第二次世界大战以来）。梁宗巨先生的划分与本书的划分存在着很大的不同，梁先生是以数学的发展依据，而本书是以标准的发展为目标。美国数学家H·伊夫斯在其著作《数学史上的里程碑》中将代数发展分为三个阶段："在1842年，内塞尔曼首先把代数学符号化的历史过程划分为三个阶段，第一阶段是文字表示的代数学，其中问题的解法完全用文字来叙述，并没有任何简写和符号。第二阶段是简写的代数学，其中采用速记式的简写来表示一些经常出现的量、关系和运算。最后一个阶段是符号代数学，这时问题的解法大都用数学速记法来表达，其中采取的各种符号同它们所表示的实际内容和思想几乎没有什么明显的联系。"[①] 对于认知科学和标准学来

---

① [美]H·伊夫斯：《数学史上的里程碑》，欧阳绛等译，北京：比较科学技术出版社，1990年，第121页。

说，每一种认知方式都具有两种不可替代的品质：第一就是认知能力或可称为表征和计算能力，这个能力即便是感知能力也不是完全是人类固有的、天然的，虽然它具有不可分离的生物学基础，它应该是人类构建起来的感知能力；第二，就是这种认知能力使得人类现在的认知世界进入全新的世界，如符号与感觉、科学与数字，每一次进步都使得人类现在的认知世界与以前的认知世界发生革命性的变化。比如科学使得人类进入感觉和符号认知完全无法顾及的世界。

古希腊的数学家泰勒斯和毕达哥拉斯开启数学的第二次历程：求证或论证。如果说数字的就是抽象，抽象是数字认知的第一次革命，那么数学的求证或论证可以算得上第二次革命。严格意义上，毕达哥拉斯并不是纯粹的数学家，他们所研究的数学是为了显示形而上学的哲学意义。尽管如此，现代数学的范式还是由此奠定。

由于初等数学的建立，人类开始利用数学建立起一系列人类认知标准体系，空间标准、时间标准、质量标准、体积标准尤其是基准标准和误差的标准化体系。空间标准的构建，古代人为了显示人类对自己生活环境空间的认知，将天体和地平分为两个体系，对于天体空间进行测度的单位为度，度的单位在东西方数学里的表达几乎一致，将地平分为东南西北；具体的长度单位各种各样，建立尺、步、寸、米等各具特色的长度单位，其中很多以人的手、脚、身高等作为基准。我国早期度量衡的"身以度，秤以出，布指知寸，布手知尺"就是以身体为单元认知的例证。

在认知科学看来，认知尺度的构建或确认使得人类的认知（哲学中的称谓很多）变得可以感觉到、认知到的东西，我们的认知变成可以知觉的东西，这也是认知科学或标准学所论述的与哲学上物质和意识不相同的关键所在。同时认知本身有了规范与尺度，有了我们认知遵守的认知。标准史上我们将标准开启于现代科学，计量等成为另一个学科或领域独立于标准科学，事实上，计量在文字时代的计量是历史最辉煌的一个时期，是标准史上的一个具体体现。

时间标准体系的构建，从我们熟悉的年月日、时分秒，尤其各个国家根据自己所处的地理位置和自然环境的不同建立起与生活生产相适应的时间标准体系。如我国的二十四节气、农历、埃及的尼罗河涨潮退潮等时间日历，这样的时间标准使得人们的行为结果和自然达到高度契合。质量标准体系：这里的质量标准是指质和量的标准，我国古代从商鞅变法开始的度量衡改革，再到秦始皇时代我国统一的全国的度量衡，历史上这项伟大举措被归功于秦始皇的雄才大略。应该这样认为，没有商鞅的度量衡改革也就无法汇集秦国强大的国力、统一全国人财物，同样的情况也发生在世界上很多强大的帝国中；基准标准，作为基准标准就是设立其他标准的元，或者可以这样表述建立其他标准的标准或尺度。我国古代的基准标准主要以自然物和人为物两种形式，我国计量史学者关增建在其《计量史话》中详细介绍了我国基准标准的发展过程及其原理。

特别需要指出的是，标准并非西式产品而是认知的成果。我国古代标准有过光辉的时代，我国古代特别重视标准基准问题。这也是标准化工作最容易被忽视的地方，从逻辑上分析，如果标准没有基准则意味着标准失去认知尺度的意义，成为随心所欲的东西，我国古代将度量衡的基准与音律联系在一起，并且在很长一段时间内被人们接受，我国古代对于建立标准基准的科学精神令人钦佩。《中国度量衡史》作者吴承洛先生对于我国标准基准实践总结到："律管非前后一致，管径大小既无定律，又发声之状态前后亦非一律，由是历代由黄钟律以定尺度之长短，前后不能一律，以之定度量衡，前后不能相准，以声之音，定律之长，由声定度量衡，其理论虽极合科学，而前后律管不同，长短亦稍有差异，故及至后世已发现再求至黄钟律难得其中，再凭之积秬黍，不可信也。"[①] 也有学者对于中国的黄钟律持怀疑态度，如日本学者足立喜六通过对我国古典的对比，认为黄钟律之说为假设之说。这样的理论假设很有意思，符合标准的发展规律，用一种媒介表征一种自然现象的各个节点及尺度。

二、数字标准时期的特点

埃及等古代文明的数学侧重于实用技巧，而有些学者将数学局限于计量和数学领域，并且认为这就是数学的唯一的领域。对于数学的偏见古已有之，《查士丁尼国法大全》禁止研究数学，将数学视为巫术之流。数学得天独厚的特性在于抽象，这也使得古希腊数学站在现代数学的启蒙之位，古希腊数学不仅重视抽象更加注重论证证明，开始了数学证明的范式，并且奠定数学发展的基本格局，如三角形、勾股定理、平方、方程等，人类在数学上开启了数字计算的历程，使得人们的认知能力有了突破性的进步，数学的出现也标志着各个学科

---

① 吴承洛：《中国度量衡史》，上海：上海书店，1937年，第15页。

开始分立的历史，计量、数学、单位等从最原始的标准认知的模式分离出来。正是数字的抽象性和可论证性，也使得标准成为人类思维、认知的尺度，进入一个感觉和文字所不能及的世界，这是数字标准的第一个特征，人类的认知能力不再是天马行空独往独来，而是由尺度的思维和认知。在标准学看来，认知的尺度可以为人类所感知，这是标准不同于其他诸如科学技术文字的最大差别，也是标准的最为重要的特点，这种感知开始于可感觉到的，人类也是利用他的感觉开启认知抽象的历程，如寸、尺、里等；有的用感觉直接感觉，如英尺、英寸、分、秒、时、天等；有的用行为感知认知的度量，如市里、海里等。因此我们有理由认为数学起源于标准，抽象和理性都是源自标准或认知的尺度。

再者，数字标准使得人们有可能将时间上的未来、空间上的异地同人们的行为和预期结合在一起，以便更多的人在更加深远的空间和时间上进行合作，构成大范围的社会行为一致性和结合性，时间上的一致性对于宗教有着极为重要的意义，这也许是很多宗教青睐于数学或天文学的原因。又比如近代农业牧业的分工，没有共同的认知标准，分工如何得以实现，或许这样的例子过于历史、过于久远。

不幸的是，随着符号认知标准的发展，数学、物理学、化学以及计量、技术等学科的快速发展，标准被人们局限在计量等学科中，也开始一次分化瓦解，以至于我们讨论标准就是在讨论度量衡。更为遗憾的是，标准及其原理和认知特点消失在科学和技术的辉煌以及度量衡的光环之中，人们几乎想不起来标准是什么？而且度量衡的辉煌也遮挡了标准或认知尺度的光芒。

三、数字认知标准是实现社会认知的一种简洁、高效、公众、信任的方式

最为典型的案例可能是历史上的经度测定案。英国在1714年7月通过经度法案，其中规定凡是有办法在地球球大圆上将经度确定到半度范围内的，奖励2万英镑。以便使得大洋中航行的船只能够准确地知道其航行的位置和可选择的航线。这涉及个人认知和社会或集体认知的问题，公认是解决这个问题的最终方法。为了解决这个问题，世界上各个国家都建立自己的本初子午线又称零度经线，确定地理经度和协调时间的计量而建立的标准参考子午线，不像纬度线地球上有天然的零度纬线（赤道），地球上没有天然的零度经线。因此，本初子午线只能从无数的子午线中人为地选出一条。最初的本初子午线，各国根据自

己确定位置的需要而设置,这样世界上也存在很多的本初子午线。直到1881年10月,国际子午线会议在美国华盛顿召开。会议认为:在国际交往中应采用统一的世界时,这将会带来很大的方便。并且通过了出席会议的各国政府应采用通过格林尼治天文台子午环中心的子午线作为本初子午线;提倡采用世界时,根据需要也可以使用地方时或标准时,世界日以本初子午线的零时为起点,民用日也从子夜零时开始。至此,这个一直困扰人类的问题终于得到解决,现代航海业时代也由此开始。数学或数字成为人们认知海洋的唯一。如果进一步形象地理解这个问题,美国学者E.哈钦斯的《荒野中的认知》是一个不错的版本,他形容的语言非常生动:"这一点贝特森在他著名的拐杖盲人的例子里做了精彩的说明:假设我是一名盲人,而且我使用拐杖。我开始哒哒哒地拄着拐杖,我应该从哪里开始呢?我的神经系统是不是被束缚在拐杖的手柄上,还是在我的皮肤上,还是从拐杖的上半部分开始呢?但是这些都是毫无意义的问题。拐杖就是一个通道,不同的感觉沿着它传递。描绘这一系统的方式,就是以这样一种方式做出限制,不用切断任何一条可能是事物无法解释的通道。"① 在这里,我想强调数字标准就是我们的拐杖,是我们认知事物、认知我们自己思维、认知他人思维和行为的拐杖,数字标准既具有认知的功能,也具有社会认识的功能。

下面引用哈钦斯的语言似乎有些冗长了,但是,对于理解认知与数学、理解认知与管理还是有醍醐灌顶的启发意义:"凭着我们对外在象征符号的规则的了解,以及我们关于这些象征符号行为所产生的精神模型,我们能够完成这些操作以及预期可能的操作。随着经验的增加,我们能够想象这个象征的世界,应用我们的知识,从与真实物理象征符号的互动中有所汲取,从而操纵该想象的象征世界。鲁梅哈特等指出:'事实上,我们认为用精神模型来推理的想法是有力的,因为这是一个想象外部表征并对其操作的过程。'这种想法也可以应用于个体之间的交互行为中。"② 现在,我们对行为和管理有了进一步的理解,标准和管理是一个剪不断理还乱的关系。我们还是可以谨慎地说:管理就是一种

---

① [美] E. 哈钦斯:《荒野中的认知》,于小涵等译,杭州:浙江大学出版社,2010年,第219页。
② [美] E. 哈钦斯:《荒野中的认知》,于小涵等译,杭州:浙江大学出版社,2010年,第220页。

标准的衔接，且其能将各种资源标准化。

第四节　近代数字标准时代

一、近代数字标准时期

本书的近代数学标准时期从文艺复兴开始到工业革命，再到第二次世界大战结束这一段时期。实际上这一段时期与科学标准时期完全重合，此前一个时期的属于符号标准时代。客观地讲，符号标准时代，根据历史资料，最早度量衡是由乌尔王朝的国王于公元前2096年颁布，也开始了统一两河流域的度量衡，度量衡制度在亚斯贝斯的轴心时代，各个发达文明古国均完成了度量衡制度。中国古代的符号标准走在世界前列，尤其是度量衡方面。但是需要说明的是，有很多建筑、工程、技艺等方面标准几乎被行会、师徒技术、职业等垄断、被地区差异所掩盖。我们经常在新闻上看到这样大致的消息，如一座千年古塔毁坏后，现代人无论如何也无法复原。原因很简单，建造的技艺已经失传，缺乏标准使得我们无法理解古人在建造的思维尺度。在符号标准的时代，那些强大的国家通过法律赋予度量衡法律上的强制性。我国古代，商鞅以降开始将度量衡纳入国家法律管理的范围，其目的主要为了实现国家管理的目的，史书将统一度量衡作为秦始皇的丰功伟绩，实际上这是商鞅变法的内容之一。如商鞅的方升容积为现代的202毫升，秦始皇的为200毫升，汉代沿袭秦制。汉代以后的中国古代将度量衡作为管理的内容之一，专门设立官员管理度量衡。我国政府管理度量衡的历史一直持续到清朝晚期。

从标准、科学、技术、文字历史发展来看，标准和科学、技术的关系，并不像我们想象中的那样，有什么样的科学就有什么样的技术，技术不过是科学的实践而已，标准亦如此，那么标准到底是什么呢？这样的问题始终伴随着人类，标准是人类认知方式的一种，也是行为方式的一种。在理论科学弥漫整个世界的时候，胡塞尔作为现象学的领军人物发出科学危机的呐喊，而科学界也开始反思人类思维的优劣，与此同时，生态、大脑、环境等一个个看上去模糊的概念又开始登上科学的舞台。苏联枪支设计大师乔治·斯帕金是波波沙冲锋枪的设计者,他曾经提出过这样的问题:想让问题复杂非常简单,想让问题简单则非常复杂。标准就是这样一种东西,将复杂的认知过程通过标准简单化,让事物的关节点成为标准的要素,这是不是标准?

国家管理、大型建筑、大规模战争、城市水利、电力、通讯、交通等活动催生标准的不断发展,由于标准使人们的行为可以联系起来,形成强大的人类社会体,完成一个人、几个人、一个群体如氏族、社区和部分区域所无法完成的目标,进而也可以将人们行为的劳动果实达到预期的目的,这一切的完成,离开了标准则是不可想象的,标准不与数字结合也是不可想象的。

度量衡不仅仅是为完成国家的统治管理功能。一位历史学家曾经用标准的眼界看待秦朝军队的表现,百万之众的庞大军队的武器、粮草、工具、铠甲、弓弩、维修等若没有标准,发动这样巨大的战争完全不可能,这些武器、配件等的更换、维修,若没有标准无法实现。有历史资料记载,很多武器的制造都标上制造者的名字,虽然历史学家们已经给出初步的描述,我们对于如何实现标准化的细节仍然知之甚少。这一时期各个帝国纷纷开始进行大规模的城市建设,道路、房屋、消防、供水、卫生等系统的建设离不开标准。当时最大的城市首先出现在亚洲,如长安、杭州、汴梁等大约有百万人之多。如此巨大的城市,仅靠工匠的手艺无法满足。遗憾的是,我们对于这些巨大城市细节还是不太清楚。中国的万里长城西端——嘉峪关的遗址上有一小堆砖瓦,传说是当时建设长城是最后没有用完的砖,我们会由衷地赞叹古代的智慧,如果没有标准的运用,很难实现万里长城的不朽业绩。还有举世闻名的埃及金字塔,我们更多注意力集中于它的高大伟岸,以及现在为人们惊奇的那上百万块巨大的石块是如何举起并码上的,而我们很少注意标准的作用、那一块块标准的石块算是什么?治水治天下,治水是文明古国的基本职能,大禹治水、郑国渠、都江堰、大运河等,甚至有的学者将治水与专制联系起来,实际上治水不是中国的独有,古罗马、古埃及、两河流域、还是谜一般的玛雅古国无不和水息息相关,这些宏大帝国的旷世工程从标准的意义上讲,都是一次次标准的应用。

二、各种工具、行业催生标准不断出现

从文艺复兴一直到工业革命前夕,很多行业开始大规模的发展,冶铁业、印染业、加工业、矿业、机械制造、科学仪器等蓬勃发展,那时应该是标准的黄金时代。美国学者刘易斯·芒福德在其著作《技术与文明》中称始当时为生代技术时期。刘易斯·芒福德指出："回顾过去数千年的历史，我们可以把机器体系和技巧文明分成三个连续但又互相重叠、互相渗透的阶段：始生代技术时期、古生代技术时期和新生代技术时期。早在二三十年前帕特里克·格迪斯教授就首先提出了这样的观点，并发表了著作。他认为工业文明不是一个单一的整体，而是可以分成截然不同、对比悬殊的两个阶段，但他在定义古生代技术时期和新生代技术时期的时候，忽略了在它们之前重要的准备时期，正是在这个时期或是就是已经出现了，或是就是出现了即将到来的迹象。"① 芒福德这段话很有意思，工业文明绝不是一个时期的迸发，而是人类认知的不断积累，各种技术、设备、仪器和思想的不断重组。就标准科学而言，这个过程也是各种技术、设备、仪器、方法等不断标准化的过程。芒福德这样描述一支笔的进化过程："这里我们不妨看一下各个时期的书写工具——笔。鹅毛笔必须由使用者自己削尖，属于典型的始生代技术时期。我们从它看到的是手工业劳动的基础以及与农业密不可分的联系。它很廉价，制作工艺很粗糙，但极具个人风格。钢制的笔则代表古生代技术时期，廉价、形式统一，但并不耐用。它是典型的矿山、钢厂和大规模生产的产物。从技术角度上看它是鹅毛笔的改进型产品，但为了达到鹅毛笔的灵活性，就必须生产多种形式和不同笔尖的产品。"② 也许作者忘记的标准的作用，实际上这也是一个标准化过程，矿山如何炼制粗钢，不仅仅是个质量问题还有一个更为要紧的就是标准问题；而钢厂生产数什么样的钢材才是适合钢笔，标准能做到；各种形状和不同的笔尖必须符合一定的标准（硬度、尺度等），否则常识告诉我们，没有标准，这样的产品对于谁都是灾难性的，它就成为了一件废品。这是一个将人类认知尺度共识的时代，这样才能使智慧、劳动、科学、技术组合成社会性产品。有一位科普作家曾经形容一支铅笔的制造、材料加工过程，大约需要100多道工序、需要几十个企业的努力才能将一支平常的铅笔奉献给消费者。

出于人口管理的需要或户籍管理的需要，标准成为人口统计的规范，也是

---

① ［美］刘易斯·芒福德：《技术与文明》，陈允明等译，北京：中国建筑工业出版社，2009年，第101页。

② ［美］刘易斯·芒福德：《技术与文明》，陈允明等译，北京：中国建筑工业出版社，2009年，第101页。

标准与数字深度结合的典范。人口统计为每个王朝的基本职能，商鞅曾提出"强国知十三数"的治国理政策略，以掌握国家的人口、人口分布、年龄结构、性别比例、婚姻状况等。长期以来我国的人口普查都以户为单位，也可也以叫作户籍普查。到了工业化时代以后世界各个大国都开始了人口统计及其管理，历史学家在叙述这一段历史时，往往忘记了一个至关重要的要素标准，对于一个地区、一段时期、一个国家的人口如何统计出来，离开了标准的设计、处理、运算等，统计可能就毫无用处了。

三、企业管理使得标准重获新生

管理使得标准又一次获得新生。享有现代企业管理之父的泰罗，他的企业管理的思想简单地说就是制定标准进行管理。这样的思想即便是今天也可以看到，只有标准可以将认知、行为、产品、工序等结合在一起，让无数人的劳动无缝隙结合在一起，泰罗制在标准科学中的第一个成就是设定标准。《牛津技术史第6卷》这样描绘泰罗制："泰罗制的第一个要素，是要学会制定'合理的日工作定额'，或称之为标准日产水平，它是由'第一流的工人'使用最有效的方法和工具而达到的标准。其使用秒表（它已成为泰罗理论的象征）进行的时间研究，是通过测量一个能干的工人在最佳条件下完成一项工作所花费的时间，来制定标准。泰罗认为，这是使他的理论体系具有科学性的关键因素。他相信标准的生产率水平是可以客观地加以确定的。"[1] 实际上从认知科学来看，管理就是将管理的行为等尺度化或标准化并且标准要素之间的运演机制的形成。当然泰罗制不能完全称得上数字标准时代的产物。自哥白尼、伽利略开启科学时代，数字与科学也开始开起深度结合的时代。现代的标准定义都以科学作为基础，奥地利标准法第二章规定："奥地利标准对当时的科学技术状态以及经济事件的及时适应。"我国标准化法第四条规定："制定标准应当在科学技术研究成果和社会实践经验的基础上，深入调查论证，广泛征求意见，保证标准的科学性、规范性、时效性，提高标准质量。"我国环境法律的环境标准、日本环境保护法也有类似规定。这里科学应该做广义的解释，科学无疑应该包括数学、数字在内的一切科学。

---

[1] [英]特雷弗·I.威廉斯主编：《技术史（第Ⅵ卷）》，姜振寰等译，上海：上海科技教育出版社，第50页。

这个时代的特征就是数学、数字与科学开始高度结合，特征就是标准即认知尺度开始于科学深度结合，构建出现代科学的新局面。只有人类认知有了尺度认知才可能被认识，认知才能在思维的天空中飞翔，没有认知的尺度，就没有现代科学，当然这样的结论不会为很多人所接受，科学从来就不是横空出世的怪物。我国学者吴国盛在《科学的历程》的分析极为到位："伽利略面临的另一个更为主要的困难是概念上的。当时人们连速度的度量定义都没有。起初，伽利略虽然发现了落体定律但还是错误地以为速度和距离成正比，直到后来才认识到速度与时间成正比。因此，对伽利略来说，必须建立匀速运动和匀速加速度的定量概念。"[1] 对于标准科学而言，这里的定量就是认知的单位或尺度。之后的科学发展证明了这一点。经纬线的最终确立证明了标准或认知尺度的意义，英国等海上大国的船只肆无忌惮地航行在大西洋、太平洋等大洋上，死亡的陷阱随处可见，许多海员不是死于战争而是死于对经纬尺度的无知，1707年10月22日一起海难中，四艘英国战舰在锡利群岛附近触礁沉没，2000多名海军人员死亡。因此人们羡慕麦哲伦等早期航海家的幸运，一叶扁舟却能在暴风雨的大洋上环球一圈，不能不说这确实是一种莫大的荣幸。

人类开始认知经纬等的概念开始于3000年前，人们为此付出巨大辛劳。近代许多伟大科学家都付出极大的努力。1714年英国通过了"经度法案"，提供100多万美元要求经度的测量方法，并且英国还成立了经度局推进经纬度的准确认知能力，一直到1884年的国际子午线大会才为这段历史画上句号，"'墨卡托的北极、赤道、热带、时区和子午线，都有什么用啊？'敲钟人这样高声喊。船员们应答道：'它们都只是些约定的记号呢。'"[2] 他们都错了，这是人类对地球认知的尺度化。以后的物理学等现代科学的发展也证实这一点，人类认知的尺度化、认知方法的规范，使得人们能在思维的导航下在浩瀚的海洋上畅行无阻。

最后需要说明的是，也是数学史的轶事，即数学符号的创立。数学本质上属于认知的方式或范式，这与古希腊将数学与大自然完全一致的理念完全不同，当这个让当时百思不得其解的$\sqrt{2}$出现后，数学家们大惊失色且将发现者希帕索斯扔进大海；还有"0"的发明，应该是印度数学的成就，中国也是很早使用

---

[1] 吴国盛：《科学的历程》（第二版），北京：北京大学出版社，2013年，第199页。
[2] ［美］索贝尔：《经度：一个孤独的天才解决他所处时代最大难题的真实故事》，肖明波译，上海：上海人民出版社，2015年，第285页。

"0"的社会，只不过经过阿拉伯人的进一步贡献，"0"就成为阿拉伯数字系统中最有成就的符号之一；实际上数学作为科学体系的完善还是在近代时期，尤其是在微积分出现以后，数学经过5000年的发明创造，随着数学符号完善，终于成为一门系统的科学体系。

第五节 数字标准时代

一、数字标准时代概述

瑞士心理学家皮亚杰很多地方都将数学纳入认知科学的序列。皮亚杰在研究中多次将数作为心理学的内容纳入研究之中，将人的数字认知能力作为一般性习得能力，史密斯指出："对皮亚杰主义者来说，认为新生儿或年幼婴儿具有与数有关的原则，或认为数是领域特殊性的，是不可理解的事。皮亚杰假定，数的一切方面都是作为一般领域的认知发展的部分、作为感知运动智慧和以后的序列与分类协调之间之结果而构建起来的。他认为线性次序和序列（以正确排列的顺序表征各种长度的物体的能力）表征是数量守恒所必要的，但非充分的。"① 按照这样的理论，人类的数的认知能力属于一般性认知能力，这个能力可能来源于序列和分类等。不管数的认知能力的原初是什么，数的认知能力已经成为现代人认知的最重要能力。

很多学者将数学纳入认知科学的序列，认知科学群包括认知哲学、认知心理学、认知神经学、计算机学、语言学和人类学，数学不在这个显赫的学科中。或许我们忘记了认知科学的另外一个名字，就像《计算与认知——认知科学的基础理论》这本书名一样，这是加拿大认知科学家派利夏恩的成名之作。有些认知科学的教材直接将认知科学演绎为表征与计算。这样看来，计算是认知科学的主要内容，而将数学纳入认知科学序列实至名归。

随着物理学尤其是麦克斯韦电离方程、量子力学的出现，数学以及数字成为人们主要的认知方式。牛顿的流数术、莱布尼茨的微积分和笛卡尔坐标、布

---

① ［英］史密斯：《超越模块性：认知科学的发展观》，缪小春译，上海：华东师范大学出版社，2001年，第84页。

尔代数、非欧几何的确立、分析的严格化等使得数学从简单的计算式飞跃到数学语言，数学语言可以描述、分析和解答社会、自然和人文各个领域的现象，能够思维几乎一切社会现象，正如"数学符号是数学科学专门使用的特殊文字，是含义高度概括、形体高度浓缩的一种科学语言，也就是说，它是一种便于记录和阅读、加速思维进程和高效传播思维的科学书面语言。其作用不仅方便了数学研究和数学知识的传播，同时也把人类语言学推进到一种新的高度和广度"。① 在认知科学看来，数学完成了向复杂计算能力的构建，成为具备极限运算的有效元素和社会认知能力的认知语言。之所以是数学、数字成为我们这个时代的最为主要的认知方式，成为标准表现形式，本书认为经过牛顿、莱布尼茨、笛卡尔、高斯等伟大数学家的不懈努力，数学在表征与运算方面几乎无所不能，而且其能力远远超出其他形式如感觉等。数字的"1""0"成为计算机运算的最佳形式，其数字的简单性、通用性使得人们可以最大限度利用，我们应该认识到数字已经将"我"的认知推向一个更新的世界，这个世界也就是我们所指的大数据。总的来说，数学的进步使得人们可以用其解决大部分问题、认知新的世界，计算机的简单化、惊人的计算速度和处理数据的能力，和大数据所展现给我们完全不同的世界，数字在认知能力、计算速度和新的世界中展现出无与伦比的能力。总之，数学、数字作为人们认知能力的理想范式之一，将人类推入一个崭新的时代。

数字语言的建立使得"人们由此出发，从数学符号联想到计算机语言、人工智能语言，甚至当今的数字化语言、网络语言等，不能不说数学符号具有重大意义。与此同时，令人更联想到古今数学家的贡献，他们曾对客观世界里的具有深刻、精确的数形美、数学美的概念、公式用符号去描述"。② 应该是，正是数学与数字的成就，使图灵机、冯·偌依曼机到计算机的水到渠成成为必然。这个时代依然不是标准的结束曲时代，而是标准更加有价值、更有生命力时代的到来。数字标准在这个时代具有以下特点：数字化的标准成为标准的新趋势，当然这种数字化还与所反映的认知现象完全相关，数字标准的精确程度超乎从前，数字标准是我们评判事物、认知的尺度，真正回到了普罗泰格拉的寓言时代："人是万物的尺度，是存在的事物存在的尺度，也是不存在事物不存在的尺

---

① 徐品方等：《数学符号学》，北京：科学出版社，2005年，第348页。
② 徐品方等：《数学符号学》，北京：科学出版社，2005年，第348页。

度。"而且在数字标准时代这个尺度如此之精确,也许我们大家对于很多东西已经司空见惯了。离开了标准我也就无法认知这个世界的很多很多现象以及本质。日本福岛核电站爆炸事件的新闻报道中,国际原子能机构所提供的核辐射数值以及安全标准之间的比对,使我们对于日本福岛核电站的危害和破坏程度有了清楚准确的认识。不仅如此,标准使得数字时代变为现实,精准医学中的基因技术使得我们对于身体健康有了崭新的视野,但是,目前人类仅仅了解3%的基因,剩下的97%还未了解,解决方法之一就是讲理论和医学原理标准化,通过标准的设计基因技术用于实验,而不会坐等到那个97%的到来。这样标准从一定意义上也是人类的认知方式之一,这不是本书的发明也不是大数据的革新,而是标准体自从生产以来就有的品质之一;最后标准可以作为数字表征的元认知,有了标准这个元认知,任何人都可以理解其工作程序、原理、作用等,使得数字化变成透明,这个时候的数字标准不同于产品标准和行为标准,人们可以从外观观察到标准的内容,正因为如此,数字标准应该具有一种其他标准没有的品质,其目的就是能到让人们能够像感觉到温度、长度、高度一样的认知,当然,这也不是一件简单的事情。

在数字标准时代,这是人们认知方面的变化;还有一个更为有价值的就是数字本身的标准问题,有些学者将标准作为一个旧时代而告别:"趋势一:定制化正在替代规模化。规模化大生产是20世纪最流行的资本主义生产方式之一,以泰罗的科学管理方法为基础,以生产过程的分解、流水线组装、零部件标准化、大批量生产和机械式重复劳动为特征。不过,这种十余年前还被认为是改变世界的重要生产模式,如今已经面临定制化生产的挑战,未来甚至可能被取代。"[①] 在作者眼中,个性化正在替代标准化,智能化正在替代程序化等,总之,标准化离寿终正寝的日子不会太远了。而在标准科学看来,这正是标准的久盛不衰的原因之一,标准不是重复和固定的程序,而是人类认知的尺度。在这些思维的智能和现代科学中,从来不乏标准的影子,在密码学中有标准,在生物技术中有标准,在大数据中有标准,没有尺度如何认知?没有标准的大数据对于人类对于社会就是一堆废纸,那种不能示人的大数据不就是一部"葵花宝典"吗?由于标准作为人类认知外化和规范,在未来的认知我们更需要社会

---

① 王骥:《新未来简史:区块链、人工智能、大数据陷阱与数字化生活》,北京:电子工业出版社,2018年,第93页。

的共识标准。

二、计算机时代

1946年2月14日，在美国宾夕法尼亚大学，世界上第一台电子计算机的出世标志着人类认知能力新时代的到来。计算机属于电子管时代，程序编写有两种语言程序。第二代为晶体管计算机，第三代计算机为集成电路计算机，这样的计算机需要强大的软件业支持，第四代计算机也就是我们所说的微型计算机。这个时候的计算机，从认知社会学的角度来看，把这个时候叫作计算机认知时代更为恰当；在社会学看来，只有当计算机作为认知能力被用于广大的人群中，计算机认知几乎成为每一个人的认知能力时，这样的计算机认知时代才告成立。前不久很多人尤其是一些专业人员开始欢呼人类进入一个新的伟大的时代——大数据时代，而实际上，大数据仅仅还是少数的专利，大多数无缘大数据，这样的大数据至少算不上大数据时代。计算机亦如此，计算机方面的另一个成就是，使得人们有可能比拟计算机认识世界上最神秘的东西——大脑，有些学者甚至将认知科学的出现看作计算机出现的成就，这一点在笔者看来并不十分过分，大脑、意识这些人类探究了几千年的东西，一直是人类争论不休的问题。在认知科学（脑科学）的某些方面，人们可以根据计算机认识大脑、认识意识。计算机的计算速度日新月异，从最早的计算机每秒运行300到5000次的加法，经过50多年的发展，计算机的计算速度已经跨越亿次、亿万次级别，很多人将认知速度作为一个国家的实力。这个数字时代也是标准的又一个黄金时代。

三、网络时代

1969年美国军方将四台主要的计算机连接在一起，这就是最初的网络。这些网络只是为美国军方和大学等少数科研机构使用，使用者大多数是工程师、科学家以及其他高级人员；1981年网络系统基本上完善开始提供邮件服务。网络出现在中国较之于其他发达国家稍微晚一些；1987年，北京大学的钱天白教授向德国发出第一个电子邮件；1994年，中国获准加入互联网。数字标准成为数字化的基石，我们的认知如何能被其他人理解，未来世界是这样规划的，即人们的心灵相连，一个人的想法马上会被另一个人理解或知晓，这样的逻辑很可怕也不符合实际，理解需要简单的情境。从心理学上讲，密码学应该是一个天马行空的行业，标准却扮演着基本要求的角色，从密码发展历史来看，标准起着举足轻重的作用，我们不能让密码自己都不认知自己。

第六节 纳米技术与标准

一、纳米技术与标准概述

对于标准学来说，纳米技术的出现对于认知科学和标准学来说令人激动的事情。因为在标准学看来，纳米技术又一次诠释了标准的价值与本质。同时也展现标准再次走向一个新的微观世界。纳米技术和科学是人类认知的新领域。而且这一次人类进入一个新世界，这一次有一点值得让标准学欣慰的，不像大数学在展望或分析大数据带来的变化时，特别强调纳米标准在整个纳米科学或纳米技术中的不可或缺的作用。

在人类认知历史上，本书将其划分为四个阶段即知觉标准时期、符号标准时期、科学标准时期和数字标准时期，感觉或知觉与认知的范围或认知视野或对象越来越远，人类每进入一个认知世界或领域，都是对其认知能力的考验，都是对其构建的认知理论和认知范式的检验。而且，如果我们要将认知世界和认知能力相比较，就会发现我们认知世界的能力和我们的大自然赋予的生物学基础愈来愈远，我们人类再一次进入一个无法用感觉认知的世界。纳米，包括纳米本身都是认知的产物，也是大自然的再现，是数字化的最为典型的东西。本书中我们将纳米技术或科学纳入大数据标准时代。然而，纳米技术最直接的科学理论来源不是大数据而是物理学，而且在纳米技术中特别重视强调纳米尺度这个概念，尺度是认知科学、认知心理学核心概念之一，看来认知本身确实存在着尺度问题。

二、纳米技术的基本内容

纳米技术所使用的很多术语来源于认知科学、如尺度、世界、表征、测量、本征等。纳米科学是指关于在原子、分子和巨分子尺度上，研究材料的现象和改造的科学。从认知科学的角度来看，人类认知进入量子世界、分子世界，我们把这个世界称为微观世界，这一切是隧道扫描仪让我们进入一个新的认知世界，在纳米世界中或者说在这个纳米尺度认知范围。微观世界与宏观世界有着很多的区别。在这些尺度范围、物质性质与更大尺度时相比有很大不同。而且我们可以这样设定，我们认知和控制的范围或尺度都是在纳米尺度，而纳米技术则是只与在纳米尺度上的设计、表征、结构的制造和应用，可控形状和尺度的装置和系统相关的研究。

认知科学的概念在纳米技术上应用的实例是纳米材料的表征：材料的表征确定它们的形貌、尺度及其分布、机械和化学性质是工业工程的重要环节。它主要有两个广泛的目的，一个是质量控制，另一个是新工艺。这个概念完全可以纳入认知科学而不会被人感到陌生，表征是认知科学或认知心理学的基本概念。

与经典物理学的测量不同，纳米测量是指纳米计量作为一种测量科学，支撑着纳米科学和所有纳米技术。可以这样说，纳米离开测量也是寸步难行，因为只有测量才能提供纳米尺度材料的电特征、质量、大小等的表征手段。经典力学的测量在这一点上是一致的，那就是计量越准确，越有助于纳米技术科学和技术的发展。这样，标准将会发挥出尺度的功能、认知规范、认知表征、控制表征的功能，这些解释与纳米计量学的内容几乎一致，所谓纳米计量学是指在纳米尺度上进行测量的科学。它的应用支撑起整个纳米科学和技术。为了准确无误地生产纳米材料和器件，并实现纳米技术的应用，在纳米尺度上测量和表征材料（测定它们的尺寸、形状和物理性质），以及作用力、质量、电学和其他性质的测量的能力至关重要。随着实现这些测量的技术的不断完善，我们对纳米尺度的理解也逐渐加深，随之而来的是改善材料和工业工程的能力，以及制造过程中可靠度的提高。就认知科学和纳米计量学两者的对比，我们看到的是原理上的一致。

纳米技术的开启，就认知科学而言，纳米技术来源于理论或认知尺度的推演，纳米技术的灵感与认知科学和标准有一定的关系，百度词条这样说明这个问题："纳米技术的灵感，来自已故物理学家理查德·费曼1959年所做的一次题为《在底部还有很大空间》的演讲。这位当时在加州理工大学任教的教授向同事们提出了一个新的想法。从石器时代开始，人类从磨尖箭头到光刻芯片的所有技术，都与一次性地削去或者融合数以亿计的原子以便把物质做成有用的形态有关。费曼质问道，为什么我们不可以从另外一个角度出发，从单个的分子甚至原子开始进行组装，以达到我们的要求？他说：'至少依我看来，物理学的规律不排除一个原子、一个原子地制造物品的可能性。'"① 在本书看来，理查德·费曼是从物理学角度阐释纳米技术的假设。实际上，从人类认知的世界做出这样的推理并不意外。

让我们感性式地认识纳米尺度的含义，英国皇家工程院的《纳米技术与科学：机遇和不确定性》报告指出："一个纳米（nm）是十亿分之一米。我们可以做一个比较：一根头发的断面直径大约是80000nm；一个红细胞约为7000nm，而一个水分子的断面尺寸约为0.3nm。人们之所以对纳米尺度［我们定义它从100nm到原子大小（约0.2nm）］感兴趣，是因为材料的特性在这个尺度上与大尺度时有很大的不同。"② 我们的语言智能形容或描述到此，我们的想象也到此为止，这是一个我们感觉、语言甚至一般科学实验都无法企及的世界，每一个认知世界都有临界点，每一次新的认知世界都需要人类创造出来的新的认知能力。换句话来说，这里我们还是要强调纳米技术直接体现了人类的认知水平。当然这样的认知是通过理论和设备实现的，尤其是对于纳米的测量技术不断发展的成就。如1982年和1986年出现的扫描隧道显微镜和原子力显微镜，是对于纳米科学巨大认知上的推断。事实上，正因为此，纳米技术才可能进入实践应用过程。

三、纳米科学与技术与认知和标准关系

对于标准学而言，纳米科学和实践的出现，是对标准全部理论的一种最新的诠释，其精细程度不亚于数字时代的出现。而传统科学将由于尺度作为计量学，将人类认知方式及其尺度。甚至纳米技术与科学毫不掩饰地使用认知科学最核心的术语——表征，认知科学的一半，被认为是纳米技术材料表征。很多认知科学将认知用四个字表示，"表征"和"计算"，纳米世界就是这样的，人类认知的微观世界，在本书将认知或标准分为四个阶段，即感觉、符号、科学

---

① https://baike.baidu.com/item/%E7%BA%B3%E7%B1%B3%E6%8A%80%E6%9C%AF/144920?fr=aladdin，2020.12.7

② ［英］皇家工程协会：《纳米技术与科学：机遇和不确定性》，中国科学院译，北京：科学出版社，2006年，前言。

和数字，无疑纳米技术属于数字和科学时代的产物，而且在标准学看来，这样的划分本身就体现了一种科学观，不同的阶段让我们进入不同的世界，认知的世界，可以这样说。在这个世界里，是也不同于其他世界，这就是纳米技术和科学，在标准学和认知科学看来，应该叫作纳米认知世界。有的人将这个时代称为纳米技术时代，甚至有的人将其称为纳米时代纪元。

纳米标准并没有创造出比标准原本更多的东西。但是，正如英国皇家工程院所言："就像所有的测量一样，纳米测量本质上也是一个基础技术。无论怎样定义，纳米技术不可能脱离纳米测量技术单独发展。"① 对于标准学而言，对于量子力学而言，纳米技术属于大数据标准时代，大数据将是我们认知和利用纳米技术的最佳方法。实际上我们在学习纳米技术的科学技术的时候会发现，纳米技术的很多用语完全把认知科学化，本书以为这不是简单的鹦鹉学舌或攀龙附凤，而是反映出人类认知的客观及其演化过程。标准从最早人类进化之处的一种认知范式、一种人类认知自然界和个体行为的方式，它的媒介是以感觉或知觉为媒介，那时人类没有其他的认知范式，我们和其他生命形式一样只有感知或知觉，我们所认知的世界就是我们感觉到的世界，用一种术语形容就是感觉尺度世界。而纳米技术实际上就是一种认知的时代，一个我们人类无法用感觉认知到的世界；同样，语言符号也非认知的天堂，它只是为我们人类打开认知的一个新世纪，正如著名量子物理学家玻尔曾经说过："语言是建立在经由感官传递过来的信息基础上的。我们对微观世界的描述受到我们语言贫乏的限制。因此，我们无法给出量子过程一个真实的描述。"语言符号认知世界也有它的局限，而对于纳米世界和量子世界，我们的语言太贫乏了，我们的语言应该是来自纳米和量子物理世界的，所以这里用全面的观点来形容标准与纳米技术的关系，无疑空想或假设占据一定的空间，标准将占据核心的位置，在这里只有标准才能将表征规则化、规范化、透明化，只有标准才能是人类之间相互理解他们在纳米世界的表征。通俗地说，标准使得我们彼此知道我们在纳米世界在干些什么；标准是纳米技术的希望也是纳米的依靠。同时，一个皇家工程会寄予纳米标准以很大期望："我们希望贸易和工业部支持纳米测量的标准化，在国家测量系统委员会资金支持下对工业界量化管理。希望英国走在国际纳米测量技

---

① ［英］皇家工程协会：《纳米技术与科学：机遇和不确定性》，中国科学院译，北京：科学出版社，2006年，第19页。

术标准化的最前沿。"① 简单地说，标准不仅仅是感觉时代的要求。也是微观世界的要求。纳米技术中的标准不是为了拾遗补阙，而纳米的规范、纳米的尺度、纳米的技术，目的是为了纳米技术和科学向着规范、可认知、更有效发展。

本章小结及结论

数字标准时代是数字与数学的结合的产物，数字时代使得标准进入一个全新的世界，这个世界认知的内容远比我们所想象的多。如大数据，这个世界的关节点要比传统水平赋予认知的要准确得多。而且，由于大数据为我们提供一个巨量认知世界，我们有更多的关节点来实现自己的控制目标，实现自己的控制点，只有数字标准才能使得我们达到更高的精确度。

---

① ［英］皇家工程协会:《纳米技术与科学：机遇和不确定性》，中国科学院译，北京：科学出版社，2006年，第21页。

第六章 标准学与认知科学

第一节 标准学与认知科学概述

一、认知科学与标准

（一）认知科学是理解和研究标准的最佳科学

本书序言部分对于标准与认知科学的关系有过一定论述或说明，从目前来看，我们对于标准理解得甚少的东西太多。就像叔本华的预言，我们对于很多东西熟视无睹的东西失去思维兴趣，当然将标准完全归结于这种情况并不公允，我对标准学术的思考应该有十几年的时间了；开始研究标准的时候，我花了约五年的时间在茫然中游荡，到科学、历史、技术、管理、古代史、哲学、心理学等能想到的学科中去挖掘标准真正的价值。在这个阶段的后期我将主要的研究视野集中于人类学，本认为能够在这些著作中找到理解标准的切入点，但标准的本来面目和本质或许永远无法揭示和理解，无论从科学、技术、历史、哲学、经济、行为，都不能得到圆满的解决。换句话，用科学、技术、历史等这些理论都无法解释标准的基本东西。直到我走进认知科学的殿堂，我感到了认知科学为我们理解标准提供最佳的视野。认知科学就像黎明前的启明星一样，指明了通往标准世界的道路，这一切都像是杜布赞斯基所言的那样：没有进化论的指引，生物学上的一切事物都是无法理解的。

认知科学与标准有着天然的联系。人类学在描述人类文明的开始时，一般从人类开始拿起一块燧石打制的时候开始，这个行为始于320万年前的奥杜威峡谷，被认为是人类文明初始的实证。是什么让他或她或他们打制出有棱有角的石器？不是科学、技术、语言，更不是哲学，而是标准作为人类认知的唯一尺度，这个尺度具体表现就是认知标准。

早期的言语阶段，氏族或种群在不断扩大，氏族行为也在不断延伸和组合，合作分工越来越重要，是什么将人类的劳动行为勾连得天衣无缝，在言语或语言的推动下，标准作为人类的认知方式有了飞跃的发展，标准超越感觉束缚开始为更加深远的世界的尺度。因为有了认知的尺度，人们的思维开始真正感觉到世界、协调自己的行为。

(二) 认知科学的出现

长期以来认知科学研究的对象被哲学独占，而认知科学用一种全新的范式以研究目标。简单地说，认知科学是研究认知的科学，是由心理学、神经科学（脑科学）、语言学、计算机科学、哲学以及人类学组成的科学群。认知科学的历史或起源有着各种不同的版本，内容大同小异。需要说明的是，在认知科学诞生之前，一些伟大学者为认知科学开辟了全新的局面，如语言学家乔姆斯基、心理学家乔治·詹姆斯、儿童心理学家皮亚杰等人。皮亚杰也是20世纪最有影响的认知科学家，计算机学家图灵和冯·诺依曼等都可以被认为是认知科学的先驱。这些学者大都活跃在20世纪50年代左右，美国心理学家乔治·詹姆斯是个例外，他是认知心理学的先驱。正是这些学者的不懈努力，认识科学开始走向成熟。这里我们不应该忘记或应公允地说是心理学首先获得了认知科学方面突破性的进展，尤其是皮亚杰的儿童心理学和发生认识论使得人们对于认知科学有了全新的认识，就像美国心理学会给皮亚杰奖状的评语一样，一种新的学科、不同于哲学的认识论的学科的出现，这个科学就是认知科学。值得一提的时候，心理学似乎并不以此为满足，一门全新的心理学分支——进化心理学应运而生，试图从心理上解释从人类的产生到现代人的发展过程。

(三) 认知科学的发展

认知科学的产生是各个学科合力的结果，如计算机、哲学、人类学、语言学、心理学、神经科学等。美国科学家哈尼什指出:"认知科学作为建制化的研究领域,是20世纪70年代中期之后由于既有的各种认知研究领域之间存在鸿沟而产生的。虽然认知是当时人们进行研究和关注的核心,但是还没有关于认知的科学,没有关于思维科学的系统研究:知识如何获取,又如何在心智中进行表征,如何将运用到思维和行为中?"[1] 这三个问题问得非常透彻,认知不同于一般意义上的意识,而是包含意识、思考和行为过程中的认知总和,这也是认知科学的本质所在。认知作为人们的自在自为的活动始终存在于人类社会的过程,长期以来,认知领域一直被哲学独占,只有到20世纪50年代,认知科学开始从哲学王国走进实验、走向科学。各类科学家们在自己的专业领域中开始了不懈的努力。皮亚杰的儿童心理学开始了人们从心理学探索人类思维认知活动;乔姆斯基则将语言作为人类天然的认知能力;图灵、诺依曼则将人类的大脑和计算机结合起来。在哈尼什看来,以下三个事件使得人们对于认知的研究从自在走向自觉:"1977《认知科学》杂志创刊;斯隆基金报告:认知科学的学科状态;1979年认知科学学会:第一次会议。"[2]

心理学、语言学、计算机科学、人类学、神经学、哲学开始了认知科学的整合过程,而这个过程还在继续。值得一提的是,早在20世纪50年代,皮亚杰指出将数学纳入认知科学领域。

二、认知科学的概念及内涵

(一) 认知科学的概念

由于认知科学是由六大科学体系组成,在各个学科之间统一认知科学的概念存在一定程度的困难,不过好处是这样各个学科之间的概念间的交流会让人们更加充分地理解认知科学,现在我们从以下几个比较有代表性的定义来进一步认知这个科学。

哈尼什引用斯隆报告的定义:"认知科学所有分支学科共同拥有的……一

---

[1] [美] R. M. 哈尼什:《心智、大脑与计算机:认知科学创立史导论》,王淼等译,杭州:浙江大学出版社,2010年,第1页。

[2] [美] R. M. 哈尼什:《心智、大脑与计算机:认知科学创立史导论》,王淼等译,杭州:浙江大学出版社,2010年,第1页。

个一般研究目标:探索心智的表征与计算能力,以及它们在脑中的结构和功能表征。"① 这个概念比较简单全面,表征和计算,有的学者将表征和计算作为认知科学的另一个名字。

我国学者熊哲宏教授引用了以下概念:"'认知科学是连接哲学、心理学、人类学、语言学、脑神经学和计算机科学的新学科。它试图建立人脑是如何工作的理论。大部分认知科学研究的指导原则是把人脑视为像计算机一样处理符号也就是作信息处理的系统。'"② 这里的概念是20世纪90年代初甚至更早的概念。在老版的认知科学教科书中一般都有物理符号作为一章来讨论,或许是受计算机影响的缘故,现在的很多教科书甚至找不到这个词。

我国学者史忠植则有这样的论述:"认知科学是一门正在形成的新兴学科。诺曼在《什么是认知科学》一文中指出,认知科学是心理的科学、智能的科学、思维的科学,并且是关于知识及其应用的科学。认知科学是为了探索了解认知,包括真实的和抽象的、人类的或机器的,其目的是要了解智能、认知行为的原理,以便更好了解人的心理,了解教育和学习,了解如何从人脑和显示智能的电子箱的硬件中抽取智能行为的必需品和标志。"③ 这个概念开始将认知科学与人工智能等联系起来。但是,人工智能不过是认知科学的分支与一种延伸。

再看史忠植教授引用的另一个概念:"1993年,在华盛顿,由美国科学基金会组织了一次来自30所大学,约100位专家参加的认知科学教育会议,会上对于认知科学有一致的看法:'认知科学是研究人的智能、其他动物的智能以及人造系统的智能的科学。'其研究内容包括感知、学习、记忆、知识及思维等。由于这门科学具有多学科交叉的性质,人们从心理学、计算机科学、神经科学、数学(逻辑)、语言学、哲学等不同的领域进行有关的研究。"④ 这个概念更多地吸收认知心理学的一些成就,将认知科学的分支一一列举。与列举的其他学科不同的是,数学也被列入序列。如果从认知科学的表征和计算的基本含义来看,这样的列举是有意义的。

---

① [美] R. M. 哈尼什:《心智、大脑与计算机:认知科学创立史导论》,王淼等译,杭州:浙江大学出版社,2010年,第5页。
② 熊哲宏:《认知科学导论》,武汉:华中师范大学出版社,2002年,第22页。
③ 史忠植:《认知科学》,合肥:中国科技大学出版社,2008年,第9页。
④ 史忠植:《认知科学》,合肥:中国科技大学出版社,2008年,第9页。

（二）认知科学的局限

认知科学还处在迅速发展的阶段，或许我们为这些发展速度所迷惑而以为认知科学几乎是无所不能的科学，决定未来的科学。有关这方面观点，智利学者F. 瓦雷拉等人有着清晰科学的认识和见解："在最宽泛的意义上说，'认知科学'这个词用来表示：心智研究本身就是一个有价值的科学追求。目前，认知科学尚未作为一门成熟的科学建立起来。它还没有清晰一致的方向和构成一个共同体的大量研究人员，如同原子物理学或分子生物学那一类科学。确切地说，它实际上更像一个多科学聚在一起的松散联盟，而不是一个自身统一的学科。有意思的是，人工智能在这个学科占据重要一级，于是心智的计算机模型就成了整个流域的一个主导方向。其他有关学科通常包括语言学、神经科学、心理学、有时还包括人类学，以及心智科学。每门学科对心智或认知是什么的问题，都会给出一个多少有些不同的回答，这反映了它们各自特有的关注点。因此，认知科学的未来发展图景远未清晰。但是认知科学取得的成果已经发挥了独特的影响，而且这种影响还会进一步加深。"[1] 以上语言对于标准学、对于本书的研究经历都是极有说服力的。过去对于认知科学的热情更多是一种心理状况而不是严格意义上的科学认知，对于标准的研究绝非简单的心理学或认知科学理论的简单应用，对于标准的研究不能局限于认知科学及其理论；认知科学本身还是一门尚未健全的科学，用一个不完全的学科理论推演或指南标准的研究，风险是很大的，这里我想对澳大利亚学者贝内特和英国学者哈克的著作《神经科学的哲学基础》表示敬意，该书的主要目的之一就是在哲学概念层面统一神经科学的概念；还有，本书有这样的愿望，将标准学的研究作为认知科学的一个实例或为认知科学发展，如果能如此这将是本书另外一个收获。

三、认知科学的发展与其他

（一）认知科学的发展

1979年被认为是认知科学正式出现的时间，标志性事件是1979年8月美国

---

[1] [智] F. 瓦雷拉等：《具身心智：认知科学和人类经验》，李恒威等译，杭州：浙江大学出版社，2010年，第4页。

加利福尼亚州正式以认知科学的名义发出邀请开展科学活动,并正式承认1977年的认知科学杂志为学会的刊物。到20世纪90年代,各个发达国家纷纷认识到认知科学在整个国家的科学发展中占据绝对重要的地位,美国首先将90年代命名为"脑十年",欧洲的国际脑科学组织积极响应美国的号召;1997年,全球性的人类脑科学计划在美国正式启动,2001年我国成为这一研究计划的第20个成员国;1996年日本政府也提出"脑科学时代计划",共计投资2万亿日元发展日本脑科学(认知科学)。2011年中国认知科学学会成立我国政府于2006年将认知科学作为我国科学研究的前言项目。现在有十几所大学和科学院都成立认知科学研究机构。值得一提的是,浙江大学在这方面走在前列。从出版的各种资料来看,浙江大学的各个领域的成就是最全面的也是最多的。同时浙江大学遵循认知心理学的"以脑与认知科学为核心,多种研究取向并存"的发展方向。

(二)认知科学与社会学

认知科学由六大学科组成,语言学、心理学、计算机科学、人类学、哲学组成,有的人将数学(逻辑)也列入其中。

但是,很遗憾的是社会学被认知科学漠视了。无论从人类学的最初、还是现代社会、人工智能等,认知既是个体的、更是一个社会体的现象。尤其是在符号等出现以后,认知的社会性日趋突出,没有社会认知,就没有人类认知的存在和结构,人类社会不会进化到现在,没有社会认知,宗教、传统、文化、伦理、道德包括科学技术等就没有认知的空间。加拿大著名认知科学家保罗·萨伽德在其著作《心智:认知科学导论》中预测认知科学发展的四个趋势:"认知科学的第四个重要趋势是对认知的社会维度的更多理解。这看起来似乎与前面提到的认知神经科学所代表的生物学趋势背道而驰,而实际上两者是相容的。心理学与人类学不断地揭示出人类的思维受到人们与所共享文化中其他成员的交互活动的影响,这些交互活动依赖于诸如情绪的产生和传播的生物学机制,但社会性的变化同样也使生物学发生变化。"[1] 就认知科学与社会学而言,这样的论述不比社会心理学更有意义。对于标准而言,社会是传播、认知、合作的

---

[1] [加]保罗·萨伽德:《心智:认知科学导论》,朱箐等译,上海:上海辞书出版社,2012年,中文版序。

基本媒介，社会是人们的一种认知体，标准就是起着联结个人认知的尺度，是社会成员合作的媒介，是社会成员认知思维的尺度，是整个社会成员认知的主观标准。对于社会认知的重要性，进化心理学的观点更具有价值："同样地，我们也几乎不会提及认知心理学中常见的内容，比如记忆、感知觉、思维等。这些方面最主要关注的是内在机制，即那些让我们和外界沟通的基石。虽然内在机制也有其进化的来源，大脑关注的是决定行为表现的策略性功能，所以我们还是会更关注社会认知的层面，这个层面是一种更高级的认知机制，掌握着人类行为的核心社会决策。"[①] 社会认知是绝对不该被忽视的东西，社会认知是人类认知的范式，而社会学一个成为认知科学的组成，不然，认知科学可能会因为缺失社会学尤其是社会学理论而阻碍其发展。

（三）认知科学与现象学

现象学本身就像其名字一样多变，现象学不是一套内容固定的学说，而是一种通过"直接的认识"描述现象的研究方法。它所说的现象既不是客观事物的表象，亦非客观存在的经验事实或马赫主义的"感觉材料"，而是一种不同于任何心理经验的"纯粹意识内的存有"。返回物质本身是现象学比较统一的理论。坦率地说，对于理解现象学一直存在着很多困难，这种认知方式意味着人们将人类认知手段方法一律摒弃，其基本特点法主要表现在方法论方面，即通过回到原始的意识现象，描述和分析观念（包括本质的观念、范畴）的构成过程，以此获得有关观念的规定性（意义）的实在性的明证。而我们人类在漫长历史过程中累计的经验逻辑都将被忽视，而且现象学认为只有在这个基础上，才能廓清传统哲学中那些概念的真实意义，从而重新说明传统哲学中的问题，并深入开展各个领域的研究。无论对于标准还是认知科学这样的理论都会导致人类认知的中断，这是标准科学所无法接受的，我们不能否认，在人类漫长的认知过程中存在着很多错误的、不能反映自然世界的文化等范式，由此就将这些东西予以抛弃的做法是令人怀疑的。认知是一个不断发展、不断构建的过程，我们最早的计量单位不就是在以手、脚、肘等为单位发展起来的，我们现在使用最先进的量子物理学确定的长度，只是我们在过去认知基础上构建起来的。

---

① ［英］邓巴：《进化心理学：从猿到人的心灵演化之路》，万美婷译，北京：中国轻工业出版社，2011年，第10页。

每一个伟大的科学家在获得巨大成就后,都会这样表示他们是站在巨人的肩膀上。这里作为标准学,这样的理解现象学很有意义,人类认知都是有具体界限的,每一次认知都是具体情境下的产物。

(四) 文化和认知科学

人类学中的文化是一个核心概念。而在认知科学中文化并没有这样地位和这样,作为标准学讨论这个问题看上去有点远,考虑到标准也是文化的一种,这种讨论或许有助于从标准的角度理解文化与标准之间的关系,而且本书认为认知科学对于文化以及文化与认知科学的关系是合理的,这对于我们理解认知科学和文化之间的关系很有启迪意义。美国学者哈钦斯指出:"心智的科学研究对人类经验带来的挑战是什么? 鼓舞本书整个讨论的存在关注根源于认知科学内确凿的证明,即自我或认知主体本质上是片段的、分离的或非统一的。"① 对于标准而言,以上语言具有启发意义,标准在本质上和上述论述一样,标准作为人类的认知手段也是片段的、分离的或非统一的,这样对于我们理解和研究远古时期的最早的标准及其发展脉络有着积极的作用。从现有的考古资料来看,我们几乎找不出标准发展的所谓逻辑,这样恰恰符合人类认知发展演化尺度的可能的路径。

四、认知科学中的具身认知

认知科学中的另外一个主要问题就是具身认知。在第一代认知科学中,所有的认知不具有具身认知的特点。换句话说,认知就是大脑的功能,随着认知科学的不断发展深入,人们意识到具身认知对于认知科学的意义,理解到具身认知对于标准认识的意义,所谓具身认知是指生理体验与心理状态之间有着强烈的联系。具有认知在达尔文看来也是十分重要的,达尔文认为:"尽管人的理智能力和社会习俗对他有至高无上的重要性,对他的身体结构的重大意义,我们却也绝对不要低估。"② 遗憾的是,达尔文没有指出人类躯体的重要性何在。而对于认知科学家,他们认为思维和认知在很大程度上是依赖和发端于身体,

---

① [智] F. 瓦雷拉等:《具身心智:认知科学和人类经验》,李恒威等译,杭州:浙江大学出版社,2010年,第ⅪⅩ页。
② [英] 达尔文:《人类的由来》,潘光旦等译,北京:商务印书馆,1997年,第65页。

身体的构造、神经的结构、感官和运动系统的活动方式决定了我们怎样认识世界，决定了我们的思维风格，塑造了我们看世界的方式，这一点非常重要，这也就是皮亚杰特别强调的认知生理学结构问题。智利学者 F. 瓦雷拉等人指出："我们和梅洛·庞第一样认为：西方科学文化要求我们比我们的身体即视为物理结构也视为活生生的经验的结构，简言之，即作为'外在的'也作为'内在的'，既作为生物学的也作为现象学。显然这种具身性的双重性并不彼此对立的，相反，我们不断地在彼此之间穿梭往复。梅洛·庞第认识到，如不详细地研究一番它的基础，即知识、认知和经验的具身性，那么我们不可能理解这一循环。对梅洛·庞第而言，如对我们一样，具身性具有双重意义：它既包含身体作为活生生的、经验的结构，也包含身体作为认知机制的环境或语境。"① 我以为在人类早期的标准构建中，具身认知就是标准的起点，及标准始于具身认知，如我们熟悉的早期人类认知的长度、重量、质量等尺度无不是具身认知的产物。在标准学看来这只是宏观层面的部分，更多地在于人类主动的相对而言属于微观层面的认知尺度，人类的手的演化绝不是仅仅为了工作，它核心还在于认知本身，具身认知本身。手的神经系统皮层与所占的身体比例的不协调，应该算是手在人类认知演化中发挥主导作用。应该强调的是，在很多哲学中认识和工作好像都是分割开来的。而在具身认知中，在人类的认知中，劳动本身就是一种综合性的认知。实际上，认知和人类的活动密不可分，是一个过程神经系统活动。应该说，感知-运动等神经科学理论将这个问题说得已经很清楚了。

著名心理学家皮亚杰特别强调这一点，并将自己的理论形容为建构和建构主义的结合，强调认知的生理结构。如果我们拥有蝙蝠的生理结构，我们所感知到的世界就完全不是现在的样子。还是根据大脑神经的构造上，手的神经系统占据了很大部分。可以这样推论，就是人类主动的、具身认知的结果。皮亚杰的格局概念同样具有价值，人类在不同的格局中不断构建自己的认知系统，总结出不同的认知成就，不断适应新的环境、推行自己新的思想，这样具身理论就完整了。

本书中的标准发展阶段第一个为捡拾时期，正是这个时期人类开始构建各

---

① [智] F. 瓦雷拉等：《具身心智：认知科学和人类经验》，李恒威等译，杭州：浙江大学出版社，2010年，第 xvii 页。

种认知尺度，同推动人类认知向更高水平进发。我们感知到的世界同我们身体的解剖学结构是完全一致的。因此，认知是身体的认知，心智是身体的心智，离开了身体，认知和心智根本就不存在。具身认知是认知的尺度，标准的起始点。

最早的标准是什么样的，标准是如何发展的？达尔文的论证如下："理智的最早的一线曙光尽管有如斯宾塞先生所说的那样，是通过反射活动的增繁和协调而发展出来的，尽管这些反射活动是从许多简单的本能逐步转变而成，并且彼此十分相像，很难辨别。例如正在哺乳中的一些小动物所表现的那样由一些比较复杂的本能的所兴起，却似乎和理智是截然不同的两件事，各不相涉。但是，我一面远没有这种意思，像否认一些本能活动有可能丢失它们的固定于不教而能的性格，并由依靠自由意志而进行的其他一些活动所代替；一方面却认为，有些发乎理智的活动。"① 在这里最为困惑的是，标准理论的难点就在于标准如何从本能和认知中脱颖而出，大量的动物学理论与实践告诉我们：劳动和工具甚至言语都不是人类专有，比如黄石公园中一只河狸能够"砍倒"一株参天大树。它们表现得像一个熟练的工匠，将砍到大树截成几段，然后将树枝放在水中合适的地方做成围堰。由此可见，感觉认知及其尺度的功效不容小觑。

第二节　发生认识论与标准

一、发生认识论与标准

利用认知心理学研究标准有一些先例："维英·邦在日内瓦以及别的研究者们在其他国家所进行的标准化的研究确证了这一顺序，尽管儿童获得这些概念的实际年龄可能由于其在个体能力、教育标准和文化环境上的差异而有所不同。"② 标准化研究中也确认皮亚杰的人类认知阶段及其顺序。

标准一直是一个被误读或未被准确理解的概念。虽然标准在国际国内机构

---

① ［英］达尔文：《人类的由来》，潘光旦等译，北京：商务印书馆，1983年，第184页。
② ［瑞士］英海尔德等：《学习与认知发展》，上海：华东师范大学出版社，2016年，第246页。

都有比较的一致定义，或许正是由于这个概念将标准根本性的东西遮蔽起来，以至于我们只看到标准的一部分，甚至将标准内涵颠倒黑白。我们一直在用说明书一样的范式来形容标准、理解标准，好像标准的全部价值就在于不多不少的说明书之中，我们长久以来的标准理论实际上连动物的行为都无法自圆其说。如何认识标准的现象及其本质，如何用认知科学揭示、描述标准各个方面的特点？这里我们首先从认知科学的主力军之一的认知心理学开启，在这里本书想利用认知心理学来理解标准的心理过程方面。实际上，这样的目标也是著名心理学家皮亚杰在其《发生认识论原理》一直追求的目标，皮亚杰作为世界著名的心理学家，被认为是认知科学的先驱者之一，正是皮亚杰让我们对于人类的认知有了清晰得几乎是可以量化的认知，认知不再是哲学中宏大的概念；不再是康德的哲思一说；不再是伟大哲学家天才的思想火花；不再是涅瓦河上的猫头鹰。认知科学正相反，皮亚杰则是将认识带入科学实验的先驱。为了揭示人类认知的发展规律，皮亚杰的认识发生论开始这方面的尝试，试图解开人类认识的发生与发展过程。皮亚杰认为："我们之所以关心这个问题是怀有双重意图的：(1) 建立一个可以提供经验验证的方法；(2) 追溯认知本身的起源；传统的认识论只顾及高级水平的认识。换言之，即只顾及认识的某些最后结果。因此，发生认识论的目的就在于研究各种认识的起源，从最低级形式的认识开始，并追踪这种认识向以后各个的发展情况，一直追踪到科学思维。虽然这种分析本质上包含有心理学实验的成分，但也一定不要把它跟纯粹心理学的研究混同起来。心理学家本身在这一点并没有受骗：在美国心理学会送给我的一个奖状中有这样一段主要的话：'他使用坚定地依赖经验事实的手法研究了一些迄今还是纯哲学的问题，使认识论成为一门与哲学分开、与所有人类科学都有关系的科学。当然在这些人类科学中没有忘掉生物学。换言之，这个美国学会承认我们的研究包含有心理学的方面但正如这段话所说的那样，这方面是作为一种副产品出现的；他同时承认我们的研究目的在本质上是认识论的。"① 这段话有三个方面对于标准研究有着非常有意义的启示：第一，认知的研究不能仅从高级阶段开始，实际上初级阶段的某些现象更有价值，对于标准就是如此，我们现在对于标准的研究几乎是以高级认知的理论开始的，甚至我们从科学开始研究

---

① ［瑞士］皮亚杰：《发生认识论原理》，王宪钿译，北京：商务印书馆，1981年，第17页。

<<< 第六章　标准学与认知科学

标准,是本末倒置的,在这样的逻辑之下,标准无疑就是科学、经济或技术的产物,这个时候的标准已经被肢解得七零八落;第二,从发生认识论的视角,我们可以追根溯源将标准的起源明示,而不是将标准直接依附于标准、技术、文字语言的身上。一句话,标准的起源可以追溯到人类进化的最早时期。第三,从研究的内容来看,很多时候我们会将认知科学与哲学混淆在一起,而对于认知科学,和哲学的最大区别就在于它的实验特点。这也正是认知科学被接纳为科学领域的主要特点,无论语言、符号、数字还是科学,认知科学研究大都是可以验证的,不能验证的研究不应该称为科学,标准的研究亦如此。不过好在标准时时刻刻都是和实践联系在一起的,本书对于标准的研究一直是按照人类学或历史范围内进行的。

二、认知科学对于标准发生的描述

标准到底是如何产生的?皮亚杰或许给我们一个答案:标准是发生在认知过程中。皮亚杰认为:"认识既不起因于一个自我意识的主体,也不起源于业已形成的(从主体角度来看),会把自己烙印在主体之上的客体;认识起因于主客体之间的相互作用,这种作用发生在主体和客体之间的中途,因而同时既包含主体又包含着客体。"① 这也正是皮亚杰的创造,标准作为一个认知体系不能用产品质量标准这样的例子狭义地、机械地理解标准,标准也是在不断构建的过程,标准是认知的尺度,需要不断进化和提高,标准是一种构建在主客观之间的制度或方法。它既规范主观观念或思维、认知本身,也规制客观的方法。皮亚杰还认为:"认识既不能看作是在主体内部结构中预先决定了的,它起因于有效的和不断的建构;也不能看作是在客体中预先存在着的特性中预先决定了的,因为客体只是通过这些内部结构的中介作用才被认识到的。"② 我们也可以这样认为:标准就是这样的产物,是一个主体到客体的双向的认知过程,对于认知科学我们还是要不断地强调,认知心理学和神经学中的认知包含认识和控制、指导等阶段的过程。说认知包括劳动或实施行为本身,所谓的元认知。为了进一步说明这个问题,我们来介绍皮亚杰的几个关键术语。第一个术语是格局

---

① [瑞士]皮亚杰:《发生认识论原理》,王宪钿译,北京:商务印书馆,1981年,第21页。
② [瑞士]皮亚杰:《发生认识论原理》,王宪钿译,北京:商务印书馆,1981年,引言。

（schema），实际上皮亚杰要说明的是认知产生，我们可以说标准的产生，不过在理解的时候可将某些术语变化一下："个体是如何对刺激做出反应呢？这是由于个体原来具有格局来同化这个刺激。个体把刺激纳入原有的格局之内，就好像消化系统将营养物吸收一样，这就是所谓同化。由于同化的作用，个体于是能够对刺激做出反应。同化有三种水平：在物质上，把环境的成分作为养料，同化于体内形式；感知运动智力，即把自己的行为加以组织；逻辑智力，把经验的内容同化为自己的思想形式。"① 这从标准学来看就是标准的一种认知的尺度。

皮亚杰在其《发生认识论原理》和他的学生 A. 卡米洛夫—史密斯的《超越模块性》中有着认知心理学方面的描述。如果让皮亚杰回答标准是什么样，我认为皮亚杰的回答就是：运演。让我们看看这位大师的描述："活动既是感知的源泉，又是思维发展的基础。运演是一种认识活动，它能协调各种活动成为一个整个运演系统，又渗透在整个思维活动中。运演具有如下特征：（1）它是内化了的动作。（2）它是可逆的，可以朝着一个方向进行，也可以朝着相反方向进行，如加减法是加法的可逆性运算。可逆性又可分为逆向性和互反性，如 +A 是 -A 的逆向，A > B 是 B < A 互反。（3）它是守恒的，一个运演的变换经常使整个系统中的某些因素保持不变。这种不变性成为守恒，如狭 × 高 = 宽 × 矮，其容量不变。（4）它不是孤立的，能协调成为整个运演系统。"② 以上论述可以在标准学做如下理解和延伸：第一，标准在很大程度上是认知的尺度，而这些尺度的实现不应该仅仅是心理学上，还应该包括物质上的。即具体的工具等和行为的尺度，这些工具和尺度的行为都是物质的形态，物质形态对于标准至关重要。肤浅地说，标准不应该被仅仅理解为心理、制度、行为的主观的东西，而是包括客观。这个客观是主观认知的外化，无论对于本人还是对于其他人，标准也是物质的尺度，这应该是标准全过程内容。第二，标准不仅是内化的东西，更是外化、物质化的东西，唯此标准的作用才能完全化。只有标准的外化，才有可能使得人们尤其是感觉感知时代的先民将标准成为一种共识、一

---

① ［瑞士］皮亚杰：《发生认识论原理》，王宪钿译，北京：商务印书馆，1981 年，第 3 页。
② ［瑞士］皮亚杰：《发生认识论原理》，王宪钿译，北京：商务印书馆，1981 年，第 4 - 5 页。

种合作的尺度，标准的社会学意义才能发挥出来。第三，标准的可逆性。在300万年前，人们对于一件石器的感受是什么？石器是早期先民认知和对于自然环境等认知尺度的劳动的产物。实际上，在本书看来，标准实物就成为人类认知和计算的计算器、计算尺，成为认知平台，这将意味着早期人类的工具制造从来就不是一个自然的、僵化的、不可变更的过程，而是一个可以变更、顺序上等方面可以转化的过程。通过标准人类对于物质、行为、认知等都有了控制上尺度、劳动的程度，由于标准认知尺度的存在，人类之间的交流不再是哲思式的，标准这样的尺度在人类早期的出现，尤其是在没有言语、语言、科学思想、技术的时代，标准当之无愧就是人类认知的起点和平台。

而在认知科学中，重要的一个方面就在于将认知尺度化，只有将认知对象（包括客体和行为）尺度化，才有可能真正达到运演的水平。尺度无论在心理学和神经科学上都是一种认知。特别值得一提的是，本书将标准按照感知、符号、科学、数字划分为四个阶段，不同的阶段标准的意义不尽相同。尤其在感知标准时期，标准在人类社会长期的认知演化过程中扮演着这样的角色，它是人类认知的尺度、行为的尺度、还将人类目的衔接起来，我不知道这样表述是不是超出标准的意义所在。但是，本书还是将标准看作认知的尺度，是人类认知最早的起源。标准在人类的认知中涵盖了人类很多认知内容，这也是到目前为止我们很难将标准归为科学、技术、行为范畴的问题所在，标准还是行为的认知尺度。这样标准又一次跨越了我们基本的认知领域，当然这里说的是儿童行为："由于感知—运动活动的结果，儿童就能够协调各种看法，而借助于这些看法儿童就可以确定自己在各种客体之中的地位，其身体也就成为这些客体中的一分子。由于看法有了全面逆转，儿童因而就得到了一个处于空间的永恒客体的世界。可是儿童必须同时使自己能适应外部世界，也能适应别人的思想。所以他必须建立起一个概念行为的图景并且构建诸如质量、重量、运动等的守恒概念，以及逻辑关系和数学关系之类的概念。这样，儿童就能将他自己的看法与别人的看法协调起来。"[①] 这样，最早至少持续了百万年之久的标准至少跨越行为、科学、技术等领域。

---

① ［瑞士］皮亚杰：《发生认识论原理》，王宪钿译，北京：商务印书馆，1981年，英译者序。

三、卡米洛夫—史密斯的理论能与标准

认知科学对于我们理解标准很有意义,而认知心理学则更加有意义。史密斯的著作《超越模块性——认知科学的发展》在更多意义上不是为了对福多的模块性进行反驳,而是在建构认知本质。其发现人类认知增长的过程,解释认知增长的内容,这样的方法也适用于标准。为了方便起见这里引用序言部分:"卡米洛夫—史密斯特别强调个体内在的变化在心理发展中的作用。她在书中反复论述了表征的发展变化问题,提出了表征重述(RR)m模型。这是全书的重点。她认为相同的知识可以多重水平和形式加以表征和储存。人类对知识的表征有四个不同的水平。第一个水平,她称之为水平 I。在这个水平上,表征是对外在环境中的刺激材料进行分析和反应的程序。信息以程序方式编码,包含在程序中的信息是内隐的,且相互独立。这种表征能产生正确的行为,达到行为的成功,即行为掌握。第二个水平是E1。这样的表征是外显的,它的组成成分已可用作材料进行操作,且变得灵活,但它还没有通达到意识,还不能用言语报告。第三和第四水平是E2和E3,这时表征已通达于意识,并能用言语加以报告。同时,和其他方面有跨领域的关系。她认为表征的变化,就是通过表征重述程序中的过程。这个过程在各个不同的领域内一再发生。在表征重述问题上,她强调人类知识表征的多重性。人类以不同表征形式重复地表征信息。其中行为掌握是表征重复的必要条件。作为行为掌握之基础的表征达到稳定状态后,表征才得以重复。但发展不仅仅停留在行为掌握,人类要超越行为的掌握,发展出不同外显水平的表征,随着得到元认知、元语言的反思,在此基础上建立理论。"[①] 这里面对于标准最为重要的应该是重复。从逻辑上讲,重复的要素在于固定,没有固定的尺度也就无所谓重复。从标准科学看来,标准的建立就意味着运演的开始,不过运演并不像史密斯描述的不同阶段。在感觉运动阶段,没有语言、没有言语,更不能转变成为其他;而在符号、科学和数字时期,运演的质量、内容和数量将发生重大变化。

然而,人类行为如何突破一般的感觉认知范围就是标准的一个难点。或许我们会不加区别地将动物的本能和智力混淆在一起,下面的举例至少可以让我

[①] [英]史密斯:《超越模块性:认知科学的发展观》,缪小春译,上海:华东师范大学出版社,2001年,译者序。

们区别人类认知和动物认知的区别，这也是我们很容易犯错误的地方，即用人类现代的思维方式想当然地推演远古人类的进化过程中，实际人类认知每一步认知进化，其艰难程度不亚于人体本身的进化。这个实验具有理解运演的意义，一般而言，我们会思维顺畅地推理推演下去，而在人类初期这样进步就是一种脱胎换骨式的；"在研究中，实验者在黑猩猩面前摆放两个盘子供其选择，一个盘子上放有 3 个水果，另一个盘子放有 7 个水果。黑猩猩必须做出选择，但它选择的那个盘子会被交给实验者，而他没有选择的盘子才是它自己能够得到的。黑猩猩根本不能够掌握这个任务，它们总是选择装有更多水果的盘子，即便是在多次的尝试错误之后，它们还是无法成功掌握。黑猩猩不能将自己与眼前的世界分离，也不能让自己远离那些能够满足当前欲望的、让其无法抵抗的诱惑。"① 这个看似小小的进步，在认知科学看来不亚于登月的阿姆斯特朗的那一小步。对于标准的成就则是，理智的开始、人类开始将很多非直观的行为衔接起来。特别重要的是，人类开始在尚未存在的时间、空间、认知中确定了认知的标尺，这也是尺度认知的第一步。

在标准学中，本书将感觉等一系列术语统一为知觉标准。因为在哲学中、在认知科学中，用于描述知觉、感觉的词语之多令人容易混淆。在这里特别需要强调的是，也许不是第一次，本书的词汇都是在认知科学的范围和意义上使用每一个术语，标准在前语言时期就已经存在，且是唯一的认知形式。需要特别指出知觉标准，由于本书的研究时间很长，一直讲标准的第一时期成为感觉标准，现在将感觉标准改为知觉标准，核心的理由在于标准是一种主动的认知过程。以上引用按照皮亚杰的理论，可以做这样的理解：第一，标准最早出现于语言、科学、技术之前而不是之后，标准是语言之前人类认知的唯一尺度；第二，标准是人类主动认知的尺度，这个尺度反映了人类早期心理和神经系统的主动认知过程和结果，并形成了认知的一种尺度，这种标准认知的详细机制尚有待于进一步研究和探讨。不容否认的是，这种机制在人类认知的漫长进化过程中一直持续到今天。康德的"哥白尼革命"也可以作为理解标准的说辞，所不同的是标准不是"拷问"大自然。第三，标准是一种行为尺度，按照认知心理学术语是感知—运动的尺度，我们这里可以用美国学者西恩·贝洛克的例

---

① ［澳］埃克尔斯：《脑的进化：自我意识的创生》，潘泓译，上海：上海科技教育出版社，2007 年，第 164 页。

子说明:"在棒球比赛中,击球手经常在球没有离开投手的手时就开始挥棒,因为他们根据投手身体的动作就能预测球的走向。一个有经验的大脑能够观察到他人正在做的事情并镜像他们的动作,然后向身体发出合适的信号……这种能力的关键可能源自一种被称为演模型的神经回路,这个回路会帮助大脑在动作发生前,预测出我们行动的结果。"① 标准是一种复杂的认知体系,既包含科学知识如对自然现象的认知;也包含认知本身的尺度如思维本身;还包括刚刚谈到的行为本身,标准在最初就是"诸法合一"的法律,是哲学的哲学、科学的科学、行为的行为、思维的思维,一种所谓的元认知。

即便是有了标准,认知标准的进化仍然是一个充满荆棘的路程。那么初期的标准如何从本能和理智中演化出来?

下面这个经典的例子说明,标准认知发展演化的路径并非我们所想象的,在我们看来如此司空见惯的过程,对于人类认知进化却是一大步:"经典的错误信念任务就是著名的'萨利和安测验'。萨利和安是由两个由实验者操纵的玩偶,在实验中,萨利将一个球放进一个篮子里,然后离开房间,当萨莉离开之后,安将球从篮子里拿出来,然后将球藏在一个盒子里。之后,实验者会问孩子:'当萨利回到房间时,她会去哪里找她的球?'4岁以下的儿童无法正确回答,他们都会说萨莉会去盒子里面找球。他们不能够正确回答,他们都会说萨莉会去盒子里面找球。他们不能正确地设想萨莉的观点,不能理解那个与现实不相符的心理状态。然而超过4岁的儿童几乎都能回答正确,他们会说出'萨莉到篮子里面找球'的答案,因为萨莉认为球在篮子里,而不是在盒子里,虽然儿童自己知道球被藏在盒子当中。"② 这里所说的只是年龄上的差别,而举此例子的目的是想说明,对于现代人的智力发展就是一个年龄问题,而对于远古人类的进化包括标准的进化则是一个艰难痛苦的转变。将感觉认知转化为行为、观察行为的效果,形成可以感觉到的感知尺度。

四、进化心理学视野中的标准

标准,人类早期唯一的认知手段。伴随着人类进化过程,可以说是标准推

---

① [美]西恩·贝洛克:《具身认知——身体如何影响思维和行为》,李盼译,北京:机械工业出版社,2016年,第94页。

② [英]邓巴:《进化心理学:从猿到人的心灵演化之路》,万美婷译,北京:中国轻工业出版社,2011年,第64页。

动人类认知进化的过程，可以用进化心理学加以说明，这样的描述不是为了再现历史而是阐述标准发展的路径。进化心理学是这样论述包括标准在内智力发展的，而且以下的观点可以推动很多标准理论延伸："阿舍利手斧的出现是认知能力显著提升的一个标志，特别是根据未加工的原石材想象出手斧形状的能力。但是即便如此，当时的直立人种所拥有的认知技能与后来的古人类（包括尼安德特人），尤其是智人所拥有的，明显不是一个级别。这种技能的转变标志着认知方面的巨大变化，包括更加深谋远虑的思想，更精细的运动控制和手眼协调能力，以及更确凿地拥有意图。直立人精确地做出相同样式的工具，而且年复一年地使用；晚期直立人做出来的工具，与早他们100多万年前的直立人做的没有任何区别。仅仅拿手机技术在近10年的发展速度对比，就可以看出当时他们的工具制造工艺是多么稳定。"[1] 阿舍利技术在人类考古学上是继奥杜威技术的又一个人类认知的标志性创造。阿舍利成就出现在大约150万年，石器工具由两面打制，一端较尖较薄，另一端略宽略厚，呈泪滴等形状，由于它左右两边和正反两面基本对称的特点，因此被公认为人类历史上第一种标准化加工的重型工具，被视为古人类进化在直立人时期石器加工制作的最高技术境界。在人类发展演化的最关键时期，这个时候人类脑容量开始向现代正常人类1400毫升发展；同时这个时期或许是人类向前语言或言语进化的开始。在标准学看来，将这些称为技术或工业是很难说是准确的，与其称之为工业或技术还不如称之为标准更为妥当，在没有语言、符号的远古硬是将这种现象冠以技术或工业，不知道理何在。但是，作为人类认知的尺度、作为知觉标准还是可以自圆其说的。另外，标准的具身认知效果开始加速。由于人类在认知方面的革命性转变，人的具身认知开始和自然进化同时影响着人类的发展过程。换句话，人的认知开始影响人包括人体结构的变化，在标准学，将这种变化称为人类进化的认知化过程。这个时期的标准的长期固定让标准很是尴尬，标准是出现了，但标准的"弊端"也同时出现了，标准长久以来一直保持不变。有一点本书必须说明，单单依靠目前的考古学成就而不考虑社会学在标准中发挥的作用，这对于标准无疑是不公平的。

阿舍利认知尺度的出现标志着人类心理的快速成熟。在进化心理学中，学

---

[1] ［英］邓巴：《进化心理学：从猿到人的心灵演化之路》，万美婷译，北京：中国轻工业出版社，2011年，第30页。

者用模仿开始说明心理的变化:

　　撒开脑容量的增长不谈,上述这种差异显示出匠人和直立人在心理能力上与我们现代人十分不同,他们缺乏真正模仿他人的能力。'真正'的模仿需要两个要点:一是理解行为背后的意图;二是精确地重复该行为的动作。仅仅模仿他人的动作却不能理解他人行为背后意图的叫作'效仿',比如幼童重复着爸爸刮胡子的动作,这种效仿没有认知上的需求。真正的模仿意味着,当你注意到他人使用的某个技术优于你的技术时,你可以采用他的技术来提升你自己的作品质量;如果你之后将自己的技术调试得很好,并且改进了这个技术,其他人就会来模仿你的技术,来利用你的改进和创新之处。因此,工具的样式会随着时间逐步地改变;如果没有真正的模仿,工具样式就只能囿于陈规。因此可以这样认为,匠人和直立人也许观察过其他工具制造者的制作过程,对一个已完成的工具有了形态上的概念,但是当他们自己制作时,还是使用了自己的方式:一些跟那些熟练工具制造者类似但不相同的方式。这造成了工具生产异质法,即使完成的工具看起来是一样的,但是由于没有精确的模仿,任何对工具设计的改进都不会传递到下一代,因为其他个体没有精确复制用来生产工具的技术。如果拥有了真正的模仿,每个人都能精确地、按步骤模仿工具制造者的每一个动作,那么不论改进的技术于何时发生,都能在个体之间传递(通常是上一代传给下一代)。"[1]

　　以上引用有些长,但是本书还是希望这样的引用有助于我们理解标准的细节和发展进化。标准是如何发展的:"这最后一点的观察所见似乎证实了皮亚杰所说的'同化常模(可与基因总汇的反应常模相类比)的构建(它类似于基因总汇的反应常模的建构过程)的存在。在智慧发展中,这种'常模'的存在意指:新的同化的可能性将随着已经存在的同化格式之间的可能的组合增加而增加。"其实,情况似乎是:如果我们还记得具身认知这个概念,我们就会理解人类不再简单地依赖环境和生物学基础、以及遗传的"天赋",而是将人类的积累聚焦于一个具体的认知过程中,认知的特点或标准的优势就体现出来。受到量子力学的启发,量子都是由单位的,那么认知、标准的构建都是一步一步具体的。这样,标准才有可能进步或前进。在人类漫长的演化中,标准也是一种选

---

[1] [英]邓巴:《进化心理学:从猿到人的心灵演化之路》,万美婷译,北京:中国轻工业出版社,2011年,第30-31页。

择，一种本能的选择、一种进化的选择、一种智慧的构建。这种选择是通过知觉完成的。换句话，知觉是一种主动的认知过程，认知标准亦如此。奥地利动物学家、诺贝尔奖获得者康德拉·洛伦茨指出："知觉是一种计算机功能，它在我们感觉神经系统的无意识层面，通过某种归纳程序来获得知识。在认知的意识层面，我们从来不会从未经选择、未经处理的感觉数据的极低层面开始着手。相反，我们总是从知觉特别是我们的格式塔知觉给我们制作的精细报告开始的。"① 在标准学中，格式塔应该是知觉范式的一种，标准在很早的时候就成为人们格式塔的组成内容。

第三节 其他心理学与标准

标准学对于心理学的量化情有独钟。无论是冯特对现代心理学的产生、物理心理学、拓扑心理学、心智的定量研究，还是皮亚杰的儿童心理学的阶段研究，都是标准学热切的东西。

一、心理物理学与标准

心理学对于标准的研究一直是我关注的焦点。我更渴望知道西方世界对标准和心理学之间关系的研究及其成就，在序言部分我曾经谈到世界标准化委员会曾经组成一个标准理论研究小组，对标准的理论进行研究，可是我们没有得到下文，研究小组无疾而终："维英·邦在日内瓦以及别的研究者们在其他国家所进行的标准化的研究确证了这一顺序，尽管儿童获得这些概念的实际年龄可能由于其在个体能力、教育标准和文化环境上的差异而有所不同。"② 正是这段话将我指向心理物理学。一般地，介绍心理学史在梳理心理学的发展都将威廉·冯特作为现代心理学的创始人。但心理物理学不过是现代心理学产生的铺垫而已，所谓心理物理学在费希纳看来："作为一门精确科学，心理物理学必须

---

① ［奥］康拉德·洛伦茨：《动物与人类作为研究》（第二卷），邢志华译，上海：上海科学教育出版社，2017年，第11页。
② ［瑞士］英海尔德等：《学习与认知发展》，李其维译，上海：华东师范大学出版社，2001年，第245页。

像物理学一样建立在经验和经验事实的数学联系之上。我们需要对那些所经历的事实经验进行测量，即使没有这样一种测量方法，我们也要去寻找。既然我们都已经熟知这种对物理量测量的方法，那么，这项工作第一大主要任务就是确立尚不存在的测量心理量的方法，第二大任务则是对这种方法加以运用，并展开详细的讨论。"① 这就是费希纳的心理物理学的主要思想。实际上，心理物理学包括现代心理物理学和已经形成心理学的两个组成部分。为了简便起见，这里将费希纳及其思想一并解释："费希纳的《心理物理学纲要》具有重要的影响。他提出的最小可视差法、正误法和平均差误法是经典心理物理学的三大方法，也是迄今为止心理学教材必须包括的内容。20世纪50年代，美国心理学家史蒂文斯用数量估计法研究了刺激强度与感觉大小的关系。他研究发现心理量并不随刺激量的上升而上升，而是刺激量的乘方函数或幂函数。换句话，知觉到的大小是与刺激量的乘方成正比例的。于是，史蒂文斯对费希纳的对数定律进行修正。1957年，他根据多年的研究结果，提出了刺激强度和感觉量之间关系的幂定理，用公式表示为：$S = bI^a$，其中 S 是感觉量，I 指刺激的物理量，b 是由量表单位决定的常数，a 是感觉通道和刺激强度决定的幂指数。这就是史蒂文斯的乘方定律，又称幂定律。这一定律指出了心理量和物理量之间的共变关系，并非如费希纳定律所描述的那样是一个对数函数关系，而应该是一个幂函数关系。幂定律采用直接数量估计法构建了比例量表等级的心理量表。由于这一方法涉及对感觉的直接测量，他在理论上说明了对刺激大小的主观尺度可以根据刺激的物理强度的乘方来标定，在实践上可以为某些工程计算提供依据。"② 心理物理学是标准的基础性理论，为标准的存在奠定心理学基础。

对于标准，物理心理学或其他心理学的意义在于：第一，理论上，心理在理论上是可以量化的，心理物理学的刺激—感觉量之间的关系几乎就是标准学的心理学。标准假如按照心理物理学这样的关系逻辑推理下去，标准或许可能变成心理物理学的最终结果。遗憾的是，感觉不过是人类的认知方式之一。人类认知的媒介按照本书已经经历了感知、符号、科学和数字四个阶段，有一点

---

① ［德］古斯塔夫·费希纳：《心理物理学》，李晶译，北京：中国人民大学出版社，2015年，序言。
② ［德］古斯塔夫·费希纳：《心理物理学》，李晶译，北京：中国人民大学出版社，2015年，第43页。

必须重复,心理是可以尺度化的。第二,心理物理学对于知觉标准或标准理论依然是具有证据作用的理论之一。换言之,这也就从科学上论证了认知标准的心理学依据,感觉或知觉与认知的客体有科学上关系,按照费希纳的是一种指数关系,而按照史蒂文斯则是乘方关系。用标准学的观点来看,这意味着存在着感觉或认知标准——人类最基础、最基本感知系统,且这个系统是与外部世界的刺激存在着一定关系式,对于标准学,感知标准是人类认知的起点。第三,知觉标准或感觉标准不是标准学杜撰出来的,而是有心理学基础的,这个心理学就是心理物理学,同时也开启了量化或实验心理学的大门从而成就了现代心理学。总而言之,心理物理学的诞生为标准理论,标准学在很大程度上提供了一种心理学上的可能性基础,无论是知觉或感觉极其尺度都是存在的。感觉不是天马行空的东西,而是在某种程度上可以量化的东西,依照费希纳的逻辑:"总之,我们的心理是生理的一个关联函数,反之亦然。它们之间存在着一种恒定的关系,这种关系使我们能从一者的存在和变化推至另一者。"① 对于标准学,心理物理学的理论结果让标准学喜忧参半。一方面,我们知道了我们的感觉系统存在着关联关系;另一方面,假如这样的函数关系表现得像真正的函数关系一样确定无疑,那么在人类进化中将不会见到标准这样的多余东西。标准还有着心理学之外的很多东西。在本书中,我们可以从标准的历史过程中看到人类认知发展的大概脉络。到目前为止,人类经历了知觉标准时期、符号标准时期、科学标准时期和数字标准时期。人类的认知世界发生着革命性的变化,人类认知的方法也由感觉到符号再到科学向数字方式的迈进。

---

① [德]古斯塔夫·费希纳:《心理物理学》,李晶译,北京:中国人民大学出版社,2015年,第8页。

第七章 认知心理学与标准科学

第一节 认知心理学简述

一、认知心理学的概念与其他

认知心理学作为导师指引我们来到认知科学领域来研究标准。现代心理学的历史并不长,一般以德国心理学家冯特于1879年建立心理学实验室为标志。不仅如此,心理学也从哲学的思辨中走向实验,开启了现代心理学的历程。认知心理学的出现则是更晚的事情,在从格式塔和行为主义中衍生出来的认知科学,取得的成就让人耳目一新。应该说,认知心理学使得我们以全新的视角认知标准,认知科学使得我们理解标准成为可能。还是杜不赞斯基的那句话:没有进化论的指导,生物学就变得无法理解。我们将这句话继续推演一下,没有认知科学,标准将变得无从理解;没有认知心理学,我们也就无法理解标准及其行为的演化和产生。在认知科学看来,认知心理学是认知科学的核心及其内容,认知心理学即认知科学的开拓者,也是我们理解认知行为的核心。美国认知心理学家索尔索在其《认知心理学》(第六版)中认为:"认知心理学是关于思维意识的研究,其关注的领域包括:

• 人们是如何关注世界和获取信息的
• 信息是如何被大脑储存和加工的
• 人们是如何解决问题的、如何思维的以及语言是如何生成的

<<< 第七章 认知心理学与标准科学

认知心理学包含了心理加工过程的整个范围,从感觉到知觉、神经科学、模式识别、注意、意识、学习、记忆、概念形成、思维、想象、回忆、语言、智力、情绪以及发展过程贯穿了行为科学的所有领域。"① 从以上概念,我们可以将标准作为认知科学的研究对象,而不是依附于科学或哲学或技术的境地。本书深信,认知科学是研究标准的最佳途径。认知心理学可以说是认知科学的先导,美国的詹姆斯,瑞士的皮亚杰,还有为心理学、语言学做出巨大贡献的乔姆斯基等人,大都是在认知心理学上获得巨大成功。特别是著名的心理学家皮亚杰对于儿童心理的研究,开创了让我们能够以实验的角度来认识人类认知或心理的变化。通过儿童的心理阶段和认知发生的研究,我们可以以此作为一种启迪,研究人类进化、人类认知发展的一般路径。伟大的科学家达尔文曾经对心理学寄予厚望,达尔文在《物种起源》结尾处这样预言:"我看到了将来更加重要得多的广阔研究领域。心理学将稳固地建立在赫伯特·斯潘塞先生所已良好奠定的基础上,即每一智力和智能都是由级进而必然得到的。人类的起源及其历史也将由此得到大量说明。"② 并昭示21世纪将是心理学成为显学的时代。有一点是确定无疑的,沿着心理学的路径研究标准是正确的,而且经过认知心理学、心理学我们可以追根溯源,真正理解研究标准不是人云亦云。实际上这一段翻译还是有一定问题,让我们看看另一段译文:"查尔斯·达尔文称得上是第一位进化心理学家。他在《物种起源》(1859)这本经典著作的结尾处预言:'在遥远的将来,我会看到许多更加重要的研究领域就此展开,心理学将拥有全新的基础。'"③

不得不提的是,认知科学或认知心理学的另外一个叫法心智或心灵。比如美国认知心理学家戈尔茨坦将其认知心理学的副标题命名为《心智、研究与你的生活》。在哲学上,很多学者将认知科学或认知心理学称为心智或心灵。戈尔茨坦这样阐述心智:"从上面这些句子中,我们或许可以理解什么是'心智':前三句话分别强调了心智在记忆、问题解决和决策中的作用,因而适合于心智如下的定义:心智是产生和控制知觉、注意、记忆、情绪、语言、决策、思维、

---

① [美]罗伯特·L.索尔索:《认知心理学》(第六版),何华译,杭州:江苏教育出版社,2010年,第2页。
② [英]达尔文:《物种起源》,周建人等译,北京:商务印书馆,1996年,第499页。
③ [英]戴维·巴斯:《进化心理学》,张勇等译,北京:商务印书馆,2015年,序言。

推理等心理机能的成分。这一定义反映了心智是决定我们的各种心理能力中的核心,而这些心理能力正是我们将要在本书各个章节中介绍的主题……第四句话更契合关于心智的另一个定义:心智是形成客观世界表征的系统,促使人们采取行动以实现目标。这一定义反映了心智在维持人体机能和生存中的重要作用,同时我们也可以借由这个定义初步了解心智是如何达成目标的。"① 从这一点上看,认知科学尤其是认知心理学和心智在某些程度是完全一致的,尤其是对心理学的基本功能的研究也是认知科学的研究对象。但是心智在哲学上还有一个极端的叫法,现在仍在使用心灵。由于古老的哲学海洋般的思维世界,以及由此形成的传统,心灵哲学或心智被赋予更多的东西,让人们很难理顺它们的脉络。就本书而言,我们更多地使用认知科学而不是心智、心灵。

我们在这里学习认知心理学的目的就是为了研究标准。标准虽然有着强大的生命力一直持续到今天,而且标准也有着丰富的历史渊源。但就理论而言,标准在理论上一直处于初学者阶段,本书将这样的情况形容为标准在理论上的贫乏。换句话,标准没有理论。标准学者一直尝试着把标准与某种理论联系起来,ISO 标准化委员会曾经成立标准化理论研究组织,无非是能够建立起标准化自己的理论基础,让标准在理论上有一席之地、让标准能够脱开实践的羁绊,让标准走得更远更高。可是时至今日,标准化理论还在原地踏步。也许以下推测可以解释这一困境。第一,我们错误地将标准依附于科学,依附于技术,以为从科学或技术肥沃的土壤上一定会找到标准的根基。在历史上,科学不过是人类认知或进化过程中最近的事情。第二,我们将标准依附于哲学,而哲学对于标准这样与宇宙真理无缘的细故不屑一顾,最著名的就是普罗泰戈拉的尺度论,就是这个尺度理论也没有走多远就陷入主观世界的泥潭。特别要强调的是,这里研究认知心理学,其理论和现实就是将标准置于人类认知的现实和历史以及生理的基础之上,标准是认知的产物,这样标准就被纳入人类认知的轨道上。使得我们不再将标准拘泥于科学、技术、哲学等现代理性,这样认知心理学给标准研究以及标准理论以一个全新的天地和视野,标准是认知的产物,标准也不起源于科学、技术、哲学等而是相反。第三,历史上标准很大程度上不代表一个时代的科学技术哲学水平,尤其是在古希腊或有文字以来,科学技术被掌

---

① [美] 戈尔茨坦:《认知心理学——心智、研究与你的生活》(第三版),张明译,北京:中国轻工业出版社,2019 年,第 4 页。

握在"有闲阶级"手上,而更多的工艺小技术等尤其艰苦的工作都在下层人民手中,他们中的绝大多数按照文明的标准都是文盲,就是这样的人用标准或认知的尺度传承、创造、发明、认知世界和认知本身。

虽然我们在分析奴隶社会时,脑力劳动和体力劳动的区别是社会的进步,这样的观点有其道理,但是这也直接导致轻视劳动、轻视工匠。而且那个时代很多标准或认知尺度都掌握在那些技术工人或工匠手中,一定意义上劳动和科学被制度分离了。这样,标准也是人们轻视和忽略的一门学科或活动。轻视劳动者的劳动,在希腊是一种传统,在我们早期奴隶社会也有劳心者治人劳力者治于人一说,在古希腊轻视和鄙视标准几乎是科学家的传统。《牛津技术史》一书的分析比较到位:"阿基米德并不认为(军事机械)的发明是值得他认真研究的一个课题,他认为那只不过是在几何学消遣中对它们进行推算罢了。当他还未走得太远时,在锡拉丘茨的西隆的紧急事件中,后者恳求他把技艺从抽象的运动转化到实际应用上来,使他的推理能为大多数人所理解,从而将其应用到日常生活中去。首先把他们的思想转变到力学,后来成为很受推崇的一个知识分支上来的是欧多克斯和阿奇塔斯。他们通过灵敏的实验并采用仪器证实了某些问题,当时还没有解决这些问题的理论基础。但是柏拉图极其愤慨地对他们进行了猛烈抨击,说他们破坏并贬低了几何学的完美性,把几何学从精神和理性层面,降低到物质和感觉层面上来,强调几何学应用需要大量体力劳动的物质,从而使几何学成为属于商业交易的研究客体。结果力学便从几何学中被分离出来,而且长期为哲学家们所轻视。"[1] 结果很简单,这些哲学家或科学家只重视精神和理性层面的东西,而支撑这一切的劳动或感觉却被完全"黔首"化而在另外一个层面,科学和技术、机能严重分离,而且这种分离持续很长时间。让我们还是看看科学技术的基础:"即使在希腊和罗马时期,几何学、天文学和类似的纯学科都是相当发达的,但在知识界的领袖人物中间,却很少有人对技术的科学基础感兴趣。古代文明中技术的社会沉沦,以及工匠低下的社会地位,可以从许多记录中看到。埃克赛厄斯蒂库斯令人钦佩地总结许多世纪以来一直存在的一种思想态度,他说:每位工匠和工长都必须昼夜工作。这里有一位雕刻封印的工匠,他自己在设计一些新的图样,是多么忙呀!他集中了全部注意

---

[1] [英]查尔斯·辛格等:《牛津技术史》(第4卷),辛元欧主译,上海:上海科技教育出版社,2004年,第451页。

力在制作模具,尽管他在同业公会中的职位不高。这里坐在铁砧旁边的铁匠,也正专心于他的工件,面颊上带着烟尘。他要与熔炉的高温搏斗,耳朵里回响着铁锤的敲击声,眼睛还盯着要仿造的设计。他的全部身心都要扑在要完成的任务上了,他全部清醒的思维都是为了出色地完成工作……所有这些,都是在依赖他们自己的双手维持生计,每个行业都有自己的技巧;没有他们,便根本不能建立起一个国家。他们既没在国外旅行,也不在国内旅行,他们不会超过自己的范围去扩大交际圈。也不会坐到审判席上。对于他们的技艺既不会细查证据也不会有什么定论,对于他们也从不传授知识或给予奖励。他们也不会因为说出什么格言而被众人所知。"① 历史上,科学、技术、技能各司其职,认知或者说社会认知被高度地分割着。我们这里说的科学标准时期,原本的意义在于是科学标准时期的标准合法性问题的讨论。同时,也是科学、技术、技能等交融的时代,标准不再是孤零零的、科学也不再高高在上、技术完全游离于科学技术之外。

二、标准是人类不断进化着的产物

在人类漫长的进化过程中,心理进化是至关重要。这大概也是达尔文格外偏爱心理学的一个原因,而对于标准,希望通过标准而理解人类认知的进化,或认知认识和标准认知的相互关系。尤其是利用进化心理学来看待标准的变化过程,进化心理学目前尚没有统一的概念,而对于进化心理学研究或关注的内容却比较一致:"进化心理学聚焦于以下四个问题:(1)心理为什么被设计成现在这个样子?也就是说,是什么样的过程将人类心理创造、设计或塑造成了当前的形势?(2)人类的心理被设计成了什么样子?也就是,它的机制和构成部分是什么?(3)心理的组成部分和组织结构有什么功能?即心理被设计出来是用作什么的?(4)当前的环境输入时如何与人类心理的构造发生互动,从而产生了可观察的行为?"② 这些问题作为标准和认知科学尚不能回答,在这里,本书学习介绍进化心理学的目的有两个:一个是心理进化对于标准的作用。目前,这样假设很难实现,本书的特点就是尽可能地展示一切标准的细节或微观的东

---

① [英]查尔斯·辛格等:《牛津技术史》(第4卷),辛元欧主译,上海:上海科技教育出版社,2004年,第451页。
② [英]戴维·巴斯:《进化心理学》,张勇等译,北京:商务印书馆,2015年,第4页。

西，由于我们接触的资料过于宏观，很难将标准形成的过程揭示出来，进化依然是我们认识标准的有希望的路径。另一个是通过理解心理进化进而理解标准进化的某些方面。从捡拾时代到奥杜威、到阿舍利，再到莫斯特和勒瓦娄哇技术，标准进化就是一种认知能力的不断发展，标准在反映出人类认知能力的水平。本书将标准的演化划分为四个阶段：知觉标准时期、符号标准时期、科学标准时期和数字标准时期，有关的内容在前面做过一些介绍，在这里要说的是：第一，各个阶段的标准并不是一个否定一个或一个代替一个，而是相互融合包容和扩展的，若符号标准没有将知觉标准代替，而是在更高的层级上融合，没有知觉标准，我们就无法理解符号标准；第二，标准进化的特点呈现个人走向社会的趋势，个人标准或尺度向氏族、向民族、向国家、向社会的发展过程，如数字标准时期，社会化的成分越来越多，人们从标准中找到更多的共识；第三，不同阶段的标准的实现方式可能完全不同，这与这个时代的认知能力直接相关，在数字化时代我们可能更多地借助数字认知世界、规划人类的认知、思维和意识。

总之，标准客观地反映出人类认知的能力和水平。同时，正是这样的认知能力推动人类文明不断向前。

第二节 注意力与标准

注意力是心理学中的重要概念之一，也是人类和生命的基本心理功能。作为进化论的创始人——达尔文对于心理在人类进化中的作用予以高度评价。达尔文在《人类的由来》一书中用了一章多篇幅讨论人类心理，并对人类心理中的注意力做了高度评价："人的理智方面的进步所依凭的各个心理才能中，在重要程度上，几乎没有一个是比得上注意力的。动物也表现有这种能力，这是很清楚的，一只蹲在一个洞口准备一跃而把钻出洞来的老鼠捉住的猫在这方面表现得十分清楚。野生动物为了捕捉其他的动物来吃，有时可以专心致志或全神贯注到这样一个程度，可以弄得像螳螂捕蝉黄雀在后那样，连猎人的走近都没有能理会。"[①] 从认知心理学看来，简单地说，注意力就是一种聚精会神的精神

---

① ［英］达尔文：《物种起源》，周建人等译，北京：商务印书馆，1996年，第110页。

状态，也是一种选择，没有注意力就没有标准的进一步发展，这通常是在一般的生物学或心理学意义来阐述的。我们必须意识到，对于标准而言，注意力绝对不是本能的延续，而是一种探索式的、全新的注意力，这里的注意力的对象已经不是自然的而应该是一种理性的选择。人类通过标准制造出工具、设计出行为，并要考察标准工具的或行为效果，这个注意力是对人类设计的行为与环境、收获之间选择性注意力；而且这个注意力，就进化论和人类学所揭示的事实，这是一个缓慢的过程，有的心理学家将这个过程用"微进化"来形容绝对有其道理，不要指望我们先祖的注意力就像工厂或作坊中的木匠一样，全神贯注地注视着所有工序。相反，我们的先祖们尽可能地搜寻着工具与成就之间的所有关系，也许他们的注意力在不断地调整。标准或认知的尺度就是在这样的过程中不断地调整、不断地达到最佳的认知状态。实际上这就是标准的创造过程、人类创造力的实践，遗憾的是这种创造过程过于缓慢。

还有一个不能忽视的问题，对于标准特别重要，这就是共同注意标准不是尺子，在感觉或知觉标准时期，标准是由行为与成就、行为本身、认知组成的复合体，心理学家 A. 卡米洛夫—史密斯提出行为掌握概念值得借鉴，她认为："在全书中，我反复论证了行为掌握是表征变化的一个前提条件。例如。在第三章木块平衡作业中，我们见到儿童在转向几何中心理论之前，有几年他们保持木块平衡的能力。也回忆一下第六章儿童作为符号创造者的例子。在微观发展方面，没有一个儿童在地图作业的很早时期引入变化。变化只发生在 7 或 10 个分支之后，即在原先的特殊作业方法得到巩固之后。类似地在习得语法的性质时，儿童先是分别地巩固各个系统（词素音素、句法、语义）；只是到后来，一个系统制约另一个系统。在各种情况下，行为掌握似乎都先于表征变化，然而，在联结主义网络中，对学习期间隐藏单元的分析，可以揭示出输出中观察到变化之前的变化的某些表征。这说明变化可能在完全的行为之前就开始发生了。什么是行为掌握？我认为，作为行为掌握观点基础的直觉和联结主义的网络停留在一个稳定状态的观点是相当符合的。在网络内学习过程的某一个时刻，权重倾向于稳定化，这样，新的输入不再影响其装置。这在联结主义模型中是学习的终点。而在 RR 模型中，这是产生内隐表现的水平 I 表征的重述的开始。"[①]

[①] ［英］史密斯：《超越模块性：认知科学的发展观》，缪小春译，上海：华东师范大学出版社，2001 年，第 166 页。

史密斯这样的逻辑对于标准是可要接受的，可以这样说，这就是标准。而且很有可能这就是标准构建的过程的定格，对于史密斯来说这是重述，而对于标准则是一种认知尺度的建构。另外，认知时期的标准是通过行为获得的，在漫长的、暗夜般的进化过程中，我们想不出还有什么能比行为更利于掌握世界的方式。这样对于我们理解标准在人类进化过程中大致情境有一个相对清晰的了解。

还是回到注意力，美国学者爱德华·E. 史密斯等人这样定义注意的本质和作用："尽管我们对什么是'注意'某事或某物有直观的理解，但认知心理学领域对注意的研究却有着一段漫长而曲折的历史，其中充满了争论和异议。有些人认为'每个人都知道注意是什么'，而另外一些人却说'没有人知道注意到底是什么'。例如莫拉尹认为注意有六种不同的含义，波斯纳和博伊斯认为包含三个成分：转向感觉事件；探测信号以便集中加工；维持警觉或警醒状态。"① 看上去注意不是一件困难的事情，但是如果加以智力要求，注意就是一个很困难的事情，心理学家经常用经过智力设计的实验来考验动物的注意力，如猴子与瓶子中的花生米等实验，难点在于这些实验是经过智力设计的，大多数动物没有经受住这样的考验，即便是经过学习的过程也是如此，对于标准注意力的难度就更大，远古的人不仅要按照粗糙的尺度将工具制造出来，而且更为难得的是要知觉作用到工具的实际效果，可以说对于注意力就是一场革命，古人要将自然地注意力转化为有意识的、有目标的、有智力的注意力。有的人类学家在感慨人类对发明出来的工具保持上百万年不变的状态，或许注意力衔接就是一个核心问题。对于标准而言，其注意力的范围不仅仅是制造工具，更为重要的是要将工具或尺度与环境、效果结合起来，才能使标准的创造有了可能。

同时，注意力中最为有特色的当属共同注意。正是因为共同注意让人类将注意力共同集中在一个共同方面，"共同注意机制（shared attention mechanism，SAM）是人类在近1岁形成的，这种能力使我们转移他们的视线的时候，我们能领会到他们在'看'某些事情。我们似乎学到一点：看则会看到提前表现为在简单的眼球方向改变信号。我们认识到我们也可以去看并且能看到同样的事情。实现转移和手指指向也是我们学到的指引同伴注意力的方式。1岁之前的婴儿、大部分的其他灵长类以及其他的哺乳动物则不具有这种

---

① ［美］爱德华·M. 史密斯等：《认知心理学：心智与脑》，王乃弋等译，北京：教育科学出版社，2017年，第114页。

共同注意的能力。"① 想象力是标准构建的基本要素，想象力将人类的知识、认知、动作、行为建构在一起："想象力是人的最高的特权之一。通过这一个心理才能，他可以把过去的一切印象、一些意识联结在一起，而无须意志居间做主，即这种联结的过程是独立于意志之外的，而一经联结就可以产生这种绚丽而新奇的结果。"②

与此同时，推理使得标准成为人们认识世界尤其是创建世界的基石，标准也就成为人类最初的推理尺度。正如达尔文指出的那样："在人的一切心理才能中，我敢说，谁都会承认，推理是居于顶峰地位的。动物也有几分推理的能力，对于这一点目前也只有少数几个人提出不同的意见。我们经常可以看到动物在行动中突然停止，然后仿佛有所沉思、然后做出决定。"③ 我们可以看出标准或认知的尺度在智力中就像砖瓦一样，由于标准，我们可以在认知思维层面建构宏伟的大厦。

第三节 学习与标准

学习，心理学中最重要的概念之一。学习是动物和人类得以繁衍的最重要的生理学功能、社会学功能、认知功能。因此学者们的论述也最多，不同的学者或学派独有自己的学习概念论述和方法。对于标准而言，学习既有创新的含义也有相互学习、传承学习的意义，学习是生存和文明的纽带，作为理性的标准学习的重要性不言而喻。离开学习标准也将失去交流和传承的可能。学习是每一个生命和种群以及人类进化的必备功能，美国社会家这样定义学习及其作用："既然是这样，学习也可以作为进化标志。如果开拓性行为使一个或少数几个动物在成活和繁殖上有突破性增加时，那么通过自然选择对这类开拓性行为的能力，以及对这类成功行为的模拟都是有利的。它们能成为解剖组织，尤其是大脑的一部分时，就完成了进化。这一过程可以导致成功行为的更大定型

---

① ［美］爱德华·M. 史密斯等：《认知心理学：心智与脑》，王乃弋等译，北京：教育科学出版社，2017年，第464页。
② ［英］达尔文：《物种起源》，周建人等译，北京：商务印书馆，1996年，第112页。
③ ［英］达尔文：《物种起源》，周建人等译，北京：商务印书馆，1996年，第113页。

化——'本能'的形成。比如泥蜂偶尔捕获一只毛虫,则可能就是喜爱捕食毛虫的物种开始进化的第一步,或者,学习行为可产生更高的智力(但很罕见),像华西本所说的那样,人的智力可以容易地指导黑猩猩上升到超越该物种正常行为的水平。在人类和泥蜂这两种物种中,其大脑已经开始发生了歧化,以致在环境中以各自特定的方式进行开拓。"①

在标准学看来,标准学习的主要讨论点就是理性的传承。认知科学学习的定义为:"1983 年,H. A. Simen 对学习这一概念下了一个比较好的定义:'系统为了适应环境而产生的某种长远变化,这种变化使得系统能够更有成效地在下一次完成同一或同类工作。'学习是一个系统中发生的变化,它可以是系统作业的长久性的改进,又可以是有机体在行为上的持久性的变化。在一个复杂的系统中,有学习引起的变化是多方面的,也就是说,在同一个系统中可能包含着不同形式的学习过程,它的不同部分会有不同的改进。人在学习中获得新的产生式,建立新的行为。"② 有关心理学的学习理论很多,行为主义学习观等,如华生、桑代克等人都有学习的系统论述;还有如格式塔学习理论等。对于标准来说,我们更加青睐于认知学习理论,学习在于内部认知的变化,学习是一个远比条件—反射更加复杂的过程,学习更为重要的是学习行为的中间过程。标准学的要求不仅仅是心理学习本身还应该包括行为的外部成果,如工具、如对于空间时间尺度上的认知。正如皮亚杰标准的学习和认知是双向的主观和客观的,而不应该将其局限于某一个方面,那么对于标准的学习不应该是心理还应该包括行为、成就本身。本书以为对于标准,这句话还是值得再次重温,对于理解标准有着永久的启迪意义:"认识既不是起因于一个有自我意识的主体,也不是起因于已形成的、会把自己烙印在主体之上的客体;认识起因于主客体之间的相互作用,这种作用发生在主体和客体之间的中途,因而同时既包含着主体又包含着客体。"③ 学习对于标准有着特殊的意义:首先,从本质上讲,标准需要学习来构建标准,将本能的行为按照理性通过学习不断地改造成为理性的行为,学习同样还是提高促进认知能力的手段,当然这样的学习必须从广义方

---

① [美]威尔逊:《社会生物学:新的综合》,毛盛贤等译,北京:北京理工大学出版社,2008 年,第 147 页。
② 史忠植:《认知科学》,合肥:中国科学技术大学出版社,2008 年,第 305 页。
③ [瑞士]皮亚杰:《发生认识论原理》,王宪钿等译,北京:商务印书馆,1981 年,第 21 页。

面去理解。其次，标准的传承和传播离不开学习作为渠道。在氏族、种群内部，标准的传播离不开学习本身，还有标准的传承就是通过学习完成。最后，标准为学习提供现实的基础。这一点对于标准极为重要，由于现实的标准尺度或现实的石器工具，我们可以将学习实实在在地展开，标准就是我们学习的核心。对于标准的研究不应该局限于理论描述的学习局限。

第四节　记忆与标准

记忆是心理学中的一个关键概念，在认知科学中所谓记忆是指："记忆是在头脑中积累、保存和提取个体经验的心理过程。运用信息加工的术语，就是人脑对外界输入的信息编码、存储和提取的过程。人们感知的事物、思考过的问题、体验过的情感和从事过的活动，都会在人们头脑中留下不同程度的印象，这个就是记的过程；在一定条件下，根据需要这些存储在头脑中的印象又可以被唤起，参与当前的活动，得到再次应用，这就是忆的过程。从向脑内存储到再次提取出来应用，这个完整的过程总称为记忆。"[1] 对于标准而言这是人类有意识处理标准信息并不断精炼信息的过程，这个过程对于标准还要包括认知、运动、计划等全过程，将人类打制石器的全过程予以记忆，利用记忆建立记忆内容和认知尺度之间的关系，并将标准与环境、效果等建立起运演的关系，这样在标准学看来，一个标准就算是完结了，只有这样的具有运演的标准才具有意义，才有可能进步、发展，进而成为科学技术文字符号的进化的摇篮；只有这样标准才具有认知上的意义，否则，奥杜威工具不会成为古人计算的基础。

标准要有一个通常的记忆过程，在认知科学中，"记忆包括三个基本过程：信息进入记忆系统——编码，信息在记忆中储存——保持，信息从记忆中提取出来——提取"。[2] 记忆对于标准而言，标准的内容在经历编码、储存和提取，标准就成为人们认知的内容。特别需要指出的是，对于标准的认知不应该就局限在标准本身，还应该是在标准与周围环境的联系上，这些记忆包括有意识的和无意识的记忆。通过记忆将标准或认知的尺度与环境、与劳动的过程、与劳

---

[1]　史忠植：《认知科学》，合肥：中国科学技术大学出版社，2008年，第184页。
[2]　史忠植：《认知科学》，合肥：中国科学技术大学出版社，2008年，第184页。

动的成果联系在一起。可以这样假设，记忆是神经计算基础，是皮亚杰运演的认知心理前提。如古人在打制阿舍利工具的时候，我们不知道古人到底是如何计算或运演的。但可以预期的是，古人还是要经过基本的、粗糙的计算，一件石器的重量、材质、长度、角度等应该有一个简单的计算和运演。或许这些计算是极其复杂多次的，人类可以凭借记忆、或与实物工具一起进行不断的计算，抽取标准中的量进行计算。经过一段时间，我们不知道这需要多长时间，一件工具的标准诞生了，是什么控制人类的行为或是什么指导人类的行为？美国考古学者乔治·奥德尔这样说明这个问题："毫无疑问，史前工匠在制作某些特定类型的工具时，头脑中有着特殊目标或是概念型样板，这是斯波尔丁在与福特争论关于人工制品分类的时候提出的观点。但事实上这个观点并不全面。民族学研究和石器使用痕迹分析已经反复证明，在多数技术是很发达的人群的居址中，石器被用于多种工作，而且这些工具涉及多种样式和工艺，其中就包括了未经加工的'废品'。所以，仅仅根据少量典型工具类型的制作来认识一个石器组合是不正确的。一个石器组合中蕴含更了许多谜题，这些谜题只能通过适宜的分析方法才能得到答案……石器的哪些特征对于了解石器组合的基本信息最有用？这个问题的答案取决于你想知道什么。幸运的是，在这个分析阶段，大多数考古学家都对一些类似的基本问题感兴趣，例如，这些工具看上去像什么？如何制造？工具使用者从哪里得到原料？他们用这些工具做什么？问题多种多样，而且需要不同的数据才能回答。为了便于理解，我们将这些基本问题分解为四大块：原料、技术、形状与功能。"[①] 在标准学看来，这些基本问题就是标准问题、认知的尺度问题。遗憾的是，我们已经不可能将尺度与工具、工具的复杂程度等联系在一起。

人对标准的记忆，是人的记忆不是计算机的储存，是关键点的记忆。亚里士多德曾经提示人们要注意事物的关节点。事实上，人的记忆不是计算机的记忆或储存，而是一种关键的选择，这一点也是标准的由来，标准不是记录器而是一种进化式的选择记忆，美国心理学家伯纳德·J. 巴斯指出："记忆可被定义为反映了想法、经验或行为的一种持续性表征。学习是对这种表征的获取过程，大范围的脑组织和脑区活动参与了这一过程。人类的记忆具有一些令人吃惊的

[①] ［美］乔治·奥德尔：《破译史前人类的技术和行为石制品分析》，关莹等译，北京：生活·读书·新知三联书店，2015年，第124页。

局限性，同时又具有令人印象深刻的大容量。例如，绝大多数学生希望拥有'好记性'，也就是刻意地储存和回忆信息的能力，并能随意地、轻松准确地存储和提取信息。但是，学校的学习和考试是非常近代的文化发明，人类的大脑并不是为这个目标而进化的，相反，大脑进化的原因和目的只是为了生存的需要。所以，我们大脑最好的记忆行为不是为了像传统计算机那样精确地记住各种符号信息，而是为了能够在现实生活中面对各种复杂、不明确以及全新的挑战，能够游刃有余地处理各种信息。"① 对于标准的记忆也是一个漫长的进化过程，可以这样假设，在知觉标准时期，标准就是人类对加工石器全过程的关键点的累计，一个行为就是可以被认为是一个尺度，这也是最早的尺度、最早的标准。

第五节 运动认知与标准

标准是运动认知的标准，是人类不同于动物的认知尺度。

我国学者蔡厚德教授将这样的运动认知称为动作计划的表征，蔡厚德教授指出："要完成任何一个简单的动作，起码需要获取两个方面的信息：位置（location）或终点（end point）信息，即往哪里运动；距离（distance）信息，即运动的远近或路程。在动作的习得过程中，我们需要对它们进行编码和表征。"② 在标准学看来这个过程就是标准构建的过程，当然我们不会将人类所有的行为都标准化。人类认知从脑科学上看，额叶在认知功能上革命性作用被人们逐渐认识到，通过科学和历史的研究，人类在进化的晚期额叶呈扩张性成长，有些人将其称为文明的器官。在认知科学看来，运动本身就是一种认知，人类的认知某种意义上就是行为的计划或指导设计，也许这种认知与单纯的思想意识有一种差别。当时，认知科学中的认知是包含指导人类行为的神经活动在内的东西。对于标准而言，这也是标准的一种形式。标准不仅仅是认知或思维的尺度，

---

① ［美］伯纳德·J.巴斯：《认知、大脑和意识——认知神经科学引论》，王兆新等译，上海：上海人民出版社，2015年，第299页。
② 蔡厚德：《生物心理学：认知神经科学的视角》，上海：上海教育出版社，2010年，第304页。

>>> 第七章 认知心理学与标准科学

更为重要的是，标准也是运动的尺度。有关这个问题美国认知学者巴斯讨论得很透彻，巴斯教授的观点既有科学的实证又有哲学历史的推演，对于标准学这一段话及可以作为动作神经的分析，同时也说明了标准在的人类学过程中神经学基础："人类认知是前瞻性的、前摄的，而非被动反应性的。它由目标、计划、希望、雄心和梦想等都属于将来而非过去的因素驱动。这些认知能力取决于额叶并随之进化。额叶让机体能够创造一定的神经模型，这些模型能让一些尚未存在、但你希望它即将发生的先决条件得以满足。为规划将来，大脑必须能够从过去的经验中抽取并提炼一些元素，但又不是简单地复制那些实际的经历。为及于此，机体需要具有超越仅形成内部表征（建立外部世界模型）的能力。同时，它还具有能操纵和变化这些模型的能力。你可以认为，制造工具——灵长类认知的标志性特征，就取决于这种能力，因为工具并不存在于自然环境中。工具需要先被想象出来，然后才能被制造出来。创造和保持'未来意象'的神经机制是工具制造的先决条件，因此开创了人类文明。"[1] 没有想到的是，在认知神经学教科书中有这样经典的论述可以直接运用到标准上的说明，在标准学看来，这就是标准出现的神经学描述，假如将标准或认知的尺度、或认知的限度引入这一段话，标准可能就无须证明其存在。由于标准的指引我们祖先知道如何去打制石器、如何用关键点规划未来的格局、如何设计将来的工具。认知的尺度使得我们的行为、我们的思想坚实地走向未来的时间和空间里。由于标准我们感知到我们认知、思想、意识的存在和运动。还有，作为认知的尺度应该具有可以运演的能力，即各个尺度之间存在一种可以计算的模型，即在一个石器工具中，它的长宽高、重量、质量、角度等可以互换计算。

标准的互换计算的革命性在于：在最早的设计或标准中，如果各个尺度可以互相计算，如用重量弥补尺度的缺陷、用角度弥补重量的不足、用质量弥补重量，这将会极大地提高标准创造的自主性和多样性；在加工过程中人类可以不完全拘泥于外形等的要求，而将认知到的标准尺度发挥到极致；对于工具的效果可以进行多方面的评价，衡量不同的尺度的优缺点，为进一步改进提供改进的空间。

"你也可以认为使用语言这一原动力去创造新思维这一过程也取决于这种能

---

[1] ［美］伯纳德·J. 巴斯：《认知、大脑和意识——认知神经科学引论》，王兆新等译，上海：上海人民出版社，2015年，第407页。

力。操纵和重组内部表征的能力很大程度上依赖于前额叶皮层,这也使得前额叶也是语言发展的关键所在。"①

在生物心理学中的,动作是被这样规定的:"动作是机体具有明确动机或目的的运动方式,如走路、开车、打球、游泳、言语或表情时出现的肢体运动。动作不只是一种身体运动,也是一种心理活动。例如:言语或表情动作是人们思想和意图或情绪活动的外在表达;各种体育活动实际上是多种不同的动作按照独特方式组成的动作系统,不仅可以展现力量和速度,也能产生美感。可见,动作并不是个别简单运动的机械组合,而是复杂程度不同的、完整的、有目的的运动模式。动作通过反复练习可以形成自动化的运动程序,也称之为技能动作。"②

巴斯进一步指出:"动作控制是借助运动系统将动作意图转化为受动器活动的过程。运动系统的解剖、生理和临床脑损伤研究资料虽然为解释动作控制的神经机制奠定了基础,但对动作控制的心理过程及其脑机制,我们还知之甚少。认知神经科学的兴起极大地推动了这一领域的研究,也在一定程度上改变了人们对动作控制机制的认识。动作控制过程包括计划、编码(准备)和执行等几个阶段。动作控制系统是按等级层次结构组织起来的:最高级的前运动皮层和辅助运动皮层,负责基于当前的知觉信息、过去经验和动作意图进行动作的计划和编码;初级运动皮层和脑干和基地神经节的协助下,将这些动作目标转化成实际的动作行为。另外,动作学习的方式或阶段不同,参与动作控制的脑系统也会发生改变。"③

动作认知功能绝对不可忽视,正是动作的认知使得认知成为真正的科学而非哲学家所谓的涅瓦河上的那只猫头鹰。动作知觉的认知对于生命有着极为重要的作用,是人类得以生存根本所在,就动作认知是人类认知的一个基本起点。美国认知学者戈尔茨坦是认识到这一问题的学者,他指出:"运动促进知觉。尽管与安静地坐在某处相比,运动增加了知觉的复杂性,但运动同时也能帮助我

---

① [美] 伯纳德·J. 巴斯:《认知、大脑和意识——认知神经科学引论》,王兆新等译,上海:上海人民出版社,2015年,第409页。
② 蔡厚德:《生物心理学:认知神经科学的视角》,上海:上海教育出版社,2010年,第262页。
③ 蔡厚德:《生物心理学:认知神经科学的视角》,上海:上海教育出版社,2010年,第262页。

们更准确地感知环境中的客体。因为通过运动，我们可以从多个角度观察客体，而不是仅局限于某个单一的视角。也就是说，从不同角度观察客体会带给我们更多的信息，从而使知觉更加准确，特别是在观察某种不寻常的客体时。"① 对于标准而言亦如此，人类的创新在使用过程中逐渐优化，人类开始愈来愈认知到各种感觉的意义，尤其是不同尺度的意义以及作用，人类的进化从动作的内化向外化发展。让我们来看蔡厚德教授的细致描述："比齐尔等人训练去感觉传入猴子完成的简单位置指向实验，证明了位置或终点表征的重要性。实验中，光在不同位置呈现。灯光关闭后，猴子要转动肘部使臂膀到达目标位置。在动物学会了这项任务后，实验者在猴子运动开始时施加反向扭力，使上肢在运动起点上保持一段时间。结果发现，当施加反作用力时，手臂停在起初位置；一旦撤销作用力，手臂快速到达正确的位置。进一步的实验中，实验者对去感觉传入猴子的臂膀施加正向推力，使其从起点向终点运动。结果发现，当撤销作用力后，手臂朝起点位置运动，经过几百毫秒的反向运动后，又朝向目标位置运动。实际上，对具有完整反馈机制的猴子在做同样的试验时，也会出现朝起始位置回退的现象。……其实，人们对不同动作的计划过程是灵活的，我们可以在距离表征的基础上有效调整动作控制的方式。如果我们要取桌上的杯子，可以只是伸开手臂，或扭腰向前弯，要达到同一个目标位置，我们还可以设置不同的运动轨道。专业的滑冰选手做高空自旋动作时，他必须准确落地以保持平衡。同样重要的是，他要遵循一定轨道来腾空，以最优美的方式来完成规定数量的转体。可见，终点（位置）控制体现了运动控制系统的基本能力，计划距离和轨道则反映了控制过程的可塑性。脑也许进化了两个独立的模式来计划运动：一个是古老的原始系统，进行位置计划，确定动作的意图和目标位置，这个系统能够产生到达最终目标的动作，这是固定的；另外一个系统能够进行距离计划，通过某种运动形式来完成目标动作，这个系统就比较灵活了。"② 同时，蔡厚德教授还指出，复杂程序动作存在着等级表征，有多个程序有机结合起来，而且运动计划和学习可以同时在多个等级中发生。

---

① ［美］戈尔茨坦：《认知心理学——心智、研究与你的生活》（第三版），张明译，北京：中国轻工业出版社，2019年，第87页。
② 蔡厚德：《生物心理学：认知神经科学的视角》，上海：上海教育出版社，2010年，第305页。

知觉标准开始被我们称之为文明之旅，开始建立一种感知的尺度，一开始这种尺度在运动中、在认知中。戈尔茨坦这样描述知觉和运动的关系："知觉和运动的相互作用。我们之所以要探讨运动的作用，不仅仅是因为它可以提供额外的信息来帮助我们感知客体。更为重要的是，对刺激的感知过程与个体对该刺激采取的行动始终都是相互协作的。例如，当克里斯特尔伸手去拿咖啡杯时，她首先要从花和桌子上的其他客体中识别出咖啡杯，一旦知觉到了咖啡杯，她就会伸手去拿。在这个过程中，她会考虑杯子在桌子上的位置。当她避开花瓶用手指去抓杯子时，对杯子手柄的知觉会影响她的动作；随后，她会根据对杯子中含有多少毫升咖啡的知觉，估计杯子的重量，并用适当的力度拿起杯子。这个简单的动作需要她持续感知杯子所在的位置，同时调整手的动作以准确地拿起一杯咖啡！多么令人惊讶的一系列过程，它们似乎是自动发生的，看起来毫不费力。但是，与知觉的其他方面一样，这种简单明确的过程也是通过非常复杂的内部机制实现的。"① 将人的行为脱离于本能而迈向理性，最开始应该是一种模糊的尺度，就像奥杜威的工具一样，我们甚至要学习一门学科来将人工打制的与自然留存的区分开。以上的语言是描述一个行为目的的实现过程，而对于标准而言，将行为按照一定的尺度联系或衔接，就像一种线性关系一样，将每个动作按照一定的尺度衔接起来，这就是标准或尺度，这里面不仅仅是动作尺度，还有认知的尺度，还有具身的尺度。而且这些尺度之间最终可以达到皮亚杰的运演水平，这个时期将是知觉标准的成熟期。如果行为、动作、认知事物的性质等之间可以进行运演，我们对在那几百万年以后出现的各种科学如算术、化学、力学等就不会感到陌生，还是这样的观点，这是科学、文字、技术的起源，这是最早的感觉或知觉尺度。

模块也被视为是标准的重要理论。可以这样说，这是当今标准科学和认知科学难得交集。在我看来，标准是模块的起源。

"最有影响力的语言理论之一是模块化理论。根据模块化观点（Fodor, 1983），认知系统由一些相对独立的处理器或模块组成。一个模块'是一个独立的加工集合：它把输入转换为输出，在这个加工过程中不需要任何外界帮助'（Harley, 2001, p.20）。正如我们将会看到的，很多语言加工都在某种程度上基

---

① ［美］戈尔茨坦：《认知心理学——心智、研究与你的生活》（第三版），张明译，北京：中国轻工业出版社，2019年，第89页。

于模块化假设。这些模型通常以一系列由箭头相互连接的方框表示，而在每个方框中进行某种特定的加工操作。"① 以上为标准的逻辑描述和推理。

第六节 标准与创新

一、心理或认知的进化

标准的进化实际上是心理和认知的进步，标准的创新就是认知的创新。达尔文作为进化论的创始人特别重视心理能力在人类进化中的作用，人类的这种认知能力成为人类进化的关键所在。达尔文认为："人所以进行一种动作，是由于本能抑或是由于推理，抑或只是由于一些意念的联合，我们只能根据当时当地的情境来加以推断，而意念的联合这一原理是和推理有着密切联系而难于划分。缪比乌斯教师举过关于一条梭子鱼的例子，取一只养鱼器，用玻璃片隔成两格，一格里放这一条鱼，只有它一条，另外一格里养满了多种其他的鱼，梭子鱼为了捉食其他的鱼，时常向玻璃片猛力冲去，有时候简直是把自己完全撞得发呆。三个月后，它终于学乖了，不再这么干了。到此，做实验的人把玻璃撤了，尽管它从此和原先分格而居的别的几种鱼混在一起，却不再向它们进行攻击，而后来另外放进养鱼器的别种鱼它却照样吞食。这条鱼的行径之所以前后不同，显然是由于在它还不发达的心理状态中，它把撞得晕头晕脑和吞食邻居的尝试两种事强有力的联系了起来，因而有所惩戒。如今可以设想，如果一个从来没有见过大玻璃窗的野蛮人，遇上一个类似的情境，只要撞过一次，就会好久地把脑袋和窗格子两件事联系在一起；这是和鱼相同的，但有一点很不相同，他大概会对障碍物的性质进行思索，而在以后再遇到相类似的情境时，会更小心一些，不至于再撞第二次。至于猴子，我们在下文就要看到，一次行动所产生的痛苦或仅仅是不愉悦的印象有时候就已经足够使它不再重复这种行动，用不着太多的次数就能接受教训。如果我们说，鱼和猴子之间的这一点差别是完全由于猴子心理上所发生的意念的联合比鱼心理上所发生的要强大得多、

---

① ［英］M·W. 艾森克等：《认知心理学》（第五版），高定国等译，上海：华东师范大学出版社，2009年，第425页。

深刻得多,尽管鱼所受的痛苦乃至创伤,要比猴子更为严重。人和鱼或猴之间也有同样的差别,我们能不能说在此种差别之中隐含着人具有一种根本上有所不同的心理呢?"① 这种心理能力就是认知能力,达尔文并且预测未来将有一个心理学的时代,这样预测为很多心理学家津津乐道,这一段话实际上在向我们说明鱼与灵长类动物的差距。在达尔文的研究中,人与灵长类动物一样存在着巨大差距,这样巨大的差距来源于人具有一种史无前例的认知能力。或许是由于标准或认知尺度的存在,人们不会像哲学家笔下的毛驴一样,面对两个等距离的草垛而失去判断力。由于标准的认知作用,即便是在大小不一、形状迥异、质地不同,甚至距离遥远的地方,人们仍然可以利用其打制出石器工具,而不会受自然表征或外表的约束。对于创新是什么标准?"我非常希望认知科学会继续进步,而且像理论神经科学等领域的进展能够为心智的最富挑战性的问题提供答案,我这里提出对于认知科学的一种终极挑战,人们体验到对于创造性的自我意识,但如何去解释它?当一个人意识到自己做出了某种有价值的新东西,这种体验就会发生。这样的意识需要有对于自我做出某种具有创新性的事情的表征,而对此的解释则要求发展出创新性、意识和自我的新理论。即便这样的终极问题,也能够通过发展出具有实验证据支持的关于心理机制的理论而得以解决,这样的前景令我感到兴奋。"② 萨伽德没有给我们一个创新的描写图,这里我们用其他的方法来描述分工是很重要的事情:"沃勒斯先生在上文已经征引过的那篇值得称赞的文章提出论点,认为人在部分取得那些把它和低于他的动物区别开来的理智的和道德的能力之后,在体格方面通过自然选择或任何其他方法而发生变化的倾向就几乎停止了。因为,从此,通过这些心理能力,人能够'用他的不再变化的身体来和不断变化中的宇宙取得和谐,而可以相安'。他从此有了巨大的能力足以使他的种种习惯适应于新的一些生活条件。他发明了武器、工具与觅取食物和保卫自己的各种各样的谋略。当他迁徙到气候寒冷的地区的时候,会使用衣服,搭造窝棚,生活取暖,而利用火的力量,他又能把原来消化不了的食物烤熟煮烂。他能多方面地帮助同伴的忙,能预见一些未来

---

① [英]达尔文:《人类的由来》,潘光旦等译,北京:商务印书馆,1983年,第114页。
② [加]保罗·萨伽德:《心智:认知科学导论》,朱菁等译,上海:上海辞书出版社,2012年,中文版序。

的事态发展。即在距今很荒远的时期里,他已经能实行某种程度的劳动分工。"①

二、认知尺度下的生态系统

从心智哲学来看,隐喻是心智以一物(喻体)理解另一物(本体)的过程;这个过程的结果外化为语言表达就成了修辞格的隐喻。在心智里,隐喻可以通过计算和表征实现。本体是人们感知的实体,人们感觉系统对感知实体刺激的诠释方式使喻体得以构建。喻体不是实在的物理实体存在,而是心智涌现的认识;如果要成为语言表达式,隐喻要由自然语言的概念加以表征。

第七节 社会学与认知科学

一、社会学在认知科学中的缺位

认知科学的地位已经为人们接受,而且人们开始将认知科学运用于很多学科之中,历史学、哲学、社会学、经济学、法学。可以这样说,认知科学已经影响到各个领域,认知科学缺少社会学和数学而引起的短板越来越突出。众所周知,认知科学由语言学、计算机科学、人类学、神经科学、心理学和哲学六大学科组成,和认知科学最相关的社会学和数学不在此列。在人类发展和演化的历史过程中,认知是个人的也是集体的,或可说是社会的。由语言符号、科学、数字等媒介的出现或推动下,认知的社会性越加突出,或许很多认知科学家意识到认知科学中社会学的缺位,纷纷开始填补这一空白。著名心理学家皮亚杰将数学纳入认知的范围之加拿大认知科学家保罗·萨伽德在其著作《心智:认知科学导论》中,将社会性作为认知科学重要趋势,他指出:"最后,认知科学的第四个重要趋势是对认知的社会维度的更多理解。这看起来似乎与前面提到的认知神经科学所代表的生物学趋势背道而驰,而实际上两者是相容的。心理学与人类学不断揭示出人类的思维受到人们与所共享文化中其他成员的交互

---

① [英]达尔文:《人类的由来》,潘光旦等译,北京:商务印书馆,1983年,第197页。

活动的影响,这些交互活动依赖于诸如情绪的产生和传播的生物学机制,但社会学的变化同样也能导致生物学的变化……认知科学需要将不断增长的对于思维的社会背景的理解与对于神经机制的理解整合起来。"① 认知既是个人的、也是社会的,有些宏大的认知只能在社会层面才能完成,如认知全球气候变暖等问题只有社会才能得到科学的结果。从人类学和考古学的发现,人类的认知几乎都是集体和个体产物,尤其是分工的出现和社会性生产活动的不断增加,集体性认知越来越突出。必须要指出的是,很多人认为社会分工是只有在发达的时代,或在大分工(狩猎和农业分工)以后的事情。根据人类考古学发现分工很早就出现了,早在旧石器时代甚至在人类社会的初期就已经出现,有关这一点达尔文认为:"把一块火石破碎成为哪怕是最粗糙的工具,把一个骨头制成一件带狼牙或倒刺的枪头或钩子,这些都是使用一双完整无缺的手完成的。因为,正如判断能力很强的斯古耳克拉弗特(甲586)先生所说的那样,把石头的碎片轻敲细打,使成为小刀、矛头,或箭镞标志着'非常的才能和长期的练习'。这在很大的程度上从这样一个事实得到了证明,就是,原始人也实行一些分工。从一些分工情况看来,并不是每一个人都制造他自己的火石的用具或粗糙的陶器,而是某些个别的人专门致力于这种工作,而用他们的产品来换取别人猎获的东西。考古学家已经一致地肯定,从这样一个时代,到我们的祖先经历过一个极为漫长的时期。如果已经有几分像人的动物,已经具有一双发展得相当完整的手和胳膊,能把石子扔得很准,又能用火石做成粗糙的工具,那么,我们就很难怀疑,在有机会得到锻炼而取得足够熟练的情况下,此种熟练所要求的又只是一些机械的动作而不及其他,他就未尝不能制造出一个文明人所能制造出的几乎任何东西来。"②

二、意识与标准

意识是哲学的最基本概念,这里我们无意于开疆拓土式的哲学上的求证标准与意识的关系。在认知科学领域,有时甚至回避意识等一些传统的哲学概念,我们想用认知科学的意识研究成就来说明标准或认知尺度的合理性或必要性。

---

① [加]保罗·萨伽德:《心智:认知科学导论》,朱菁等译,上海:上海辞书出版社,2012年,中文序。
② [英]达尔文:《人类的由来》,潘光旦等译,北京:商务印书馆,1983年,第66页。

在认知科学中,有的教科书有意识回避意识这样概念,可能是因为意识经过无数哲学家的开拓,驾驭其含义及原理已经变得十分困难,不过也有认知科学家还是不懈努力,美国认知心理学家罗伯特·L. 索尔索给意识一个认知科学上的定义:"意识是对周围环境,包括诸如对世界的视觉、听觉、记忆、思想、感情和躯体感受等认知事件的知晓。"① 概念强调两个方面的内容:"意识是一种对周围环境刺激的反映。例如,你也许忽然变得对鸟叫声很留意,对剧烈牙疼很敏感,或根据视觉辨认出一位老朋友。意识也是人们对精神事件的认知,是记忆的结果。例如,你可以记起鸟的名字,说出你牙医的电话号码、想起你失手跌落在朋友衬衫上的比萨。这些内部的私密思想和外部的刺激一样重要,它们共同决定着我们是谁、我们在想什么。一天下来,人们对周围世界的看和听产生了大量的意识经验,反映个人反应和情感的内部思想也引起了海量意识经验。"② 这个较为细致的概念有两点需要进行进一步阐述:第一,意识也可以认知意识本身,就像记忆一样,这一点与物理学等自然科学完全不同,没有人会接受物质认知物质的论断。而在意识中,意识认知意识是完全可以接受的。对于标准,实际上就是标准就是意识对认知的认知,当然还包括对于自然界和行为等的认知。第二,个人的情感和认知是一个量的概念,对于标准这一点很有意义的。标准不是一加一等于二的简单式,而是复杂的认知过程。

从人类文明的历程来看,标准早在感觉认知时代就已经存在了,而哲学只是符号文字阶段的产物。标准与哲学的时间相差应该以百万年计算,但是哲学在产生以后很长一段时间里一直矗立在科学之巅的位置,标准就像匠人一样寂静无声。如果说标准的全部价值和存在的合理性就在于认知本身、社会本身,与意识这一宏大的概念无涉,那么将标准归结为细故、归结为拾遗补阙的角色是不难为人们所理解。事实上,标准具有意识的特征,同时标准还创造出意识所缺乏的、对于人类认知、行为有着革命性的功能。在标准学看来,标准还有意识上的意义和价值。换句话,标准的存在本身就是意识上的一种需要。在这里,我们只好借助美国神经学家杰拉尔德·M. 埃德尔曼的一些观点,阐述标准

---

① [美]罗伯特·L. 索尔索:《认知心理学》(第六版),何华等译,南京:江苏教育出版社,2010年,第128页。

② [美]罗伯特·L. 索尔索:《认知心理学》(第六版)何华等译,南京:江苏教育出版社,2010年,第128页。

在意识上的价值和意义：意识研究不同于物理、化学等自然科学的研究。对于自然科学而言，客观性是自然界的基本特征之一，物理现象等均如此。而且科学本身就避免主观性，而意识则是主观性本身。这一点正如美国神经学家杰拉尔德·M.埃德尔曼所指出的："意识经验是每个特定脑的工作产物。有别于物理学家可以共享的研究对象，意识经验不能通过直接观察来共享。因此，研究意识使我们处于一种两难的境地。虽然人们对于自己的意识所做的报告是有用的，但是单纯内省在科学上无法令人满意，这种报告不能揭示隐藏在意识背后的脑的工作机制。不过，仅仅研究脑本身，也不能使人明白意识究竟是怎么回事。这些局限性说明，要想把意识引入科学的殿堂，必须采取特殊的方法。"[1]研究意识不能像研究自然世界一样，研究意识应该另辟蹊径而不是一味地坚持物理学主义。实际上，标准在历史上的作用值得我们深思和借鉴。标准首先使得人类认知、行为、思想等外化，当然外化的形式完全不同，在感知标准时期，它的外化形式就是实物本身，人对于自己的或别人的意识由于标准可以感知到，由于标准感觉完全外化于认知而被感知到；另外，标准使得认知、精神、意识等尺度化，认知不再是本能性的东西，而是可以感知的、量化的、测量的。换句话，标准使得人们的意识可以运演，这是标准的开始也是人类认知的科学起点；标准使得人的认知与认知、意识、行为一一对应，也就是皮亚杰所言的主客观之间的关系。在本书中我们将标准的媒介或认知范式，标准就是人类在漫长的进化过程中的一种进化的认知策略。

第八节 标准与社会认知

一、社会与标准

社会认知在社会学的意义与认知科学的认知存在着差距，在认知科学和标准学看来，标准也是一种社会学认知，而且标准的发展与存在和社会认知息息相关："'社会认知'是研究从社会环境获取信息，并如何形成推理的过程

---

[1] [美] 杰拉尔德·M.埃德尔曼等：《意识的宇宙：物质如何转变为精神》（重译版），顾凡及译，上海：上海科学技术出版社，2019年，第4页。

(Fiske&Taylor，1991)。社会认知方面的研究主要包括人们如何对他人或是社会团体、社会角色以及人们自身的经验做出判断。做出社会判断的过程比我们想象的要复杂得多。常常出现的情况是，我们所获取的信息是不完整的，有时是含混的、甚至是互相矛盾的，我们还可能会面对大量复杂的信息。我们如何使用这些信息并最终做出一个恰当的判断呢？这就是社会认知研究的核心问题。"[1] 在认知科学看来，社会学的视野过于狭小，认知绝非简单的东西，本书想要讨论的是镜像神经元、模拟、自组织、群智慧和分布式等问题，这些方法都是社会认知的不可回避的问题。而且这些问题不仅仅是社会学的问题，还与标准的建设有不可分离的关系。还是那句话，人类的认知由个人认知和社会认知或集体认知构成。认知不仅仅是传递信息，也是认知科学中的社会认知远非社会学的那样浅薄，社会学中的这个认知范围小不足以说明认知字社会中庞大的认知能力和纽带作用。这一点萨伽德的描述远比泰罗的深远得多："认识论是哲学的一个分支，关注知识的本质及其确立。传统的认识论关心的是个体所知道的是什么：如何辩护我们的信念？不过，关于知识的社会性的方面问题越来越多地受到重视，特别是在科学哲学家当中。对现代科学来说，知识显然是一项社会性的事业，大多数发表的论文都有不止一位的作者，很多的研究也是由一组共同工作的科学家合作完成的，最近发布的指明存在'顶夸克'的实验工作是由400多位物理学家联名发表的。"[2]

人类的社会认知能力使得人类傲视地球上的其他生物，达尔文说得很是透彻："人，即使是今天还生活在最旷野的状态之中的人，是地球上自有生物以来所曾出现的最占优势的动物。他散布得比任何其他有高度有机组织的生物形态更为广泛，而所有的其他生物形态都在他们面前让步。他这种高于一切的优越性显然是得力于他的各种理智方面的性能，得力于他的种种社会习性。而这些性能和习性使他能在同类之间进行互助互为，这里面他的特殊的身体结构当然也有一部分力量。这些特征的极度重要性已经在伴随于生命的实际战斗之中得到了证明，得到了最后的裁决。通过他的种种理智的能力，演化出了有音节的

---

[1] [美]泰勒等：《社会心理学》（第十版），谢晓非等译，北京：北京大学出版社，2004年，第31页。
[2] [加]保罗·萨伽德：《心智：认知科学导论》，朱菁等译，上海：上海辞书出版社，2012年，第225页。

语言，而语言是使其能突飞猛进的主要的基础和力量。正如恰·腊埃特（甲721）先生所说的那样：'语言能力的心理学的分析表明，在语言方面，哪怕是最细小的一个熟练之点所要求的脑力都要比任何其他方面最大的熟练之点所要求的为多。'"①

---

① ［英］达尔文：《人类的由来》，潘光旦等译，北京：商务印书馆，1983年，第65页。

第八章 社会认知与标准

第一节 社会认知概述

一、社会认知一般说

社会认知是社会学理论在认知科学中的推演。在认知科学领域，认知一般意义上都是以个人的认知而不是社会的或集体的认知为基础的。其中的一个原因就是，在认知科学的六大学科序列里面没有社会学，社会学不在认知科学群的序列里面。本书多次说明认知科学在学科设计中的重大缺陷是没有将两大学科纳入认知科学群，一是数学，二是社会学。有关数学问题我们在其他章节中讨论过了，这里我们将社会学纳入认知科学群不是出于学科的时髦等因素，而是因为认知本身就包含着社会性。认知科学的一个分支科学即人类学的研究成果。人类一直是群居性动物，在人类漫长的进化过程中，人类都是以群居的方式存在，本书中我们引证过的艺术家再现 320 万年前两个南方古猿散步在坦桑尼亚的莱托里，在本书看来那就是在原始的社区散步。一直到直立人、智人、匠人，人类学家托马塞洛的研究中，解释这样的现实：很长时间里，人类种群或社会的人数大致在 100 人到 150 人的规模。一直到旧石器时代晚期，人类没有形成类似大规模的社会组织，缘由之一就是缺乏发达的语言纽带，人类还没有形成较为发达的社会群体规模。这里我们想要说明的是，人类的认知包含个人认知、社会认知，也可以称之为集体认知。不得不提出，集体认知不局限于语言符号认知，这样的情况也发生在知觉认知过程，这样的情景在灵长类、哺乳类动物甚至一般的生命群体中有这样的情况。在漫长的进化中，认知不仅是单个的更是群体的。在原始的人类氏族中就存在最为简单的集体认知，一次氏族的狩猎、一次宿营都离不开集体认知，都形成一种新的认知、新的规范，社会认知是认知的本质属性。这样的集体认知标准或社会认知在近代、现代社会中的作用日益突出。没有发达社会认知也就没有现代社会、没有现代科学技术、没有大工业、没有数字时代。而标准可以作为认知的黏合剂和联结锁，可以将社会认知联结在一起，这也是标准的生命力之一。事实上，标准化是维系感觉认知的纽带，更是联结科学、理性和标准的锁。在工业化或科学标准时代，标准成为管理、科学的放大器，这个问题还是有待于进一步更深刻研究和认知。

二、社会认知的一般史

本书将人类认知分为四个阶段：知觉认知标准时期、符号认知标准时期、科学认知标准时期和数字认知标准时期，每一个时期的社会认知都是不相同的甚至有其独特的本质。在知觉认知标准时期，认知的媒介或认知是依靠感觉来实现的，在漫长的生命进化过程中，种群形成了符合进化要求的认知系统。确保种群的繁荣昌盛，甚至在一些地区出现一些跨种群的集体认知系统。如在树林中，树上和树下不同物种形成了互相帮助的认知系统，共同应对可能的危险。而在人类的发展中亦如此，不同的是在人类进化的后期，由于工具制造、火的利用和简单的言语出现，感觉认知系统的局限开始逐渐被突破；在符号认知标准时期，这时语言的出现使人类的组织和社会构成基本上脱离自然界而独立出来，人类的社会认知以符号为主，以符号感觉结合的认知模式，开始人类最新的认知系统。语言符号的出现使得人类的认知范围或世界以及发生巨大变化而完全超出感觉的界限。同时，社会的认知能力也超出了感觉范围，交流的形式也由言语替代感觉，交流的内容、交流量或者可以说交流的对象也随着语言而扩大。历史上，度量衡等这些简单的标准都发生在语言符号标准时期；到了科学认知标准时期，社会的认知则另有一番景色，科学成为认知的主要方式，科学成为人类社会认知的主要形式，科学也成为标准的主要成分。科学认知也将我们从愚昧、盲从、迷信中解放出来。科学认知是一种对以往认知的革命，需要特别指出的是，科学认知必须通过社会认知实现，即便是爱因斯坦也是站在巨人的肩头之上。另外，科学认知也使得人类的认知发生天翻地覆的变化。很多的认知不再来源于经验和身体力行，而是来源科学研究以及由此派生出来的教育等，认知几乎没有时间和空间的限制，社会认知能力也有巨大的提高。这时标准也就成为社会认知的尺度，由于社会认知标准的尺度性，每个人对于自然界社会等都有一致性的认知，人类才有可能真正摆脱巴别塔的困境。人类的行为、认知能够在更远大的领域获得一致，将人的思维或认知，在标准的规范下，社会认知扩展到更加广泛的领域。

正是由于社会认知的属性使得很多认知科学家意识到社会认知或社会学对于认知科学的价值，一些学者开始修补认知科学对于社会学的缺憾或将社会科学纳入认知科学体系中。加拿大认知科学家保罗·萨伽德在谈到认知科学的新动态时这样认为："最后，认知科学的第四个重要趋势是对认知的社会维度的更多理解。这看起来似乎与前面提到的认知神经科学所代表的生物学趋势背道而驰，而实际上两者是相容的。心理学与人类学不断地揭示出人类的思维受到人们与所共享文化中其他成员的交互活动的影响，这些交互活动依赖于诸如情绪的产生和传播的生物学机制，但社会性的变化也能导致生物学上的变化……认知科学需要将不断增长的对于思维的社会背景的理解与对于神经机制的理解整合起来。"[①] 在我们的生活中，我们有很多认知不是来自一个人，尤其是在远古人类进化过程中，一个氏族、一个种群，认知就是由个体认知、集体认知组成的。

有这样一种假设，人类最早的认知开始于行为或行动，这本书中将人类最早认知归结为感知，这一点毋庸置疑的。我们可以这样说，人类通过行为认知这些世界，集体认知或社会认知就是通过集体行为对于世界的认知，本书以为这应该是社会认知的第一理论。集体认知的潜在逻辑在于，每个人的认知都是有差别的，这一点基本得到一些学者的赞同。有一个谚语说一把钥匙开一把锁大概说的就是这个道理；有的认知必须是集体的、氏族的、区域的、国家的和全球的，认知需要时间、空间。以全球气候变暖为例，这不能光将其描述为一种共识，全球气候变暖还是人类认知的事实，我们收集全球各个地区的关键资料，回顾了几十万年的地球气候变化史，还有科学研究的成果。所以，我们有

---

① [加] 保罗·萨伽德：《心智：认知科学导论》，朱菁等译，上海：上海辞书出版社，2012年，前言。

理由认为：集体认知也是认知的主要部分和类别，标准则是将这种认知科学衔接起来的有效方法。

社会认知与个体或专业认知的区别在技术史中是这样规定的："工艺经验和工艺诀窍在科学时代到来以前，技术进步是以工艺经验为基础的，而在把经验从一代传到另一代，从一个地方到另一个地方的过程中，个人所起的作用是显而易见的。"① 在工业化到来之前，技术进步或认知提高完全是以工艺经验为基础，个人认知是这个程序主要特征，这个阶段也是符号认知和科学标准时期之间的过渡时段。按照很多学者的说法，在工业化时期的前期乃至中期，科学并没有扮演无所不能的角色。历史上，工业革命大部分是由个人认知、技能和技巧等推动的，只有在后期，科学成为标准的主角，也是人们认知的成就。

三、社会认知的概念和种类

社会认知在社会心理学和认知科学以及研究中的内容并不一致，有的甚至南辕北辙。在社会心理学的社会认知："'社会认知'是研究人们从社会环境获取信息，并如何形成推理的过程。社会认知方面的研究主要包括人们如何对他人或是社会团体、社会角色以及人们自身的经验做出判断。"② 这是一个典型的心理学关于社会认知的概念，在本书看来，这些概念过多地将焦点集中于社会关系而不是认知，严格地说与我们这里要讨论的社会认知差距很大。在认知科学看来，集体认知或社会认知也是认知的一种形式。加拿大认知科学家萨伽德这样定义社会认知："心理学家和人类学家也对知识的社会性方面表现出越来越多的兴趣。社会认知研究人们如何通过对他人的思维、目标以及感受进行推理来理解他们所处的社会环境。我们关于他人的看法可由诸如基于种族和性别的社会性刻板印象的概念来进行表征，或者是由对社会交往的预期的种种规则来表征。"③ 这个概念也犯了上述的错误，将注意力放在社会关系上。这也是传统社会学的基本范式，强调涉及社会关系以及认知环境等方面对于认知的影响。

---

① [英] 查尔斯·辛格等：《牛津技术史》（第四卷），辛元欧主译，上海：上海科技教育出版社，2004年，第449页。
② [美] 泰勒等：《社会心理学》（第十版），谢晓非等译，北京：北京大学出版社，2004年，第30页。
③ [加] 保罗·萨伽德：《心智：认知科学导论》，朱菁等译，上海：上海辞书出版社，2012年，第225页。

我们学者史忠植教授的研究更加深入一些，他认为："社会认知（social cognition），最初被称作社会知觉（social perception），由美国心理学家布鲁纳于1947年提出，用以指受到知觉主体的兴趣、需要、动机、价值观等社会心理因素影响的对人的知觉。随着社会学对人际知觉领域研究热潮的兴起，社会知觉概念被等同于人际知觉或对人知觉……作为知觉的一种特殊形式，即以人为对象的知觉，社会知觉服从于一般知觉具有的普遍规律性，又具有一般知觉所不具有的特点。"① 从以上观点可以看出，史忠植教授的社会认知概念与完全的心理学概念有所不同，就其内容而言依然不属于真正的认知科学的内涵。这里我们不再通过概念等来说明，而是通过美国学者E.哈钦斯的《荒野中的认知》一书来诠释，这本书是以一艘海军航行的轮船作为背景来揭示认知的内容，作者在这艘舰只上待了一个月左右。将这本书看作是社会认知或集体认知的科学而又形象的论述，这艘轮船就是依靠这全船的人尤其是导航人员的共同认知开启这个航行，即便是在漆黑的大洋之中。在这本书中，哈钦斯创造一个新的概念来重述社会认知的内容，这是概念就是生成，哈钦斯写道："生成（enaction）是认知科学的一个进路，它产生于欧洲大陆现象学，并与具身性的观点有密切的联系。它强调在组织有机体与其环境的耦合或者联结的各种模式中所发挥的积极作用。"② 如果我们把人类进化过程看成从暗夜中的进化，尤其在远古漫长的过程中，可能集体、氏族、种群的认知就是进化的车轮和导航。我们在这里讨论的集体认知或社会认知就是这个意义上的，认知的对象就是人际关系。正如史忠植教授接下来的论述："社会认知的两个基本特征：其一，社会认知是人对社会性事件的认知加工；其二，人的社会认知对社会行为起一定的调节作用。所以可以认为，社会认知是指人对社会性客体之间的关系。③"史忠植教授依然将社会认知局限在社会关系或社会形成的东西的认知上，这一点与本书差距很大，本书则将社会认知规范为：社会、集体或组成部分和认知对象之间形成的认知。按照皮亚杰的主客观理论，认知的形成是由认知主体、客体过程形成的，而社会认知则可以反映出这样的关系。例如地方、团体等身份认同感，进而对待问

---

① 史忠植：《认知科学》，合肥：中国科技大学出版社，2012年，第478页。
② ［美］E.哈钦斯：《荒野中的认知》，于小涵等译，杭州：浙江大学出版社，2010年，第iv页。
③ 史忠植：《认知科学》，合肥：中国科技大学出版社，2012年，第478页。

题有着相同的认知结果,我们前面所说的本初子午线就是人类共识的认知规范。史忠植教授大概是国内研究这个问题比较深入的学者,但是,研究的内容基本上都在社会心理学的范畴之内:"作为一种特殊的社会心理过程,社会认知具有如下几个基本特性:(1)互动性。在社会认知过程中,知觉者和被知觉者处于对等的主体地位,被知觉者不仅影响知觉者,知觉者也会影响被知觉者,从而使社会知觉过程的发生不是单向的,而是双向的。(2)间接性。社会认知不仅是知觉者对他人外部属性的直接反映,更主要的是通过对他人直接可感的外部特征如行为表现等,达到对他人内部人格特征的间接把握或反映。(3)防御性。个人为了与外界环境获得平衡,适应社会,认知机制抑制某些刺激物的作用就是认知的防御性。(4)人们在社会认知过程中,自觉或不自觉地贯彻了完形原则(或格式塔原则),即个人倾向于把有关认知客体的各方面特征加以规则化,形成完整的印象。"[1] 作为认知科学或认知标准应该是承认并高度重视加以研究,集体认知和社会认知是认知的基本形式之一。即便是在人类之初的匠人、直立人或智人,集体或群体认知也占有极为重要的地位。可以这样说,认知就是说在个人认知和集体认知的互相作用中不断更新提高的。而人类之所以能够在残酷的存在下来并且发展起来,集体认知扮演着至关重要的作用,学习、集体记忆、教育、科学研究、娱乐等都与社会认知有着直接的关系,美国人类学家托马塞洛在其著作《人类认知的文化起源》一书中专门谈到联合注意与文化学习,联合注意就意味着人类的认知不是简单的、个体的、单一的,而是群体的、集体的。人类早期的群体行为是以社会认知为前提的,而且这个社会认知需要一种认知尺度将人类的行为联结起来,这个联结在标准学中可以成为集体标准。合作就是最好的说明。著名心理学家皮亚杰曾有过这样语言,人类理智的产生离不开合作,应该不是假设。托马塞洛的分析很是精辟:"在人类物质中,所有的这些联合意图性和集体意图性都是通用的。很可能,第一步联合意图性的演化发生在尼安德特人和现代人还未分离的非洲,所以这一过程适用于两个物种。第二步集体意图性的演化更可能发生于十万年前,在现代人类的一个群体从非洲走向世界各地之前。但是一旦他们迁出并在高度变异的当地生态环境中定居,文化实践的不同就开始凸显。不同的人类文化创造出成套不同的

---

[1] 史忠植:《认知科学》,合肥:中国科技大学出版社,2012年,第479页。

具身认知技能，如长距离定位、制造重要工具和人工产品，甚至包括语言交流。这意味着，立足于个体意图性、联合意图性和集体意图性这些种群层面的认知技能，服务于各自的区域性目的，不同的文化创造出很多特异的认知技能和思维方式。"① 托马塞洛的这部著作《人类思维的自然史》就讨论了五个的问题：共享意图假设、个体意图性、联合意图性、集体意图性和合作中的人类思维。如果没有标准或表征的尺度，就没有共同的意图，没有认知的尺度也就没有个人的认知。是标准，是认知的尺度将个人的认知规范起来，将集体或社会的认知构建成认知的结构和文明的大厦。记得巴比塔吗？上帝担心语言会让人类搭起通向天堂的天梯。而对于认知科学、对于标准学来说，认知的尺度才能让人类认知、行为和目标一致起来，只有认知的尺度才能让我们踏上宇宙之路，而语言不过是表征的形式之一。

第二节　社会认知的基本形式分析

一、社会认知的操作设想

社会认知的实现方式应该是在人类社会有多种多样。正如托马塞洛上述所言，我们文化的多样性就是不同尺度的认知。本书将认知划分了四个时期：感知、符号、科学和数字。这只是一种极为宏观层面的划分。在历史上，不同文明形成不同的标准尺度如度量衡，即便是在亚斯贝斯的轴心期，这也是符号标准时期，不同的文化、不同的地区其度量衡包括数学计算方式都不相同。现在的问题是人们如何利用这些标准工作的呢？当然有些答案是明显的，公共机构如国家通过法律统一度量衡、道路、文字，或有些工团组织行会、地区等流行的各种尺度标准，人类思维等形成、进化、演化得复杂多样。实际上，社会认知都是通过一定的结构完成，这个结构可能是社会学、国家、民族等各种结构形式，认知总是以一定的结构存在的。让我们跨度大一点，直接延伸到科学研究领域。学科是最早的科学研究范式，物理学、数学、化学、地质学等搭建起

---

① ［美］迈克尔·托马塞洛：《人类思维的自然史》，苏彦捷译，北京：北京师范大学出版社，2018年，第180页。

现代科学的认知结构；20世纪初，学科交叉成为科学和工程学取得突破的主要方法；21世纪初，以生命科学、物质科学、医学及工程学等学科会聚而成的第三次科学革命，学科会聚就是一种认知方式、一种认知结构，会聚就是现代科学研究的最新的认知范式。不同的认知结构会产生截然不同的认知结果，所以，美国科学院研究理事会推出研究报告《会聚观：推动跨学科融合——生命科学与物质科学和工程学等学科的跨界》，报告指出："因此，会聚观体现了一种交叉学科研究的扩展形式，专业知识构成研究活动的'宏观'模块，而这些'宏观'模块又组成形成一个更大的整体。一旦能实现高效的整合，这些汇聚在一起的'宏观'模块将能为新想法、新发现、新思维、新工具的产生形成一种新的范式。"① 实际上，无论是科学研究还是一般的社会结构，或日常生活的存在，都有不同的认知结构并会产生不同的认知结果，而对于标准尤其是科学标准，跨学科无疑会使科学标准建立在更具有共识的基础上，可以避免不同学科可能存在的局限性。而在工业化社会中，共识或者可以说公共标准扮演着生命线的作用。没有统一的标准，就不会有现代公路、现代铁路、现代航空、现代电力系统等。

美国学者班杜拉的著作《思想和行动的社会基础：社会认知论》中的基本核心观点：在社会认知过程中，人类功能是由主体、行动和环境三个要素组成的，而在这个三方互惠的模型中，人不仅受到环境的影响，也是环境的改变者。对于我们研究的标准而言，班杜拉理论的最有价值的地方是将认知确确实实扩展到社会领域，他还将很多社会现象作为社会认知的方式予以讨论研究，如学习、传播等。

二、具身认知

在认知科学中，我们讨论的社会认知更多地体现人类对于自然环境、对于社会现象与不同的认知结构之间的关系。在认知科学中，认知研究更多的是具有平面性的东西，或者可以说一般性的东西，即认知没有任何差距就像计算机一样，有什么样的输入就会有什么样的输出。事实上，在人类社会进化的过程中，认知从来都是具身的。即便是高度全球化的今天，就像最初的计算机学者

---

① [美]美国科学院研究理事会：《会聚观：推动跨学科融合》，王小理等译，北京：科学出版社，2015年，第14页。

误以为计算机的一切都优于大脑,经过几十年的发展,大脑那些计算机不具备的能力越来越得到人们的认知和学习。具身认知是很突出的理论基础。具身认知来源于现象学,现在为很多学科接受并发展该理论。一般而言,具身认知理论主要指生理体验与心理状态之间有着强烈的联系。达尔文在其著作《人的由来》中就谈到具身认知问题:"尽管人的理智能力和社会习俗对他至高无上的重要性,但对他的身体结构的重大意义,我们也绝对不要低估。"① 这里达尔文的具身认知仍然是个人的。美国认知科学家西恩·贝洛克认为认知具身是一门新科学,他指出:"达尔文认为心境和动作之间的联系就是情感的真正含义,但是勒内·笛卡尔在内的其他哲学家对此却有另一番理解。笛卡尔认为精神和肉体之间存在着极大分别,精神和身体相比,是由完全不同的物质组成的。这种二元论观点,也就是我们的身体,与思考、学习以及感受毫无关联,在今天仍然被广泛接受,甚至很多最近出版的脑科学书籍也完全忽视了一点:身体在塑造精神的过程扮演着一个具有构成性影响的特别角色。我们的动作对于思考和推理具有很大的影响,而我们对这种影响的测量和鉴别才刚刚开始,在过去的几年中,具身认知这门科学(符合达尔文的学说)已经证明头脑的运作和身体的感觉之间有着不可分割的关系。这门学科为我们进一步阐述了身体对我们(以及他人)的头脑造成的强大影响……在大脑、身体以及经历(特别是情感经历)的互动中,我们的精神形成了。"② 这本书简单明了,将认知与身体的关系阐述得非常清楚,就像他的这本书的书名一样:身体如何影响行为。日常生活中,我们每个人都很容易理解身体和认知的关系。对于标准学而言,具身认知从根本上说明了认知尺度或标准的存在的合理性或科学性。现代心理学的开端就是以所谓物理心理学为导向,期望建立感觉和认知对象量的关系,这与自然科学对一切科学的影响相关,现代心理学的开创者冯特的实验室标志着心理学的建立,而每个的现代心理学创始人无不以自然科学的方法为本质为根本。

作为标准学的研究或一般心理学研究,心理物理学是一个躲不过去的内容,从不完全的资料来看,西方的一些标准理论研究也有以此为研究对象的,人们希望通过建立认知心理的量化关系,建立人类与其认知的固定关系,进而揭示

---

① [英]达尔文:《物种起源》,潘光旦等译,北京:商务印书馆,1997年,第66页。
② [美]贝洛克:《具身认知:身体如何影响思维和行为》,李盼译,北京:机械工业出版社,2016年,第11页。

出标准的本质，可惜这样的研究方向没有取得预期的成果。物理心理学的创始人心理学家古斯塔夫·费希纳将量化心理学作为方法论，费希纳认为心理物理学是指："这项任务一开始根本不是要找到一个心理测量的单位，而是要寻求生理方面和心理方面之间的函数关系，精确地表达它们之间整体的相互依赖性。"① 人类认知正如本书的基本观点一样，人类认知经历了感觉、符号、科学和数字四个时期，而目前认知科学的具身认知理论还局限在生理和心理的限制中。对于认知心理学家来说，具身认知开始突破生理和心理的桎梏："知觉符号假说是心理学界正日益重视认知过程中，环境和我们身体的作用的一个例子。就像西伦所说的那样：认知是具身的，是指它来自身体和外界的互动，并与之持续地交织在一起。根据这种观点，认知依赖于身体带来的各种体验，而身体拥有不可分割的、相互联系的、特定的知觉和运动能力，并且它们共同组成了孕育推理、记忆、情绪、语言和其他所有心理活动的母体。具身认知（embodied cognition）的观点强调动作的贡献以及动作如何将我们和外在环境联系起来。"② 而标准学的研究则是以这样的逻辑：人类认知形形色色、千千万万，其理论就是具身认知，而要在具身认知中建立起科学的标准。这样，标准的科学性就不言而喻。

而标准则是天然的规则。第一，标准可以在具身认知中建立起来，可以将人的认知与具体的环境中建立起来；第二，更高水平的标准或高阶标准就是通过众多的具身认知提炼出来的内容。社会认知是标准的一个重要内容，它是以集体认知为目标和对象，将社会的认知整合起来的认知和行为准绳，这应该社会标准的基本内容。

三、分布式认知

人类的认知形式各种各样，因此需要一种规则或标准将这些统一起来。例如计算机的计算，人们简单地认为计算应该是计算机的整体功能，而通过实验和科学研究来看，计算在大脑的神经系统中以分布式的方式进行计算，而且这

---

① ［德］古斯塔夫·费希纳：《心理物理学纲要》，李晶译，北京：中国人民大学出版社，2015年，第24页。
② ［美］安德森：《认知心理学及其启示》（第7版），秦裕林等译，北京：人民邮电出版社，2012年，第142页。

样的方式极大地提高了大脑的计算能力，分布式认知（Distributed Cognition）是一个包括认知主体和环境的系统，是一种包括所有参与认知事物的新的分析单元。分布式认知是一种认知活动，对内部和外部表征的信息加工过程。分布式认知是指认知分布于个体内、个体间、媒介、环境、文化、社会和时间等中。从人类发现布罗卡区以后，人们陆续发现很多脑区，大脑中的知识或功能不是均匀地分布在大脑中。

分布式认知是人脑认知的一种范式，我们可以将这种范式延伸到各个方面，分布式认知是一个包括认知主体和环境的系统，是一种包括所有参与认知的事物的新的分析单元。分布式认知是一种认知活动，是对内部和外部表征的信息加工过程。分布式认知是指认知分布于个体内、个体间、媒介、环境、文化、社会和时间等之中。在人类进化过程中，形成各种各样的文化，我们不妨将各种不同的文化、习俗、技术、管理看成分布式认知的结果。而且，现在分布式认知是一个比较贯彻到底的范式，从脑区到外部环境、到外部的设备、设施以及认知主体的不同。在这里，特别强调分布式认知不光是一个认知的范式，还是一个认知的单元，也是产生标准的基本单元。我们可以这样说，不同的社会组织和结构都有不同的认知结构或结果。这样推演，每个分布式认知都有各自特点，应该有自己的标准体系。对于标准，分布式是标准产生的客观条件，也是规制分布式的行为的方法之一。分布式认知对于我们理解各种各样的标准的出现和原因有着积极作用。我们看到的标准在符号语言标准时期为典型的度量衡标准，也许我们习惯于亚里士多德的事物的关节点的视野看待标准，标准似乎都是事物和行为的关键点或关键尺度。事实上，在人类社会中有着大量的标准，即便是在工业化时代依旧如此。还记得马克思形容的工业社会中样式繁多的榔头吗？分布式认知为我们提供一定的认知路径。在百度词条上将分布式认知做了如下描写，而这里本书将其作为分布式认知的种类，当然，分布式认知不能只有这样几种：（1）认知在个体内分布。知识是在脑中非均匀分布的。认知科学和认知神经科学中的一种重要的理论——模块说，并且它支持这一观点。模块说认为，人脑在结构和功能上都是由高度专门化并相对独立的模块组成，这些模块复杂而巧妙地结合，是实现复杂而精细的认知功能基础。（2）认知在媒介中分布。认知活动可以被看成是在媒介间传递表征状态的一种计算过程。其中，媒介可以是内部的（如个体的记忆），也可以是外部的（如地图、图表、计算机数据库等)。(3) 认知在文化上分布。文化是指规范、模式化的信念、价值、符号、工具等人们所共享的东西。文化是模式化的,但并不是统一的。文化需要在面对面的实地交流中才能被体会或感受到。文化以间接方式影响着认知过程,不同文化背景下人可能具有不同的认知风格。(4) 认知在社会中分布。在具体情境中(例如在餐厅),记忆、决策等认知活动不仅分布于工具(菜单、椅子和桌子的布置、桌号)中,而且分布于规则(例如,就餐后离开餐厅前付账等)中,分布于负责不同性质工作的人(例如,是服务员,而不是洗碗工,负责餐厅内就餐的各项事务)中。(5) 认知在时间上分布。认知横向分布于每个认知主体特有的时间维度上,纵向分布于特定认知主体的过去、现在和未来。例如,成人常常根据他们自己过去的或文化上的经验来解释儿童的一些行为。

综上所述,分布式认知强调的是认知现象在认知主体和环境间认知的本质。分布式认知的理论和方法来源于认知科学、认知人类学以及社会科学。分布式认知理论将分布式认知看作一个认知单元,对于标准,这样分析是合理的。理论上,加拿大认知科学家萨伽德的论述很是到位,完全符合标准在分布式认知中的作用,萨伽德说:"智能计算也能被理解为发布时的。在其发展的最初几十年中,人工智能关心的是怎样让单个的计算机完成智能任务。不过,近来人们把越来越多的注意力放到了如何让计算机网络完成工作上。当今的大学校园里有数千台计算机通过网络信号连接,而互联网在全世界链接了数以百万计的计算机。不同于在单个计算机里建造一个完整的智能系统,有可能只是多台计算机中分布着多种不同侧重的专门智能能力。通过相互交流,多台计算机能够解决一台计算机单独工作所不能解决的问题……分布式人工智能(DAI)是人工智能的一个新的分支,研究拥有不同类型知识库的计算机怎样链接并进行工作。"[①] 以上说的是人工智能,以此理解原始人合作非常有意义,多个主体的合作,在标准或认知的尺度的范围内,由于标准它们可以完成远非它们智能所及的工作量和质,标准或认知尺度让他们可以编制出远大的工作,而且,我们也冒昧推测一下,分工是不是就是这样开始的?尤其是在感觉标准和符号标准时期,就是科学标准时期,如果是传统经典物理学,标准几乎没有什么变化,而要是量子力学时期,分布式认知依然有其存在的价值。

[①] [加] 保罗·萨伽德:《心智:认知科学导论》,朱菁等译,上海:上海辞书出版社,2012年,第227页。

四、镜像神经元与标准一般关系

镜像神经元术语属于认知神经科学领域。最早是在 20 世纪 80 年代末期，由意大利帕尔玛大学的里佐拉蒂教授在研究大脑皮层额叶实验中发现的，他们在恒河猴皮层神经元的运动区中标记为 F5 的区域发现了镜像神经元。这个发现证明在猴脑存在一种特殊神经元，能够像照镜子一样通过内部模仿而辨认出所观察对象的动作行为的潜在意义，并做出相应的情感反应。这将意味着人类大脑所具有的镜像神经元系统可以专门传输和了解别人的行动和意图，还有别人行为的社会意义和情绪。镜像神经元的发现引起学术界的轰动，最为突出的评价当属美国心理学家拉马钱德兰，他说："我预测，镜像神经元对于心理学的意义，将如同 DNA 对于生物学的意义一样；它将提供一种统一的框架，来解释迄今为止仍然神秘未解而又难以付诸实践验证的众多心理能力。"① 镜像神经元的发现如同布罗卡区的发现一样，引起很多学者的关注，有的学者对镜像神经元的评估较为温和："大脑是一个极为复杂的器官，留给人们探索的空间还很大。镜像神经元的发现起到了非常关键的作用，帮助我们解读大脑对外部世界进行反应的一些功能，人类大脑中的镜像神经元位于前运动区和布洛克区（主管语言活动的区域），负责处理人际交往等关系的外部刺激，没有镜像神经元，不仅人类的认知不能发展，就连作为社会联系根基的各种集体观念也不会形成。"② 这个评价仍然为镜像神经元的研究未来，学者们对于镜像神经元抱有远大的期望。当然，对于镜像神经元的研究还在继续，研究成果和结论也不断出现。标准学如此关注镜像神经元的主要原因在于，镜像神经元的出现将在某种意义上使标准丧失存在的大多数意义。因为，标准的一个重要的功能就是将人的认知规范化，将个人的认知外显使得其他人可以理解，将集体的意图尺度化继而与集体行为通过标准衔接起来。镜像神经元的出现，标准作为联结行为和集体标准的作用将失去意义。但是，从人类进化的历史来看，即便是人类和灵长类的动物都具有镜像神经元，可以理解其他人的意图，但并没有改变标准作为人类

---

① ［美］希科克：《神秘的镜像神经元》，李婷燕译，杭州：浙江人民出版社，2016 年，前言。
② ［意］贾科莫·里佐拉蒂等：《我看见的你就是我自己》，孙阳雨译，北京：北京联合出版公司，2018 年，第 003 页。

认知的基本范式；在标准学看来，标准更多强调认知成果的外部性，用哲学的话就是主客观的一致性，似乎用哲学也不能完全说明，我们可以这样说，标准使得认知单元化，让我们的认知不再像黑格尔的猫头鹰，不知道飞到什么地方，而是我们的思维完全单位化或外化、量化。这些都是心理学所不具备的，认知需要外部世界，需要用认知的尺度去丈量。同时人类也需要用标准或尺度认知世界。这里，我们还是要用皮亚杰的主客观之间的认知理论来理解标准和镜像神经元的关系。标准不仅存在于心理学中，也存在于行为或行动中。更为重要的是，标准是人类创造出来的尺度。这个尺度也是构建主观和心理、计算、表征与行为成果的桥梁，或者是劳动的桥梁。这样，镜像神经元的出现对于标准是相得益彰，使得人类认知和相互认知的逐渐更加坚实、更加具体、更加科学。

第三节　标准如何能进行工作

一、标准、认知、使用一般说

标准如何在社会中发挥作用的呢？如果在国家或者新石器时代谈论这样的话，我们可以简单地说，我们依靠正式社会组织如国家、氏族、部落等，在国家层面最常见的就是标准化法或度量衡法律来实施；企业、作坊、氏族、种族等通过内部有限管理实施标准或利用标准。然而在漫长的人类进化过程中、在人类还在各种组织形态的演变中，人类如何将最简单的认知尺度利用起来？我们很多次将巴别塔作为例子，人类之所以没有搭建起来通上天空的巴别塔，就是因为上帝没有让人类有共同的语言，当然这是有几分道理的神话故事。让我们回到人类演化史中的奥杜威技术时期，我们会从很多历史博物馆或遗迹或照片中看到那些粗糙不堪的工具，我们不知道那时的南方古猿耗费多长时间打制成一件石器工具。对于打制石器的还原过程（这个例子是磨制），美国学者乔治·奥德尔这样举例："为了磨制的主要原理，让我们引用一段有关磨制石斧生产的罕见的文字说明一种已经不存在的、曾经被巴西黑达印第安人所使的石器。黑达人传统地制作一种长卵形斧头：尖部磨光，椭圆形截面，插入木柄，不使用树胶。游牧的狩猎采集人群用石斧砍伐树木来造房子或用于其他用途。和世界上其他人群一样，当能够获得金属时，黑达人就开始使用金属工具了。所以，在石斧退出历史舞台几年之后，民族学家弗拉迪米尔·科扎克特邀他们制造了一把石斧头，他们对此感到非常疑惑。因为在较理想并且持续工作的条件下，一个人需要三到五天才能独立制作一个斧头。"① 这就是一个现代原始人的加工能力，那么如果是在远古时期又当如何？先祖不会花上5天以上的时间去加工一件石斧，如果没有食物储存他是否会因为未获得食物被饿死的。因此，标准或认知的能力必须是在保持人类正常生存为限的，标准或认知的尺度必须能带来更高的效率，标准化的控制能力或认知尺度能力至关重要，氏族成员间的合作能力也是举足轻重的。我们知道我们的先祖具有某种认知尺度，来控制自己的认知、自己的行为；而且还有氏族也还有很多的集体合作工作，一个氏族到一个地方的宿营活动如何展开？这需要一定的合作工作。我们知道人类的合作绝不是新石器时代或旧石器时代的成就。像达尔文所预言的那样，合作在人类社会的早期就已经存在了。这样需要一些集体标准，每个人如何工作，如何让自己的工作完成、完成工作的尺度、合作的尺度等，我们只能寄希望于一些理论的帮助。标准对于这些无依无靠的人，比以前更加高效、可靠是绝对必要的，标准就是这种必要的保证。

二、自组织理论的标准运用

自组织理论最早好像来自纳米技术中有关分子运动的描述。一种意义上的自组织理论是指在没有外部指令条件下，系统内部各子系统之间能自行按照某种规则形成一定的结构或功能的自组织现象的一种理论。而我们这里的自组织主要讨论人们在社会组织很弱的情况下，自组织是人们当时的一个很好的理论假设或选择。而且，这种自组织是在人类初步掌握一定程度上的认知尺度或标准的基础上不断变换的自组织形式，这种自组织形式是人类在进化过程不断提升的主要路径。对于标准学，自组织是在人类已经有一定的认知能力或认知尺度的自发的、自创的结合方式，进而形成新的创新、新的组织形式，以及新的社会或氏族组织形态。而目前的很多自组织理论的起点令人感到迷惑，实际上，即便是在正式的组织中，自组织依然经常存在解决可能是正式组织不能及时反

---

① [美] 乔治·奥德尔：《破译史前人类的技术与行为石制品分析》，关莹等译，北京：生活·读书·新知三联书店，2013年，第109页。

应的问题。我国学者孙志海教授的一些观点令人满意和新奇的："'自组织创生过程的主体'问题是一个没有认真讨论过的问题，可能是因为人们认为这是一个无须讨论的、不言自明的问题。我认为这个问题直接关系到我们如何界定自组织的边界，理解自组织行为的基本特征，是我们全面理解自组织行为和系统的前提之一。而目前人们讨论的自组织系统，通常是指某一特定的相对独立的系统。"[1] 自组织创生过程，实际上就是一个自我创新的过程，创新的工具或认知基础就是认知尺度。皮亚杰的这段话会让我们理解这一点："总而言之，新生的思维完全是对感觉运动性智力的延伸，所以是以起源于能指与所指的区分，因而是同时依靠着象征性的发明和符号的发现。"[2] 而标准学则将这段话的发明和发现以及感觉运动性智力的延伸，都看成与认知尺度有关的东西，标准每一次使用都是一种重新而不是人们通常说的重复。自组织就是在标准的基础上的创新，标准学对于自组织的希望和关注点在于每一次新的自组织的标准的应用。当然，这样的应用或许会导致社会组织的变化。但是，我不认为变化以下的对于分子或其他物理系统的描述符合自组织的发展预期，本书尤其反对将人类认知发展秩序化，无论是科学，还是技术、标准等的很多成就都是有组织的，尤其是正式组织的产物。但是如果我们说它的基础是自组织，或许人们会接受这样的观点，自组织的技术和科学基础就是认知的尺度。最后让我们以下这段来自百度词条的对于自组织的预期作为自组织的发展趋势：我们这些自组织理论与上述说法认为无序向有序演化必须具备几个基本条件：（1）产生自组织的系统必须是一个开放系统。系统只有通过与外界进行物质、能量和信息的交换，才有产生和维持稳定有序结构的可能。（2）系统从无序向有序发展，必须处于远离热平衡的状态，非平衡是有序之源。开放系统必然处于非平衡状态。（3）系统内部各子系统间存在着非线性的相互作用。这种相互作用使得各子系统之间能够产生协同动作，从而可以使系统由杂乱无章变得井然有序。除以上条件外，自组织理论还认为，系统只有通过离开原来状态或轨道的涨落才能使有序成为现实，从而完成有序新结构的自组织过程。如果我们一定要一个科学的结

---

[1] 孙志海：《自组织的社会进化理论方法和模型》，北京：中国社会科学出版社，2004年，第34页。

[2] ［瑞士］让·皮亚杰：《智力心理学》，郭本禹译，北京：商务印书馆，2019年，第153页。

局，以上的话语是可以接受的。不管怎样，自组织加上标准或认知的尺度或标准，人类的行为包括组织行为都会变得更加有序有条理。

三、群智慧

自组织来自分子学或纳米技术，科学的意味很是浓厚；而群智慧带领我们理解标准或认知的尺度更有意义。并且有些一些科学家为了研究群智慧（集体智慧），深入蜜蜂群中扮演蜜蜂的角色，观察蜜蜂智慧的发展情况。而且，这种群智慧的结果会出现单个个体所无法完成的任务，研究群智慧的科学家不是生物学家、不是动物学家而是计算机专家。先看看德国学者的布鲁姆等人对群智慧的概念："群智慧是一种由无智能或简单智能的个体通过任何形式的聚集协同而表现出来的智能方法，最初是受到社会性昆虫的集体行为的启发，由多瑞哥等于1999年在其著作《群智能：从自然到人工系统》中首先提出。此书中对群智慧给出一个不严格的定义：任何一种受昆虫群体或其他动物社会行为机制启发而设计出的算法或分布式解决问题的策略均属于群智慧范畴。"① 群智慧的最为突出的特点是，很多看上去很简单的动物如蚂蚁、蜜蜂等，它们的个体智力虽然很差，但结合成群体就可以完成复杂的活动。群智慧原理是："基于为了达到某种期望行为而合作的多个不成熟个体，而不是一个成熟的管理系统全局行为的控制器。这个系统设计的灵感来自社会昆虫的集体行为。如蚂蚁、白蚁、蜜蜂和黄蜂，还有鸟群、鱼群等动物群体的行为。在很多年里，群社会昆虫研究给研究人员带来了很大的困难。控制它们行为的原则在很长的一段时间内仍然是未知的。虽然这些群体中的个体都是不成熟的，但是它们能在合作中完成复杂的任务。这些群体中的个体相对简单的动作和个体之间的简单交互可以产生一种协调的行为。"② 对于认知科学和标准学来说，我们可以小心地回答这些问题，社会性动物由于群智慧而获得生存能力，而且这个能力不是个体智慧相加的结果，而是由于群智慧社会群体的控制能力得到很大的提升，而我们人类呢？尤其是我们人类获得一定的认知能力或尺度，认知的尺度将我们每个人的行为协调在一起，集体认知尺度将氏族行为联系在一起，形成更加牢固的氏族体。我们中国人用发明标准砖瓦建筑起万里长城；埃及人用石块建造起伟大的

---

① ［德］布鲁姆等：《群智能》，龙飞译，北京：国防工业出版社，2011年，序三。
② ［德］布鲁姆等：《群智能》，龙飞译，北京：国防工业出版社，2011年，前言。

金字塔；设想一下，标准在群智慧中的作用。如果我们用这样的理论来理解北京猿人的创造就不会感到突兀了，按照现在的考古学最新成就，处于70万年到20万年前的时期，我们现在很难说明北京猿人是否具有言语能力，即便是按照最为大胆的推演，北京猿人也就具有很不健全的言语能力，它的认知能力毫无疑问还是出来感觉标准时期，社会组织形态以及规模更难以确定。但是，以下是客观的事实：北京猿人会使用火，旧石器时代的中晚期，有庞大的采石场和料场、各种动物的骨骼化石等。北京猿人已经开始将岩洞等作为栖息地，劳动形式可以肯定以群体劳动或合作为主。这样的规模在30万年前难以置信，如果我们一定要用一定的社会组织尤其是较为正式的社会组织来完成这样大规模的活动，几乎是天方夜谭，我们讨论过的自组织和群智慧是一种不错理解这样宏大的古人活动的理论。

第九章 环境标准

第一节 环境认知与环境标准概述

前言部分笔者曾经谈到过本书写作的变迁。最初本书拟以环境标准为研究对象，进而达到研究标准的目的；到快结束本书时，环境标准就剩下一章的内容，在写作过程中环境认知的内容比环境标准还要多，本书中的认知和标准是血脉相连的。唯物主义学家赫拉克利特的"一切认识—认识一切"的思想可以作为理解环境标准的路径。我记不起来是哪位著名学者说到他们写出来的文章让他们自己大吃一惊，或许写作有其自身的逻辑规律吧。到目前为止，我不认为环境标准是一个没有价值的写作或研究领域，尤其是从认知科学的角度。认知科学是一个正在兴起的新型学科，而且从20世纪70年代以来，认知科学开始慢慢渗透到各个学科中。如以色列历史学家尤瓦尔·赫拉利《人类简史：从动物到上帝》的第一章标题就是"认知革命"。这本不厚的历史书在短短的时间内被翻译成30多种语言文字，可见其价值所在。在笔者看来，这本书之所以如此受到欢迎，就在于赫拉利使用认知科学的视野和知识来重新书写我们熟悉的历史，如果我们有时间可以看一下这本书的目录，会得到这样的结论：这就是一本以认知科学为理论的历史书籍；在哲学史上，20世纪中叶的很多哲学家，后现代、现象学等哲学家等都将自己的研究焦点集中于认识、知识、理解、符号、语言等；另外一些以物理学家和数学家为代表，如著名的物理学家如爱因斯坦、玻尔、霍金等纷纷加入哲学家的行列，使认知哲学上升到让人难以企及的高度。从目前的学术潮流来看，认知科学向各个学科融合已经蔚为壮观，我国学者的这种趋势也在逐渐形成中。我们现在要谈的是环境科学与认知科学融合，杜不赞斯基的这句话被我引用数次：没有进化论的照耀，生物学就不能成为科学。有了认知科学的融合，很多科学重新勃发生命力。著名数学家克莱因的著作《数学与知识的探求》是认知科学和数学结合的典范，让我们看看它的目录：历史概观：外部世界存在吗？第一章感官与直观的失败、第二章数学的兴起和作用、第三章希腊人的天文学世界、第四章哥白尼和开普勒的日心说、第五章数学主导了物理科学、第六章数学与引力的奥秘、第七章数学和不可感知的电磁世界、第八章相对论的序幕、第九章相对性的世界、第十章物质的分崩离析：量子理论、第十一章数学物理学的实在、第十二章数学为什么奏效、第十三章数学和大自然的运作。在笔者看来这就是一本用认知科学诠释数学在人类历史发展中作用的书籍。在克莱因的视野中，复杂高深的数学不再是一门冷峻的学科"贵族"，而是我们认识的必然，是感觉认知的继续，数学不过是人类认知的媒介。有着异曲同工之妙，认知心理学家皮亚杰等人研究心理学和数学、逻辑的关系，从心理学的角度阐释物理、数学的产生基础。从近些年科学发展的潮流来看，认知科学不断地向其他科学的各个领域渗透。进而，环境科学与认知科学相互结合形成新的研究领域，这样环境科学应该和认知科学有一个深度和明显的理论上交流。

环境科学、生态学作为一门新兴学科，和认知科学进行交叉可以说是环境科学、生态学的进一步发展的机会。在认知科学看来，认知科学和生态学、环境学的交叉或许有一些令人吃惊的成就。按照皮亚杰的观点，每个学科都应该有自己的认识论，环境学不应该放弃这样的大好时机，建立与认知科学相融合的环境学认识论。就环境学、生态学而言，环境学和生态学的领域已经远远超越自然科学范围，而属于综合性科学。如环境伦理学、环境哲学、环境法学、环境社会学等，与认知科学结合是环境学和生态学的难得机遇，无论是环境科学还是生态学，都是以生命为核心的科学，认知是环境科学、生态学不可缺少的内涵。说来也奇怪，生态学中有一门新兴学科——景观生态学，它的副标题是，格局、过程、尺度和等级，很有标准学或尺度的意味。在标准学看来，景观生态学以尺度为研究对象的学科，而这个尺度是随着人类的认知而变化。现在按照本书环境标准的历史演进顺序，知觉、符号、科学和数字四个阶段，简要分析各个阶段环境认知的特征。

知觉标准阶段。从考古学和人类学研究的最新成果分析,环境认知的发生不会早于符号认知阶段,按照认知科学理论和皮亚杰认知心理学的逻辑,对于环境的认知,感觉或知觉是难以达到的。原因很直白,那就是感觉或知觉无法覆盖环境保护的范围。只有到了符号认知标准时期才可能出现环境认知,符号认知意味着人类开始摆脱感觉的、具身认知的束缚,开始向着感知之外的世界,而认识环境就需要这样的认知格局。众所周知,环境的变化和演化是一个漫长的过程,至少感觉是没有办法完成这个认知过程。这样,我们可以这样推测,环境认知的开启大约在旧石器时代和新石器时代交替这个时期,这个时期已经有了发达口语语言系统和简陋的书面语言,集体认知能力初步建立起来,依靠集体的认知能力已经可以将人类的认知能力的尺度覆盖很多环境问题的变化过程。也可以这样理解,书面语言和集体认知能力将我们的认知世界扩展到较为遥远的过去和更大的空间,这些空间和时间远远超越感觉认知的尺度。只有在这样的认知主客观间,人类才有可能将认知的空间和时间覆盖一定过程的环境演化。

符号认知阶段的环境认知。最早的环境认知可以的定位于这个时代。首先有两个问题需要一一解释:第一,环境认知定位于语言符号认知时代并不是因为书面符号的出现,而是作为符号认知已经超越具身认知的限制,唯有这一前提才有可能在认知的尺度内发现或认知到环境变化。第二,言语、符号是人类交流的有效工具,由于符号语言的产生,集体认知的能力获得巨大提升,通过语言、符号,我们已经可以认知非具体的环境,可以将其追溯到十年、百年甚至更长的时段的环境变化。由于集体认知和语言交流,我们的认知范围也超越单个具身认知的局限,我们有机会站在环境的尺度上对环境进行认知。

环境科学和生态学应该借助认知科学的东风与认知科学深度结合。前文曾经提及环境伦理、环境社会学等传统上的人文科学,对于环境学、生态学而言,认知科学的价值是显而易见的,将人文科学和自然科学对立起来并不是科学本身的意图。对于标准学而言一个不得不提的问题,那就是人文科学和自然科学的对立使得标准研究步履维艰。标准是人类认知的尺度,而现在的科学序列将人文科学与自然科学相对立。被誉为美国社会生物学之父的爱德华·威尔逊在其著作《创造的本源》中,分析人文学科与自然科学的分离导致创造能力的减弱，希望科学与人文的融合。爱德华·威尔逊指出："我认为科学家和人文学者之间的合作可以造就全新的哲学，引领人类有不断的发现。这种哲学融合了两大学术派别中最优秀、最实用的内容。"① 这也是标准理论、环境标准研究的出路之一，可以作为未来标准研究的寄语。

第二节 环境认知

一、环境历史与环境认知

环境概念对于我们来说不是陌生的，环境认知多少还是有点绕口。我们这里要讨论的就是认知科学中的环境认知。我们很多人认为认知的主体只有人，有理性的人才有认知。正如传统的伦理学理论，理性成为道德的唯一、人是道德的主体，在环境伦理学中人类不是唯一，动物既非物。然而认知的基础是什么？认知发生在生物学基础之上，著名心理学家皮亚杰一直将生物学作为认知的基础，皮亚杰认为："认识论问题都必须从生物学方面来加以考虑。从发生论的观点看来这是很重要的，因为心理发生只有在它的机体根源被揭露以后才能为人所理解。"② 这与皮亚杰的结构主义和建构主义理论相辅相成。因此，我们必须明确地说：生物是认知的基础，环境是认知的对象。这样为动物认知和保护提供的科学依据。就认知而言，离开了环境认知的科学是不完全的。环境认知是一个很模糊的术语。从认知科学的角度，环境认知就是人类主动地对环境做出的一种意识、动作的反应。像标准一样将认知对象或行为尺度化。简单地说，环境认知就是人类对认知客体环境的主动认知的过程。

环境史与认知，环境史不是环境认知的开始。所谓环境史，美国环境史学者 J. 唐纳德·休斯认为："什么是环境史？它是一门历史，通过研究作为自然一部分的人类如何随着时间的变迁，在与自然其余部分互动的过程中生活、劳

---

① ［美］爱德华·威尔逊：《创造的本源》，魏薇译，杭州：浙江人民出版社，2018年，第181页。
② ［瑞士］皮亚杰：《发生认识论原理》，王宪钿等译，北京：商务印书馆，2018年，第63-64页。

作与思考，从而推动对人类的理解。"① 这个概念并不让人满意，由于环境史仍然是一门正在发展的历史学科目，人们对于环境史的概念共识程度不多。笔者认为休斯的另一个概念更加贴切一些："环境史，作为一门学科，是对自古至今人类如何与自然界发生关联的研究；作为一种方法，是将生态学的原则运用于历史学。"② 这个概念最佳的部分是将生态学运用于历史研究。事实上，正如休斯在《世界环境史》中的话语，用生态学的理论阐释人类与自然的关系，而不管人类是否意识到环境。也就是说，人类是否认知到自身与环境的关系。人类开始主动认识这个世界大约 1000 万年。但是，这并不表明人类已经认知到自身与环境的关系。按照本书的逻辑，人类真正认知到自身行为存在与环境的问题应该在符号标准时期。在本书看来只有主动积极的认知，将环境和行为关系认知到，才能算是真正的环境认知。当然，本书也不排斥利用先进的理论重述历史。

认知尺度是一个需要辨析的一个词语。尺度现在已经不是一种形容词而是一种科学的术语，如生态学中用尺度表示变化的状态，如同人们照片的尺寸，不同的尺度，范围、清晰度是完全不同的。尺度不是难以理解的东西，比如地图比例尺实际上也是一种尺度表征。瑞士环境伦理学家克里斯托弗·司徒博使用尺度一词研究环境伦理学，很有新意，简直就是在用环境标准研究环境伦理学。必须指出的是，司徒博的尺度术语与认知尺度基本上没有联系。在司徒博的视野里尺度就是一种极限值，而且将这种自然尺度作为约束人们行为的一种依据和规范，特别有价值的是司徒博应用的一句话："对自然的责任开始于对自然中蕴含的尺度的感知。"③ 这句话对于环境标准和标准的理解都具有认知科学上的价值，即认知才有可能让行为具有智慧的目的性，而不是条件反射。只有认知才有可能让人们有可能设计或规划行为，按照自然对行为的尺度限制。以下这几句话对于我们理解上述行为描述更有意义："社会伦理学家沃尔夫冈·胡伯尔在做此规定时，明显地接近于格奥尔格·皮希特。而社会伦理学家汉斯·

---

① [美] J. 唐纳德·休斯：《什么是环境史》，梅雪芹译，北京：北京大学出版社，2008年，第1页。
② [美] J. 唐纳德·休斯：《什么是环境史》，梅雪芹译，北京：北京大学出版社，2008年，译者序。
③ [瑞士] 克里斯托弗·司徒博：《环境与发展一种社会伦理学的考量》，邓安庆译，北京：人民出版社，2008年，第70页。

鲁提出的问题则是：'自然并不自然是道德的。但自然的是否能够是道德的这个问题，就是要把自然的东西看作规范。'为了能够回答这个问题，我们必须首先规定，按照当今知识状况，所谓自然的东西，就是从属于自然科学作为自然之科学所表现的东西。"① 自然尺度不能先天地或自然而然成为约束行为的尺度，这个尺度需要人类认知来最终完成。

第三节 环境认知的变迁

环境认知在标准的认知划分中共分为四个阶段，即知觉认知阶段、符号认知阶段、科学认知阶段和数字认知阶段。

知觉认知标准时期是人类的最漫长进化时期。人类与环境的关系很是微妙，由于感觉认知以及很小的认知群体（这里指早期人类的氏族等）认知范围的约束，人类基本上不能意识到环境的变化。特别是这种变化是由于人类行为造成的环境变化，需要人类很强的认知能力和认知空间以及认知时间长度，需要人类首先把人类行为从复杂的自然环境运动规律中辨析出来。换句话，认知环境需要比生存本身更加大的空间和时间周期。就环境认知而言，在知觉标准时期，知觉的认知能力无法意识到环境问题、环境变化、要求行为的尺度。举例而言，在河流某一段生存的民众，他们可能从来不知道流域的源头、下游或比他生活依赖的河流的更长流域的环境变化，更不用说我们今天的全球气候变暖。也许有人这样认为，动物依靠遗传、人类也在依靠遗传生生不息地生活在世界上，而且这些生命体对于环境也有一种认知的认知。就认知科学而言，我们不能否认这也是一种认知能力，而且认知科学从来没有把除了人之外的生命排除在认知学科之外，这对动物保护的意义是不言而喻的。这种情况就是所谓的进化。我们这里所说的环境认知，是人类主动地将自己行为对环境后果的关系用认知联系起来的环境认知。

历史上，符号标准时期的环境认知应该是正式的开始阶段，这对于环境标准或环境认知很有必要强调和重述。至于为什么在知觉标准时期没有环境认知，

---

① ［瑞士］克里斯托弗·司徒博：《环境与发展一种社会伦理学的考量》，邓安庆译，北京：人民出版社，2008年，第70页。

是因为我们这里讨论的认知是一种主动的、构建式的认知，而非遗传式的。我们知道，遗传会让人类跨越相当长的时段。假如一个人活了一万年，即便他一直没有离开他的家乡，他也会感觉到环境变化尤其是人类行为对环境产生的后果。主动认知在感觉阶段就是一种主动的认知，对于环境，我们很难建立，尤其是在个体数量极少的情况下的环境认知，对于环境的认知就如同量子物理一样需要一定认知共同体和认知媒介，那么对于环境认知符合环境保护或变化的认知尺度就是环境认知的先决条件。由此推理，只有在认知尺度达到一定程度才能够认知到环境的变化。第一，环境认知只能发生在符号认知标准时期；第二，在符号标准时代，不存在环境标准，无论是对行为与环境影响或是对于环境认知的量化，都是不可不能达到的。这个时代并不代表没有环境意识、没有环境保护行为。就环境法律、环境伦理而言，最早的环境法律可以追溯到2000年前，环境伦理或许可以追溯得更远。但是这样的环境认知没有量化、没有认知的尺度。就如同炼铁一样，铁的使用从天然陨石到手工炼制约有3000年的历史，但是工业化炼制只有不到400年的历史。说来也巧，现代环境问题完全是工业革命的副产品，而环境标准也是科学标准时期的产物。在环境标准中最重要、具有决定性的标准是环境基准标准。所谓环境基准标准，有的也称环境基准，是指环境中的污染物等对人或者其他生物等特定对象不产生不良或有害效应的最大限制。环境基准是制定环境质量标准的科学基础。实际上，这就是人类对于其行为产生的污染物对人的危害的限制值。环境基准是其他一切环境标准的运演基本单位。环境基准是人类认知环境与人类关系的尺度。以下是百度上关于环境基准的特点："1. 环境基准的研究属于自然科学研究的范畴，其研究成果具有社会共享性；2. 环境基准的研究一般投资大、耗时长，一种环境基准资料的获得往往需要做较长时间的大量而细致的研究工作；3. 结果具有不确定性。环境基准研究与其他学科研究不一样，虽然也经过一套严格的科学实验程序，但由于研究的介质和对象的自然可变性，再加上技术的不规范，都可能使最后的结果不能以确定的数值来表示；4. 环境基准是一个复杂的系统，对某一污染物，完整的环境基准资料应该是各种环境基准组成的体系，而在一般情况下往往只需研究其中主要的环境基准。"[①] 以上观点的很多内容本书是不愿

---

① https：//baike.baidu.com/item/%E7%8E%AF%E5%A2%83%E5%9F%BA%E5%87%86/295084? fr = aladdin，2021.1.1

意接受的，由于篇幅所限、研究得浅薄，就不再深入。

全球气候变暖就是数字化认知的一种体现。全球气候变暖是一个漫长的认知过程，全球气候变暖不是局部性的，这一点没有人有异议，但是要对全球环境变暖做出科学的判定这不是一件容易的事情。换句话，这不是实验室能够完成的，也许我们习惯于通过科学实验认知环境。事实上，实验室的研究不能代替也不应该替代自然界本身变化；全球气候变暖也不是某个地区能够单独完成的，全球气候变暖需要全世界范围、全人类的共同认知。按照丁一汇院士的介绍，得出全球气候变化的认知并不是一件容易的事情。人类对于环境尤其是对全球环境变化认知不过只有几百年的时间，而科学性的认知不过几十年，1957年美国国家气象台首次将二氧化碳量作为监测对象。就在十几年前，每年的京东议定书缔约国会议召开之前，总有一些顶尖的科学家在说反话，即全球气候变暖不是由于人为原因而可能是自然因子的结果。而现在这样的科学家越来越少了。随着认知范围的扩大、为了达成全球共识，现在已经建立40个数据体系和6大标志性的数据，如海洋温度、冰川、极地、大气层和地表等的温度，说明气候在平均温度14.5℃的全球气候变暖，人类的认知依然有很多东西要做，只有在数字标准时代，人类才有可能对地球气候变化产生有说服力的认知。根据丁一汇院士的解释，他们研究了90万年的一些地球方面的数据。如此庞大的数字资料和处理，只有大数据时代这一切才显得有可能、有价值，也只有大数据时代也为人类适应环境提供强大的实施空间和时间。环境标准是科学标准时代的产物。虽然，环境事务或环境法律、环境伦理等出现在符号标准时期，但是，环境标准无疑是科学标准时代的结果，只有在科学标准时代的标准才具有精确的量化规定性。虽然如此，最初的环境标准依然是十分粗糙的，杨志峰教授对于环境标准的介绍："环境标准最初是在立法过程中形成的。1863年，英国制定了第一部附有污染物排放限制的法律即《碱业法》，其中对工厂排放的硫酸雾、二氧化硫和氯化氢等大气污染物的排放量做出了规定。1887年，美国规定废水排放量与河水流量之间的比例为1∶25。"① 这就是最早的环境标准，这个环境标准已经从行为开始向自然量、物质量、污染物的数量等转移，这也完全符合科学标准时代的特点。这个问题本书讨论得较少，这里一并简要地讨论，

---

① 杨志峰等：《环境科学概论》，北京：高等教育出版社，2004年，第436页。

讨论的问题是各个认知阶段的行为模式的构成或演化。在第一个阶段的知觉标准时期，行为和知觉紧密结合在一起，这一点皮亚杰阐述得很清楚，行为和认知匹配得很好，这是行为和认知的第一种关系模式；第二种是以言语语言文字符号为认知中介而形成的行为和认知关系模式。客观地说，这个阶段认知的范围远远大于行为的范围，认知计算的领域和表征的领域都远强于知觉时期。虽然在上百万年的进化过程中，人的大脑形成了独特布罗卡区、韦尼克区等，语言称为人类的心理学组成，这一点乔姆斯基说得很好，语言属于心理学的范围。这样行为和认知从合理性、科学性以及可控性上，行为的控制力更加强大；第三种科学标准时期和数字标准时期，这个时期行为和认知的关系发生重大变化，从生物学上讲，行为已经不能满足科学认知所带来的成就。虽然科学为行为提供极大的帮助，但是，由于自然条件的限制身体的很多功能存在着极限，这个时候行为的方式也发生了革命性的变化，人工智能就是行为的一种，当然还有其他的。数字标准时期，人类开始利用数字认知处理极为复杂的环境问题、环境污染，环境标准的制定需要强大的数据系统和极快处理能力。数字认知时期，用认知科学的术语就是数字认知具有强大的表征和计算能力，这是科学、语言和感知认知所不具有的。直到目前，环境标准还没有迈进数字标准的辉煌时代。

第四节　环境标准

一、环境标准的概念及其他

环境学中的"环境标准是指为了保护环境质量，维护生态平衡，保障人群健康和社会财富，由公认的权威机构并以特定形式发布的各种技术规范和技术要求的总称"。[①] 环境标准的基本性质或特点为规范性、权威性和技术性三个方面，杨志峰教授是这样解释的："（1）规范性：通过定量的数据、指标或者其他简明的形式对环境保护工作中需要协调和统一的各个方面做出具体的规定，作为个体遵守的准则和依据。（2）权威性：它必须依照法定程序由授权的行政主

---

① 杨志峰等：《环境科学概论》，北京：高等教育出版社，2004年，第436页。

管机关制定和颁布。因此,环境标准大多数属于强制性标准。(3)技术性:它广泛涉及各种技术因素,是特定时期内环境政策和环境法律在技术方面的具体体现。因此,环境标准构成环境管理的技术基础。"① 不难看出,这样的概念和认知科学以及标准学的理念有一点的差距。认知科学的视野还是处在初创时期,从认知科学的教科书来看,讨论的范围和内容基本上限于很简单的内容如感觉、语言、思维。虽然认知科学有长足的发展,但是就当前的发展很好的学科来衡量,认知科学还是不够完全。

还是让我们继续理解环境标准的定位和作用。关于这个问题,环境法教科书的观点更加明确,如蔡守秋教授的环境法学中的环境标准的特点就很有代表意义。值得一提的是,人大的周珂教授将环境标准作为环境法律的基本制度。不过为了角度更加宽泛,我们还是从环境科学的角度来谈,杨志峰教授这样总结五个方面:"(1)环境标准是国家环境法规的重要组成部分和执法依据;(2)环境标准是制定环境保护规划的主要法律依据和技术依据;(3)环境标准是依法行政的依据;(4)环境标准是进行环境评价的准绳;(5)环境标准是推动环境保护科技进步的动力。"② 这些解释都是从环境学或者是行政管理的角度来谈论环境标准,就感觉而言,这样的定义很是空泛,让我们无法弄清楚环境标准和环境法律的区别,可行的办法是利用认知科学从人类认知的本源来辨别环境标准和环境法律。

环境标准的主要科学依据是什么?简单地说就是科学技术,日本环境保护法第三节第16条这样规定:"政府应根据与大气污染、水体污染、土壤污染和噪声有关的环境条件,分别制定出保护人的健康和保全生活环境的理想标准。"这是法律规定的标准与科学的关系,也就是说,环境标准必须经得起科学的证实。从学术上来讲或具体来讲,环境标准最直接的学科支撑是分属环境学和生态学的《环境毒理学》和《生态毒理学》。环境毒理学是利用毒物学方法研究环境,特别是空气、水和土壤中已存或即将进入的有毒化学物质及其在环境中的转化产物,对人体健康的有害影响及其作用规律的一门科学。一定意义上,环境毒理学近乎是环境科学的测量学,只有将环境问题、环境污染量化才有可能让实现的可持续发展,生态毒理学在标准上的任务是:"研究生态毒理学的主

---

① 杨志峰等:《环境科学概论》,北京:高等教育出版社,2004年,第436页。
② 杨志峰等:《环境科学概论》,北京:高等教育出版社,2004年,第436页。

要任务如下：(1) 为环境管理提供科学依据。提供生态毒理学研究可以环境污染物与生态效应之间剂量—效应关系的具体数据，从而为环境管理在制定技术标准和准则提供科学依据，用以支持环境政策和环境法律的制度。尤其是对环境污染物的生态风险评价，可以为化学物的管理提供科学依据和技术框架。(2) 为环境污染控制和治理提供科学工具。(3) 为生态系统的健康和可能出现的问题进行评价预测提供手段，为生态问题的早发现、早防治提供科学依据。(4) 促进绿色GDP增长也是生态毒理学研究的内容和任务。"[①] 这是生态学标准的内容，可以看出环境科学与生态学在环境标准方面的细微差距，但是它们的相同点是很明显的，所谓环境毒理学是指："环境毒理学的主要任务是，判明环境污染物和其他有害因素对人体的危害及其作用机理……探索环境污染物对人体健康损害的早期检测指标……定量判定环境污染物对机体的影响。确定其剂量—反应（效应）关系，为制定环境卫生标准提供科学依据。环境污染物对人体危害的程度，主要取决于进入人体的剂量，机体毒性反应强弱和环境污染物的毒性大小，因此探索并确定剂量—反应（效应）关系，是实验室毒性试验和环境污染物影响健康时进行调查研究的基本内容之一。在环境毒理学中，阈剂量或无作用剂量是制定卫生标准和环境质量标准的主要依据。"[②] 环境毒理学和生态毒理学的相同点就是其核心（剂量—反应）关系。这个关系也可以是环境基准标准的概念，在认知科学和标准而言，也是运演的核心单元。在标准学看来，不能在标准内部进行运演的认知尺度不能算是真正的标准，就如同环境概念对于我们基本上不是陌生的。简单地说，环境是指围绕着人群周围的空间和影响人类生产和生活的各种自然要素和社会要素的总和。对于认知科学而言，环境不仅是自然环境的总括，还涵盖社会环境，社会环境无疑蕴含着人文因素。另外，由于认知科学的参与，生命不仅是人的专利也应该包括动物等，换句话我们说谈论的环境认知应该囊括动物认知。这样，环境认知就将环境、文化、认知等有机的联系在一起。但是，说起环境认知多少还是有点绕口。前面我们已经有所讨论，我们这里要讨论的就是认知科学中的环境和环境科学，认知科学的主体是包括动物在内的认知。传统上，我们很多人认为认知的主体只有人，有理性的人才有认知，正如传统的伦理学理论，理性成为道德的唯一、人是道

---

① 孟紫强主编：《生态毒理学原理与方法》，北京：科学出版社，2006年，第6页。
② 孔志明主编：《环境毒理学》，南京：南京大学出版社，2008年，第3页。

德的主体，在环境伦理学中人类不是唯一。如果说环境伦理学将动物等纳入认知主体的范围，更多的是理论的构建。而实际上，这种认知是认知科学给我们的一种启示，然而认知的基础是什么？认知的基础不是理性，认知是发生在生理学基础之上。著名心理学家皮亚杰一直将生物学作为认知的基础，这与其结构主义和建构主义理论相辅相成。因此，我们必须明确地说：生物也是认知的基础。大概由于此，皮亚杰专门写了一本专著《生物学与认识》专门讨论生物和认知的关系，皮亚杰指出这本书的目的就在于："本书的目的是根据当代生物学来讨论智力和一般意义上的认识（特殊意义上的逻辑——数学认识）问题。"① 皮亚杰还认为，认知是既不是主体的，也不是客体的，而是发生在认知过程。环境概念在认知科学中按照皮亚杰理论是一种。与我们目前的环境概念不一致。我们目前的概念有的是客观的、有的是地理学的，有生态学的、有的是环境科学的。无论从哪个角度来看，环境对于人类认知来说永远是双向的。

人类与自然界的关系如何？赫胥黎在其著名的《人类在自然界的位置》中指出："在人类的许多问题中，弄清人在自然界中的位置以及人类用宇宙中的万事万物的关系是其中之一。这个问题构成了其他问题的基础，也比其他问题更加有趣。我们人类的种族起源于哪里？我们征服自然的力量以及自然制约我们的力量有多大？我们要实现的最终目标是什么？这些问题经常出现在人们面前，并使每个生长在这个世界上的人产生极大的兴趣。"② 这是赫胥黎在达尔文时代对于人类生存关系的理解。

人类和环境是什么时候形成关系的？在进化心理学的视野中，环境生态很早就进入人类、动物的视野，不仅仅是灵长类动物，其他哺乳动物亦如此。当我们看到动物为了自己的领地拼死搏杀的时候，没有人会怀疑这只是动物们无聊的争斗。因为领地几乎等于环境生态，这就是它们的家园。

因此我们可以这样说，环境认知不是局限于人类，也包括动物在各种程度上，也应该包括植物在内的所有生物体。而在进化心理学中，这样的理论被称为是生态位的构建。生态位构建不仅涉及进化心理学也包含生态学的概念。根

---

① ［瑞士］皮亚杰：《生物学与认识》，尚新建等译，北京：生活·读书·新知三联书店，1989年，第8页。
② ［英］赫胥黎：《人类在自然界的位置》，李思文译，北京：北京理工大学出版社，2017年，第51页。

据进化心理学理论:"生态位构建理论在开始回顾人类心理和行为之前,我们还要提到最后一个进化理论,即生态位构建理论(Niche Construction Theory,以下简称 NCT)。如同多层级选择理论一样,NCT 是一个对人类进化非常恰当的观点,不论是从解剖学上,还是从心理学上。约翰·奥德林·斯密为这个理论工作了很多年,提出'生态位构建理论'这个名词,从而让人们更加了解该理论的核心,即动物是主动改造生态环境,而不是被动地待在其中。有机体对小型生态环境的主动改造,能够改变他们自身的选择压力;每个有机体都可能成为他们自身进化的工程师。比如蜘蛛结成的网改造了生活环境,为自然选择创造了新的机会。生态位构建的其他形式则改造了参与构建的有机体后代所生活的环境。例如,有许多昆虫会为自己的卵提供食物,它们将卵产到树叶上面,甚至在拟寄生者的情形下降卵产在其他寄主身上。这种改造生态位的过程被德林·斯密与他的同事凯文·莱兰和马库斯·费尔德曼称为'生态传承'。生态传承与传统的基因遗传不同,它是进化过程的另一种形式,对进化过程有着深远的影响。土地、不动产、金钱和地位的传承,在人类社会中扮演着尤其重要的角色,也为'生态传承'提供了令人印象深刻的范例。换句话说,就像基因传递一样,祖辈同样也能将表型上受到调整的环境传递给后代子孙。如果这些通过生态继承而来的生态位一直保持稳定(也就是生态传承的过程世世代代地维持下去),那么将会导致有机体面临新的选择压力以及产生新的适应形势,这使得有机体会对当前的生态位做出进一步的修改。相应地,这也意味着环境可以像有机体一样进化。

因此,生态位构建本质上是一个反馈的过程,这种反馈能带来进化上的重要意义。"[①] 历史上,我们对于人类构建的生态位案例了解有很多,如北京猿人等,但是我们不知道或我们对构建这些生态位的行为尺度还非常模糊,我们只能按照生态学和标准学的理论进行推理。如旧石器时代或感觉标准时代,人类构建的尺度或标准只能是很小的范围,人类就是在不断构建行为尺度,以适应新的生态环境,这样将有更大的环境空间和时间维度。即便如此,我们希望这样的描述能够让我们认知到人类尺度与环境的关系,邓巴教授这样形容这样的情景:"在人类的历史中,石器工具的进化扩大了早期人类可食用食物的范围,

---

① [英]邓巴等:《进化心理学:从猿到人的心灵演化之路》,万美婷译,北京:中国轻工业出版社,2011年,第25页。

因此改变了我们的消化系统，解除了对脑容量进化的制约。工具使用、饮食改变和大脑容量持续地共同进化着，并且以具有进化意义的方式互相反馈。

生态位构建意味着适应不再是一个单项的过程，有机体不是只对环境所带来的问题做出反应；由于适应是一个双向的过程，有机体不仅要解决自身所产生的问题，还要解决环境所造成的问题。

动物在生命中获得的经验能够对进化过程产生影响，这对我们如何看待进化有着重要的启示。当有机体的生态位在建构时，它们不只是基因的载体。因为它们能够改造存在于环境中的那些自然选择，所以它们对自己基因的选择也负有一定的责任。此外，生态位构建的行为没有必要受到遗传的调控。学习和其他经验形式可能导致动物的生态位构建发生，而对于人类，这也可能依赖于文化。"① 这里的文化应该包括核心的内容标准或认知的尺度，因为人类制造的工具、器皿或简单的设施，使得人类可以再开拓更加深远的生态位，并将生态位与环境结合起来，这样人类具有更加突出的生存能力。需要补充的是，由于集体认知的构建，人类的认知视野也超出个体的生存范围。但是，对于环境的认知是一个渐进的过程。让我们看看邓巴教授给我们的结论："现在应该很清楚，为何生态位构建与人类进化生态学和行为学如此息息相关。相对于这个星球上的其他物种，我们展现了更加多变且精细的文化形式，我们建构着自己的生态位已经好几千年了，至少从大约两百万年以前我们第一次发明工具的时候开始。哲学家马里奥·马梅利曾经表示，有那么一些人在人类进化的过程中，可能也扮演着一个有力的生态位建构者的角色，来塑造我们的心理能力，尤其是读心能力——我们归因他人意图、感受、信念和愿望的能力。到今天，人类心理的发展还完全依赖于他人内心状态的正常表达。因此我们既是心灵阅读者，也是心灵塑造者。"② 这样的描述实际上就是因为宏观的东西太多以至于我们很难利用它们的微观，如认知尺度这样的观念来理解。事实上，人类的生态位是由认知尺度建构而成，就像进化心理学家邓巴所言："然而，就像哲学家吉姆·斯特林指出的那样，我们构建自己的生态位如此长时间，这的确给理解人类认

---

① ［英］邓巴等：《进化心理学：从猿到人的心灵演化之路》，万美婷译，北京：中国轻工业出版社，2011年，第25页。
② ［英］邓巴等：《进化心理学：从猿到人的心灵演化之路》，万美婷译，北京：中国轻工业出版社，2011年，第25页。

知进化提供了一些思考，因为这意味着人类在某种程度上将自己从环境的束缚中解放出来。因此，尽管试图根据诸如栖息地、气候条件、掠食者密度等方面的知识来重建一个物种生态系统，我们还是很难理解人类进化的模式。因为在人类进化历史的大部分时间里，我们都在构建我们的生态位，而不是被自然环境中某些独立的特征塑造着。因此，即使自然环境一直保持完全稳定，但人类所处的环境还是非常容易受到改变。例如，一旦原始人发明了可以随身携带并装水的工具，他们就能从日益干涸自然环境所带来的选择压力中逃脱出来。如果这个例子发生在很小的区域范围内，留下来的化石记录就会很少，我们就很难确定人类出现这种能力的精确的进化过程。"[1] 邓巴教授的描述不能说没有道理，如果我们假设人类是依靠认知的尺度构建的生态位岂不是更有价值，我们在集体认知中曾经用自组织和群智慧等来帮助我们理解远古社会生存之道。

　　环境保护同样也是人类认知尺度的表征，环境标准已经不是简单的感觉标准，而更多的是对于环境极限的规定。瑞士环境法有这样的规定："对于这种极限值，在瑞士环境保护法中规定了5个标准：'空气污染的侵害极限值要这样规定，以便根据科学或者经验的水平使侵害保持在这个限度之内：（1）人、动物和植物，它们的生活共同体和生活空间不受威胁；（2）居民的安逸不受明显的干扰；（3）建筑物不受损伤；（4）土地的可收益率、植被和水资源不说损害。（5）适应于所有侵害极限值……'"事实上，环境标准既具有客观价值也有主观的价值，既有人类的、也有生命本身（动植物），环境标准既有自然的也有社会的。在认知科学来看，环境标准就是一种综合认知尺度的表现。按照传统，这种尺度包含着主观和客观两种尺度。不过有一点必须申明，不管环境标准其内容变化多大，基础仍然是自然环境标准，甚至不管这个标准能否实现。也许这是例外，美国 2007 年颁布汽油能耗标准（吨千米），据说该标准 2002 年颁布供企业等适应，到标准生效，美国百分之七十五以上的企业已经达到标准。我们的认知能力和我们的机遇未必都能满足这样的条件，不是每个企业能够达到限制性标准，尤其是当环境污染对人类健康等可能造成重大威胁时，设定侵害极值是必须的、武断的。瑞士学者克里斯托弗·司徒博这样说道："这些侵害极限值是在不考虑技术和企业是否可以实现的条件下，乃至是在不考虑可能的保

---

[1] ［英］邓巴等：《进化心理学：从猿到人的心灵演化之路》，万美婷译，北京：中国轻工业出版社，2011 年，第 27 页。

持空气纯净的措施在经济上是否可承受的条件下规定的。那么，它们可以被看作是自然的内在尺度吗？既可以也不可以。说可以，是因为这些损害可以根据经验和科学的客观研究加以确定；说不可以，是因为这些极限值并不是价值中立的，相反是根据更重要的、由人所设立的伦理标准所确定的；保护生命，尽管笼统地说是对所有人有效的，也包括一个生态系统中的其他生物，在此特别是保护弱者。"① 看来环境标准是复杂的，责权利不对称在环境法律中似乎是正常的。如果按照认知科学而言，环境标准类似于社会标准和自然尺度的结合。

国家标准是一种公共标准、一种共识。克里斯托弗·司徒博说得很有道理："环境标准以环境为出发点，几代以来都是这样形成的，并愿意继续保持这样。因此它们不是以环境的一种理想而是应该以状态为准绳。通常，环境标准被表述为禁令。目的是保护环境免受侵害。它们既不是不依赖于时间的，也不是独立于价值的，而且也不是随意的。政策的随意性受到环境标准必须满足的一些条件的限制：第一，自然科学所描述的事实。首先涉及的是后果研究，因此合乎自然规律地规定了特定的化学试剂、辐射、技术或者人的行为方式对自然和人的影响。第二，在评价过程中，包括不同的影响和不同的目标规定，所有这些维度都考虑在内。第三，一个合理的评价必然基于前两个条件。"② 我们往往将环境标准作为一种科学的产物，即便是科学也要具备一定的认知尺度。而国家标准，我们过多地注重它的权威性。事实上，国家标准也必须要满足认知尺度这样的基本准绳，即国家标准具有共识。但是，国家也可以研究环境基准。在标准学看来，环境基准标准也是国家环境认知能力的体现，绝不应该仅仅将其看作是一种利益的平衡或选择，这往往也是标准缺乏理论的结果；标准或认知尺度不应该被视为一种任意性的东西，国家应该有义务研究和探索环境标准。这一点司徒博的观点值得借鉴："柏林科学院环境标准工作组，为制定这些标准（以辐射保护为例），重新公布了一种根本的和广泛的方法。我从中接受了如下的一些定义：'环境标准的普遍功能，是为处在风险中的行为在特定情况下规定的限度。尽管对极限值究竟存在于何处这类问题，总能提出相反的问题，相关

---

① ［瑞士］克里斯托弗·司徒博：《环境与发展—一种社会伦理学的考量》，邓安庆译，北京：人民出版社，2008年，第105页。
② ［瑞士］克里斯托弗·司徒博：《环境与发展—一种社会伦理学的考量》，邓安庆译，北京：人民出版社，2008年，第108页。

人员已经投入了什么……与此相应,环境标准就是对处在风险中的行为做出一些常规的限制。'自然科学对极限值的认识构成环境标准的不可放弃的组成部分。但不可把这些认识自然主义地误解为自然的'自然'尺度。相反,它们可被'文化主义'理解为对可接受风险的社会共识。'我们把环境标准理解为法律规定、管理规定或者私人规则(就像德国工业标准 DIN 规定一样),通过与环境相关的、不确定的法律概念(如有害影响、预防措施、必须小心翼翼地、被认可技术规范),通过对可度量的尺寸在具体禁令中的实际操作和标准化,禁令或者许可被修改……环境标准这种状态的获得是一个复杂的过程,不同科学的科学洞识、规范的信念和社会的框架条件,总是以特殊的方式能够参与到这一过程中。'"[1] 实际上,核辐射或对于人的危害程度是一种科学的尺度,不会因为人类的意识而改变。人类所能做的是,研究这种危害的尺度单位,这样人类根据研究得出的尺度,重新规划和设计人类与核辐射的关系。环境标准具有四个方面的性质即常规、合理、规范和工具。特别需要强调的是,环境标准不是一个永恒不变的指标,它会因为人类与自然的关系而不断变化,也会因为人类的行为而影响环境。另外,环境标准不会设定一个全球性的环境标准。

本章小结

环境标准是实现可持续发展的重要方式。环境标准具有科学和人文的双重属性,环境标准的核心为环境基准标准,是环境认知的尺度,只有环境基准标准才能构建其科学的环境标准体系。

---

[1] [瑞士] 克里斯托弗·司徒博:《环境与发展一种社会伦理学的考量》,邓安庆译,北京:人民出版社,2008 年,第 108 页。

本书的结论

标准的总概念：标准是人类认知表征与计算的尺度；并且这个认知是包含行为或行为控制的界限的全部内容。换句话，标准包含劳动和社会实践的全部内容。标准是创新的最佳范式、是记忆自己认知的规则、是想象力的起点、是学习的模板、是联结个人行为的纽带、是集体行为得以持续的锁链。科学成为科学就是因为科学是尺度的，技术则相反，技术就是尺度的直接应用。标准是理解他人甚至自己认知的方式，也是将一个人的行为和另一个行为衔接起来的从时间上、空间上结合起来的认知尺度。

表征不是我们常常以为的事物的符号，表征需要一种结构、一种规则、一种心理学的外化的结构表现出来。这个过程和结果就是标准。

标准按照皮亚杰的理论，标准与皮亚杰的同化和顺应以及它们的机能相关："在本书第一章中对同化和顺应所给的定义：'刺激输入的过滤或改变，称为同化；内部图式的改变以适应现实，称为顺应'。平衡是什么？平衡是指同化作用和顺应作用两种机能的平衡。儿童每遇到新事物，在认识过程中总是使用原有图式去同化。如获得成功，便得到暂时的认识上的平衡，直至达到认识上的新的平衡。皮亚杰曾这样说过：'智慧行为依赖于同化与顺应两种机能，从最初不稳定的平衡过渡到逐渐稳定的平衡'。这种新的、暂时的平衡不是绝对静止或终结，而是某一水平的平衡成为另一个较高水平的平衡运动的开始。"[①] 从历史角度看，标准可以看成是顺应和同化的结果。更为核心和重要的是，我们坚持论述的核心，即标准是认知的尺度、是人类认知的创造，而不是平衡的结果。这

---

① ［瑞士］皮亚杰等：《儿童心理学》，吴福元译，北京：商务印书馆，1981年，译者前言。

一点来说，标准不完全是皮亚杰理论的产物。

标准是人类认知的基本范式。这是人类到目前为止，用构建的基本尺度认知世界、认知行为、认知社会关系、认知自己的认知，标准会让我们避免记忆带来的可能的错误。

标准是人类对行为的创造、认知的创造："我觉得这种说法实在令人感到惊奇，不仅是因为我曾经看到人们将一块石头猛击另一块石头制造'石器时代'的工具很少能够成功。石器不是那样做成的。为了制造石器，托思曾花了多年时间去完善技术，它对从石头上打下石片的力学原理有很好的理解。为了有效地进行工作，打石片的人必须选择一块形状合适的石头，从正确的角度进行打击，为了能将适当分量的力施予正确的地方，打击动作本身需要多次实践。托思在1985年的一篇文章中写道：'早期制造工具的原始人对加工石头的基本法则有着较好的直觉，这一点似乎是很清楚的。'他最近告诉我，'最早的工具制造者具备超出猿类的心智能力，这是没有问题的''制造工具需要有一种重要的运动和认知能力的协调。'"① 标准是人类认知的创造，尤其是行为的创造，我觉得皮亚杰的这段话将我所追求的行为的概念用结论性的话来总结出来："我所说的'行为'，是指有机体为了改变外部世界的条件，或改变它们自己与周围环境有关的处境，而指向外部世界的一切活动。例如，觅食、筑巢、使用工具等。在最低水平上，行为不过是感觉运动动作（感知和运动的结合）；在最高水平上，行为包括观念的内化。如在人的智慧中，动作就扩展到心理操作的领域……但是，动物的反射，或者万年青对光的反应，则可以合理地说成行为。因为不管它们是这样的有限或偶然，却都可以为了改变有机体与环境的关系。总之，行为是有目的的动作，其目的在于利用或者变革环境，维护或者增进有机体影响环境的能力。"② 对于标准学而言，我们通过标准理解行为和行为理解标准相辅相成，行为的尺度的概念才有可能被掌握。

标准是思维的规范的组合。标准不仅是规制行为，同时也是规制思维或认知，实际上，这里使用"规制"一词并不准确，用"构建"或"创造"可能会更好一些。还是看看皮亚杰的形容："思维'脱离'了具体事物，其首要成果便

---

① ［英］达尔文：《人类的由来》，潘光旦等译，北京：商务印书馆，1997年，第30页。
② ［瑞士］皮亚杰：《行为，进化的原动力》，李文湉等译，北京：商务印书馆，1992年，第3页。

是使事物间的'关系'和'分类'从它们具体的或直觉的束缚中解放出来。在具体运算阶段，关系和分类都受到主要依据相类似的具体条件所束缚；即使在动物分类中，不能从不相邻近的两个纲（例如蠕和骆驼）抽出一个新的'自然'纲来。但是，在命题运算阶段，由于形式从内容解放出来之后，只要把人和因素单个、每两个或每三个结合在一起，就有可能建立所需要的任何关系或分类。这种分类运算和次序运算的概况最后发展成为一个组合系统……组合系统在思维能力的扩展及增强方面极其重要。它一经构成，儿童能把物体和物体或因素和因素组合起来，或是同样地把概念和概念或命题和命题组合起来，最后通过对现实的考虑，不再局限于它的有限的和具体的方面，而是依据某些或所有可能的组合去推论某一特定的现实。这就大大增强了智慧的演绎推理能力。"① 皮亚杰没有区分人类认知的阶段，在感觉或知觉标准时期无论认知量、认知速度、认知力，语言阶段和知觉阶段是不可同日而语的。

标准是智慧的产物，不是行为和思维的流水。知觉标准时期存在智慧，我们自然而然地将智慧归结为语言等。实际上，智慧存在于语言符号之前，这对于标准学特别有意义，不然，漫长的350万年的历史都是本能和环境推动的。对于这一点，皮亚杰的话语很有说服力："不管所采取的智慧标准是什么，比如克拉巴来德的'有目的的探索'，科勒和彪勒的'突然理解'或'顿悟'以及'方法和目的之间的协调'等，人们都同意在语言发生之前已有智慧存在。但这时期的智慧主要在求得实际效果，而不在阐明实际的情况；可是这种智慧却构成一种复杂的动作—图式体系，并按照空间—时间的结构和因果的结构来组织现实的东西，最后成功地解决了许多动作方面的问题。但是，在缺乏语言或象征的功能的情况下，这些结构的形成，只是依赖知觉和运动的支持，并通过感知—运动的协调活动，还不存在表象或思维的中介作用。"② 在标准学看来，这是标准的内部基本结构，以后就是语言中介的出现。需要特别要说明的是，每一种标准媒介的行为模式都是以此为基础。

尺度为本书的关键术语，有必要刨根问底细细分解。尺度最早的出处已经无从考证，它作为学科术语出现于地理学。本书认为景观生态学将其丰富发展，

---

① ［瑞士］皮亚杰等：《儿童心理学》，吴福元译，北京：商务印书馆，1982年，第100页。

② ［瑞士］皮亚杰等：《儿童心理学》，吴福元译，北京：商务印书馆，1982年，第6页。

"尺度是地理学研究中的一个基本概念，早已得到广泛的应用。但是尺度在生态学中引起重视还是近几年的事情，这归功于景观生态学的迅速发展。尺度的存在来源于地球表层自然界的等级组织和复杂性，尺度本质上是自然界所固有的特征和规律，而为生物体所感知。因而尺度又可分为测量尺度和本征尺度。前者是用来测量过程和格局，是人类的一种感知尺度，随感知能力的发展而不断发展。后者是自然现象固有独立于人类控制之外。测量尺度相当于研究手段，属于方法论范畴，而本征尺度则是研究的对象。尺度研究的根本目的在于通过适宜的测量来揭示和把握本征尺度中的规律。"[1] 我相信，理解这个概念对于理解行为的概念至关重要，进而对标准尺度的理解也将不言而喻。

标准是我们掌握我们自己思维的最佳方法。由于标准，我们的行为无须记忆就可以再现。

标准是我们准确、精确理解别人或别人理解我们行为的最佳范式。

标准使得我们的思想外化、标准将我们内在精神的外化，让我们看得见别人的认知。

集体认知体的描述。认知共同体不是一个陌生的概念，但是对于认知科学和标准学，集体认知的格局、理论、模式，以及和个体认知的关系，特别是集体认知的运行范式等。在人类学上有这样一种说辞，著名的尼安德特人神秘地在28000年左右前消失，最后的痕迹是在西班牙海岸，据说这是尼安德特人留在这个世界最后的痕迹。尼安德特人有着和智人一样的大脑容量、身体强壮、会打制使用工具，不过这些工具在几万年来没有革命性的变化，过着家庭式群居生活。著名进化心理学家戴维·巴斯认为，尼安德特人消失的主要原因是尼安德特人的群体是封闭式的，而同时代的智人的群体却是开放性的。在俄罗斯以东200千米的原始人的生活群落人数约500人，这几乎就是一个社区式的生存群体。认知在群体中的不断交互、学习，保证了群体在认知和应对能力的不断进步，而且机能学习、记忆、想象等心理能力也保证了群体的竞争能力。这里，至关重要的就是集体认知能力的构建，按照一定规则或方式、习惯构建集体认知能力，而这个集体认知是离不开认知的尺度标准，只是我们很难知悉这些人如何创造出标准、如何使用认知的尺度。只有标准的存在才能使自己和他

---

[1] 肖笃宁等：《景观生态学》，北京：科学出版社，2002年，第5页。

人理解认知的内容和数量。

集体认知是联系个体行为的纽带。由于标准，让我们集体的行为可以打破时间、空间的限制，组成巨大行为系统，完成不可思议的内容。可以这样说，标准可以使我们的每个行为、思维单位加入运演过程。

即使个人也可以将行为按照标准而不是时间顺序和空间顺序展开，这也是标准的巨大价值所在。企业管理、泰罗制就是这样理论的诠释。

标准学不应该纳入文科、社会科学和自然科学任何一个学科，标准学应该属于认知科学。但是，很多认知科学学者将认知科学定位于偏于社会科学并带有自然科学的位置，钱学森先生也有这样的观点，这样标准又成为与社会科学近似的学科。全面地说，标准属于认知科学兼具社会学、数学的学科，标准也是数学、心理学、人类学、社会学、认知神经科学、语言学和计算机科学以及哲学的结合的产物，标准是人类认知的结果或尺度。

很多国家都有标准化战略，标准化法基本上是一个国家和地区的不可或缺的法律，标准管理也是一个国家日常管理的基本内容。现在，我们在认知科学的指引下，更加明白了标准是世界商业语言的说法。同理，我们对巴别塔的神话有了更加细微的理解。"一次实验、一个标准、全球使用"绝非虚言。

我们对标准理论的认知也许刚刚开始。